目錄

Preface

緒論

聯邦快遞的成功密碼：基於核心能力的戰略聚焦＋創新型產品服務的持續開發

聯邦快遞公司隸屬於美國聯邦快遞集團（FedEx Corp.，以下簡稱FedEx），是集團快遞運輸業務的中堅力量。聯邦快遞集團於一九九八年成立，二〇〇一年聯邦快遞集團躋身於世界五百強企業之列，位居二百六十八位，營業收入達一百八十三．〇九億美元。之後聯邦快遞集團就一直穩坐世界五百強企業的寶座。雖然聯邦快遞並沒有獨立上市，但是聯邦快遞一直是聯邦快遞集團的中堅力量，如圖0-1所示。

聯邦快遞的收入主要由三部分構成，分別是包裹總收入、總貨運收入以及其他收入，由圖0-2我們可以看出，一九九八～二〇一二年，包裹收入一直是聯邦快遞的主要營收項目。

聯邦快遞自創立以來就給世界帶來了不小的震撼，所獲榮譽更是讓人信服，如表0-1所示。

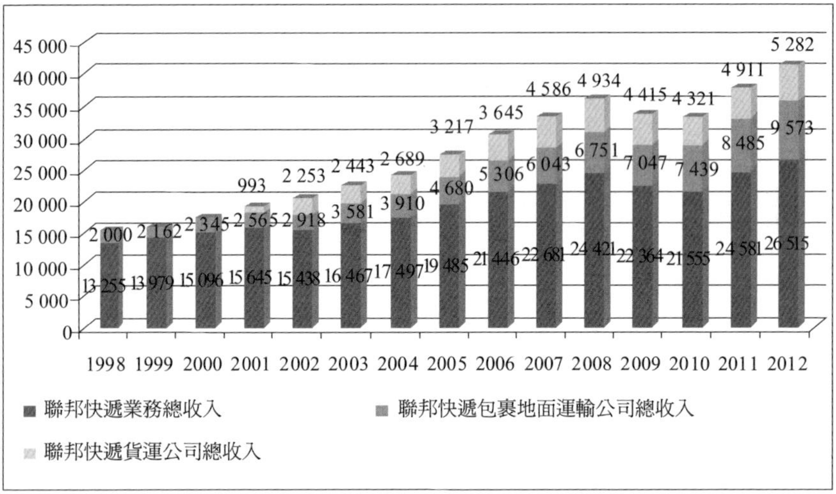

圖 0-1　聯邦快遞各業務單元銷售收入（單位：100 萬美元）

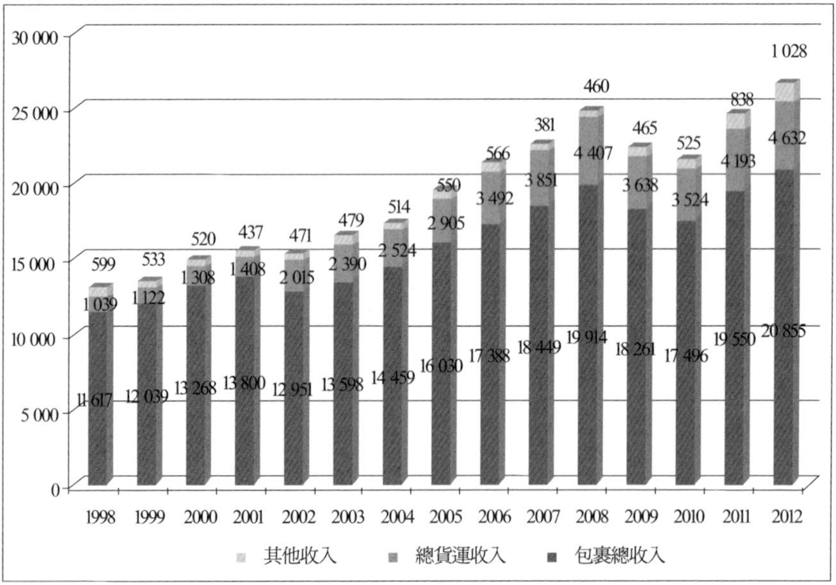

圖 0-2　聯邦快遞各個業務收入比較圖（單位：100 萬美元）

表 0-1　聯邦快遞最近獲得的獎項

聯邦快遞集團最近獲得的獎項	
時間	獎項
2012 年 12 月	世界十佳跨國企業工作場所
2012 年 6 月	最佳全貨運航空公司
2011 年 11 月	《財富》雜誌：「最佳僱主」100 強
2011 年 11 月	《新聞週刊》：美國綠色公司 500 強
2010 年	《財富》雜誌：「最受讚賞公司」排名第八
2009 年	《財富》雜誌：「世界上最受推崇的企業」排名第七
2008 年	《財富》雜誌：「美國最受尊敬的企業」排名第六
2009 年	聯邦快遞被《財富》雜誌提名為在美國工作場所的最佳選擇之一「財富美國 100 家工作條件最佳的公司」
2008 年 7 月	聯邦快遞在哈里斯互動聲譽商數 TM（RQ）調查中在客戶服務類別排名第一
2008 年 5 月	聯邦快遞在密西根大學所做的美國客戶滿意度指數測評中，在快遞公司以及所有公司中在顧客滿意度方面排名均為第一
2008 年 5 月	聯邦快遞以其出色的出口貿易收到總裁的「E 卓越獎」
2008 年 5 月	美國紅十字會在該組織服務宴會的傳統上授予聯邦快遞著名的亨利．杜南國際夥伴關係的優異獎
2008 年 1 月	聯邦快遞被《財富》雜誌提名為在美國工作場所的最佳選擇之一「財富美國 100 家工作條件最佳的公司」
2007 年 11 月	加拿大聯邦快遞以從 ContactCenterWorld.com 的中小型呼叫中心先後榮獲「最佳聯絡中心世界獎」
2007 年	《財富》雜誌：「美國最受尊敬的企業」排名第六
1998 ～ 2009 年	美國密西根大學顧客滿意度指數：快遞業顧客滿意度排名第一
2007 年	《黑帶企業》雜誌（Black Enterprise Magazine）：40 家最佳多樣化公司之一
2006 年	《財富》雜誌：100 家最適合工作的企業之一
2005 年	中國第二屆光明公益獎

四大物流巨人

進入二十世紀九〇年代以後，併購與上市等營運方式對物流業有很多的影響，也誕生出十大物流集團。其中在快遞業，出現四大巨人壟斷的局面，即美國聯合包裹公司（UPS）、美國聯邦快遞公司（FedEx）、德國敦豪快遞公司（DHL）、荷蘭天地快運公司（TNT）。這四家企業年收入加起來超過一千億美元，僱用員工一百三十萬人，占據全球快遞百分之七十二的市場。在四大物流巨人中，聯邦快遞在市場占有率上一直保持領先地位。表 0-2 為四大物流巨人二〇〇五～二〇一二年營業收入與《財富》世界五百強排名的對比：

表 0-2　四大物流巨人 2005 ～ 2012 年營業收入與財富世界 500 強排名的對比

（單位：100 萬美元）

		FedEx	DHL	UPS	TNT
2005	排名	215	70	128	383
	營業收入	24,710.0	55,388.4	36,582.0	15,714.9
2006	排名	197	75	129	387
	營業收入	29,363.0	59,989.8	42,581.0	16,974.7
2007	排名	203	57	128	420
	營業收入	32,294.0	79,502.2	47,547.0	17,360.6
2008	排名	214	55	142	未進入
	營業收入	35,214.0	90,472.0	49,692.0	
2009	排名	200	54	143	未進入
	營業收入	37,593.0	98,708.0	51,486.0	
2010	排名	205	86	157	未進入
	營業收入	35,497.0	69,427.0	45,297.0	
2011	排名	216	93	109	未進入
	營業收入	39,304.0	71,120.9	67,052	
2012	排名	263	98	177	被 UPS 收購
	營業收入	42,680.0	74,490.0	53,110.0	

透過上面的表格數據可見看出，聯邦快遞的排名並非最靠前，不過聯邦快遞的特色卻是十分突出，聯邦快遞是其中最年輕的企業，而且是從空運起家的，其他家物流公司雖然歷史較長，卻是在聯邦快遞之後才逐漸發展空運系統，目前聯邦快遞的空運網路的完善程度也是讓人驚歎。UPS和DHL在空運上也有不俗的成績，而且陸運和海運的發展也不容小覷，所以聯邦快遞的年輕，以及陸運和海運的不完善，都是需要解決的問題。

企業發展歷程

聯邦快遞的發展歷程可以劃分為三個階段：第一階段為一九七一年公司創立到一九七八年公司上市，第二階段為一九七八年到一九九八年FedEx公司成立之前，第三階段為一九九八年FedEx公司成立至今。下面我們對各個階段進行簡單介紹。

階段一：艱難起步到正式上市（一九七一～一九七八年）

雖然公司成立於一九七一年，但必須先提創立之前的故事。在一九六五年，還在耶魯大學就讀的弗雷德．史密斯（Fred Smith），寫了一篇十五頁的經濟學報告，其中提出可以買飛機專門用來幫公司送貨，並認為這是一個潛力巨大的市場。這篇論文被老師稱為「荒謬」，可它卻成了聯邦快遞的指導性文件。

一九六六年史密斯畢業後被海軍陸戰隊任命為中尉，在越南服役兩期。一九六九年，回到美國的史密斯開始他的商業事業，他購買阿肯色航空銷售公司的控制股權。史密斯不僅改變公司長期虧損的狀況，而且在兩年內獲利二十五萬美元。

與此同時，史密斯規劃開設一個公司，能夠連夜快遞小包裹。經過仔細的考慮，史密斯進行一次重大的賭博，投入他的全部資金八百五十萬美元。這種風險投資讓一些投資家留下深刻印象，他們相繼投入四千萬美元，幾家感興趣的銀行拿出同等數目的款項，使總額達到九千六百萬美元，這是美國商業史上單項投資最多的一次。

於是，在一九七一年六月一日，聯邦快遞公司在小石頭城正式成立，史密斯也從此開始了他的「快遞夢想」之旅，一九七三年聯邦快遞公司遷往田納西州曼非斯。

史密斯堅信用飛機運送貨物會是客戶的需求所在，基於這樣的客戶需求，他創立聯邦快遞。可是一開始由於運輸費用的昂貴和運輸網路的不完善，業務很難展開，公司多次瀕臨倒閉。公司遷往曼非斯後，公司團隊討論，將網路集中在美國二十五個城市，公司從此開始為二十五個城市提供服務。

一九七三年四月十七日，聯邦快遞正式營運。那一晚共運送了一百八十六件包裹，並且準時到達。這次快遞，平均每十三件包裹享用一架「專機」，堪稱是一次奢侈的飛行。不過史密斯始終堅信這個行業是有市場的，所以無論多困難他都一直堅持。業務初期有嚴重的虧損，但隨著網路的不斷擴展、客戶的逐漸增多，業務開始有所改善，到了一九七五年七月，公司首度出現贏利。

為了籌措到更多資金，聯邦快遞決定公開上市，向社會融資。一九七八年四月，聯邦快遞公司在紐約證券交易所正式掛牌，代號為 FDX，公開出售第一批股票，首期發行一百零七．五萬股，每股三美元。這使聯邦快遞不僅募集到購買飛機的巨資，而且使公司的早期投資者得到回報。

階段二：上市後的急速發展（一九七八～一九九八年）

二十世紀八〇年代，在聯邦快遞迅速發展的過程中，遇到對手強有力的競爭：埃默里貨運公司學習聯邦快遞公司的經營策略，購買貨運飛機、開設小包裹分揀中心，提供隔夜快遞服務；機載貨運公司也開始提供小包裹空運速遞服務；美國聯合包裹公司向來用卡車運送包裹，在一九八一年也加入了航空速遞業；被聯邦快遞公司的「信使包」奪走大量客戶與市場的美國郵政管理局也開始推行自己的隔夜遞送郵政服務。但是，這些公司在服務範圍、服務品質和交貨時間上還是不能跟聯邦快遞公司相提並論，因此，在日趨激烈的競爭中，聯邦快遞公司仍然保持著它的領先地位。一九八三年，聯邦快遞的年度營業收入達到十億美元，成為美國歷史上第一家創辦不足十年，不靠收購或合併而超過十億美元營業額的公司。

階段三：FDX 公司成立，邁入新時代（一九九八年至今）

一九九八年可謂是聯邦快遞的里程碑，當年 FedEx 併購 Caliber 系統公司並創立了 FDX 公司。二〇〇〇年，集團公司 FDX 更名為「FedEx Corporation」，即目前我們熟知的 FedEx。

現在的聯邦快遞集團（FedEx Corporation）是一家營業收入近四百億美元的控股公司，專門提供全球性運輸、電子商貿及供應鏈管理服務，並透過旗下多家獨立營運的附屬公司提供綜合商業方案。現在的聯邦快遞集團由四個主要的業務部門（Segment）構成。

1. 聯邦快遞業務部門（FedEx Express Segment）

聯邦快遞（FedEx Express）是全球最大的速遞運輸公司，為全球二百二十多個國家和地區提供迅捷、準時的快遞服務，並且為美國、加拿大、英國、中國和印度提供國內快遞服務。

FedEx 同時透過 FedEx 貿易網路公司（FedEx Trade Networks）提供國提供代理通關服務、顧問意見、資訊科技及貿易促進方案。

2. FedEx 地面公司業務部門（FedEx Ground Segment）

FedEx 地面公司（FedEx Ground）在美國和加拿大提供低成本、小包裹的運輸，同時透過 FedEx 住宅投遞服務（FedEx Home Delivery）提供方便快捷的住宅服務。FedEx SmartPost 聯合美國郵政總局為顧客提供企業對消費者的選擇服務。

3. FedEx 貨運公司業務部門（FedEx Freight Segment）

FedEx 貨運公司（FedEx Freight）是北美數一數二的區域散貨（LTL）運輸公司，FedEx 全國散貨公司（FedEx National LTL）提供長途的貨運。

FedEx 緊急海關服務公司（FedEx Custom Critical）提供緊急貨物和貴重物品的運輸。

4. FedEx 服務業務部門（FedEx Service Segment）

FedEx 服務（FedEx Services）為自身的運輸業提供銷售、市場、技術和客戶服務方面的支持。FedEx 辦公室（FedEx Office）提供航運以及文件的解決方案，在全球擁有一千九百多個零售點。

FedEx 全球供應鏈服務（FedEx Global Supply Chain Services）提供一系列的物流方案。從二〇〇九年九月一日起，聯邦快遞全球供應鏈服務劃分到聯邦快遞業務部門。

圖 0-3 是 FedEx 各個業務部門的銷售收入情況，我們可以看出，聯邦快遞業務部門始終是 FedEx 的「主力軍」。聯邦快遞發展歷程如圖 0-4 所示。

聯邦快遞的成功管理實踐

作為世界級的優秀企業，聯邦快遞的成功之道一直是大家關注的問題，而且隨著近年來物流業的發展，尤其是中國物流的快速發展，物流企業的問題日趨明顯。二〇一〇年春節的「爆倉」事件更是將大家對於物流業的關注推向了高潮，所以「使命必達」的聯邦快遞的成功實踐顯得更加寶貴。首先讓我們看看聯邦快遞的成功地圖（見圖 0-5），然後再逐一分析。

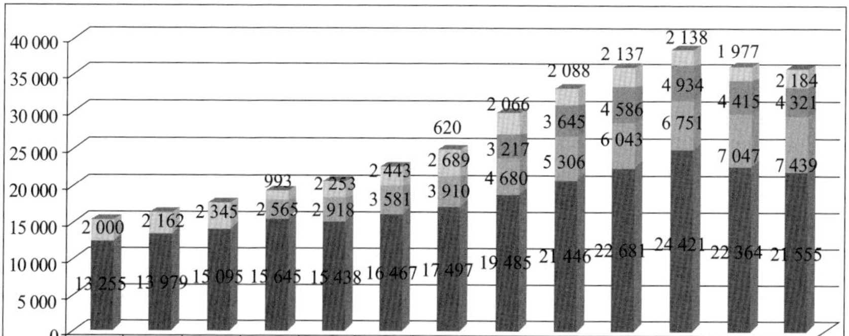

圖 0-3　FedEx 各業務部門銷售收入（單位：100 萬美元）

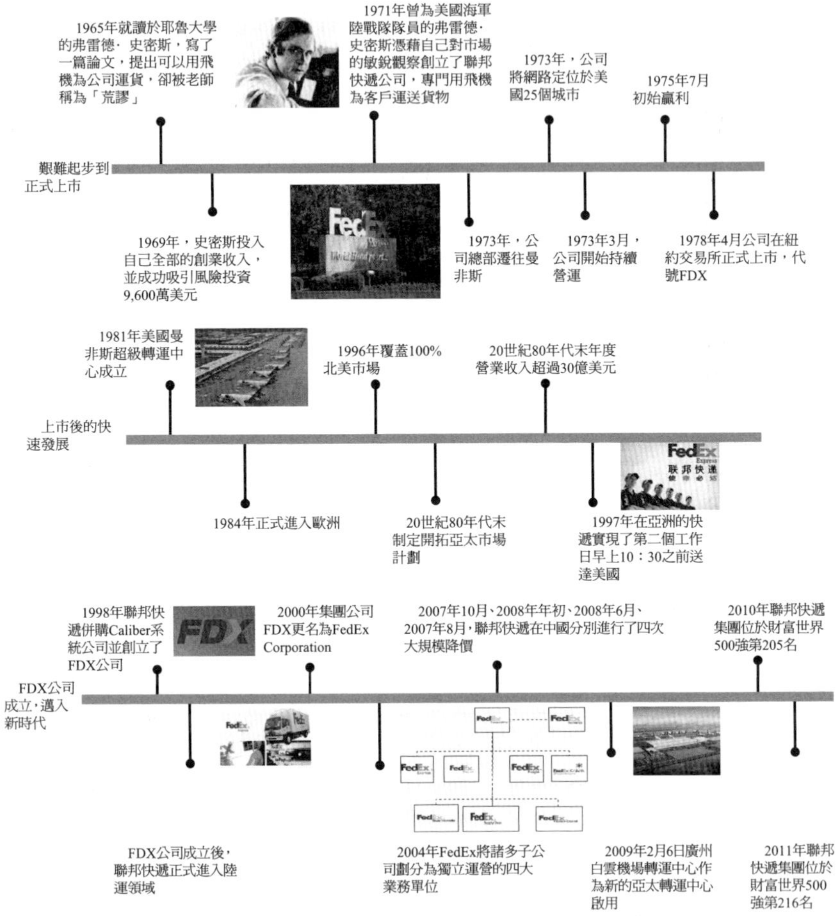
1965年就讀於耶魯大學的弗雷德· 史密斯，寫了一篇論文，提出可以用飛機為公司運貨，卻被老師稱為「荒謬」
1971年曾為美國海軍陸戰隊隊員的弗雷德·史密斯憑藉自己對市場的敏銳觀察創立了聯邦快遞公司，專門用飛機為客戶運送貨物
1973年，公司將網路定位於美國25個城市
1975年7月初始贏利
艱難起步到正式上市
1969年，史密斯投入自己全部的創業收入，並成功吸引風險投資9,600萬美元
FedEx
1973年，公司總部遷往曼非斯
1973年3月，公司開始持續營運
1978年4月公司在紐約交易所正式上市，代號FDX
1981年美國曼非斯超級轉運中心成立
1996年覆蓋100%北美市場
20世紀80年代末年度營業收入超過30億美元
上市後的快速發展
1984年正式進入歐洲
20世紀80年代末制定開拓亞太市場計劃
FedEx
联邦快递
1997年在亞洲的快遞實現了第二個工作日早上10：30之前送達美國
1998年聯邦快遞併購Caliber系統公司並創立了FDX公司
FDX
2000年集團公司FDX更名為FedEx Corporation
2007年10月、2008年年初、2008年6月、2007年8月，聯邦快遞在中國分別進行了四次大規模降價
2010年聯邦快遞集團位於財富世界500強第205名
FDX公司成立，邁入新時代
FedEx
FDX公司成立後，聯邦快遞正式進入陸運領域
2004年FedEx將諸多子公司劃分為獨立運營的四大業務單位
2009年2月6日廣州白雲機場轉運中心作為新的亞太轉運中心啟用
2011年聯邦快遞集團位於財富世界500強第216名

圖 0-4　聯邦快遞發展歷程圖

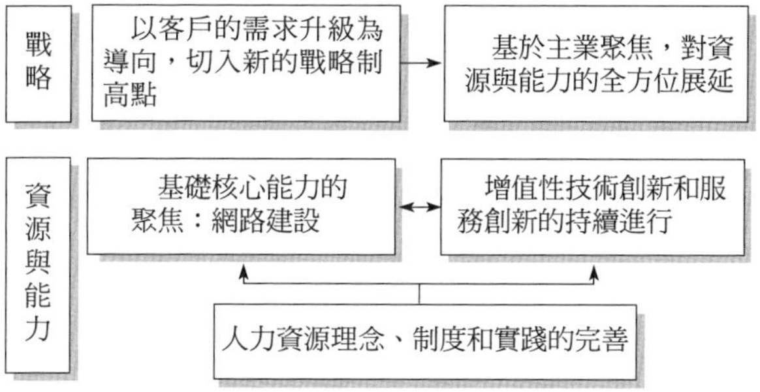

圖 0-5　聯邦快遞成功地圖

總而言之聯邦快遞的成功實踐可以分成兩大面向，一方面是戰略，一方面是資源與能力。聯邦快遞首先以客戶的需求升級為導向，切入新的戰略制高點，並在此基礎上，基於主業聚焦——物流，進行資源與能力的全方位延展。

在資源與能力方面，對於一個物流企業最重要的當然是網路建設。聯邦快遞自創立之初，一直不斷完善自己的網路，在完善網路建設的同時，聯邦快遞還不斷進行增值性技術創新和服務創新。這一切的踐行者當然是優秀的聯邦人，所以聯邦快遞完善的人力資源制度功不可沒。

以客戶的需求升級為導向，切入新的戰略制高點

我們首先分析聯邦快遞是如何永遠站在客戶角度經營企業而取得成功的。單純滿足客戶的需求不足以成功，聯邦快遞在滿足客戶需求的同時，不斷開發客戶的需求，讓客戶的需求跟隨自己，以客戶需求升級為導向，引領企業的成功。

聯邦快遞的創始人弗雷德．史密斯之所以會創立聯邦快遞，想要用專用的飛機運貨，就是因為當時的顧客有運輸貨物的需求，而且很多貨物對於客戶來說十分重要且急切希望得到；而當

時的現狀是飛機是用來運送客人的，且郵局對於此更是無所作為。史密斯抓住這個契機，不僅方便客戶，也成就自己，不過創業的過程總是艱辛的，一開始客戶無法接受這種奢侈的運輸，所以起初的業績只能用「慘淡」形容，但史密斯堅信，只要有需求，就會有市場，所以聯邦快遞堅持下來。聯邦快遞將客戶需求升級，不斷用自己的技術和服務滿足客戶需求。隨著客戶的逐漸增多和運輸網路的逐漸鋪開，企業也運轉起來，所以我們不難看出，聯邦快遞從一開始就對客戶需求有著敏銳的洞察力和對客戶需求的堅信。

基於主業聚焦，進行資源與能力的全方位延展

近四十年來聯邦快遞的發展一直圍繞主業——物流，公司的一切行動也都是為了成為世界一流物流企業而努力。透過主業的定位與把握，而且圍繞自身主業不斷進行資源與能力的全方位延展。

聚焦主業

企業在發展過程中會遇到諸多阻礙，當然也會遇到諸多誘惑，掌握好企業的發展方向至關重要。聯邦快遞把資金都投入到物流的發展中，不斷擴展自己的網路，現在已經遍布全球二百二十多個國家和地區，而運輸網路的不斷發展促進企業的發展。同時企業發展的過程中有很多次大型併購，但是無論如何擴張和併購，FedEx 所做的一切努力都是為了促進其物流業的發展。二〇〇四年，聯邦快遞收購金考複印店的行動可謂讓世界驚歎，但是目前美國所有的金考複印店都可以進行取件和配件業務，展現出聯邦快遞發展物流網路的決心和毅力。聯邦快遞一直以來都在物流發展的

道路上穩紮穩打，每一步都走得有計劃，每一步都堅持自己世界一流物流企業的道路。

資源與能力的全方位延展

定位好自己的主業和發展方向後，聯邦快遞進行了一系列資源與能力的全方位延展。作為物流企業，最重要的就是網路建設，聯邦快遞從創立之初至今，不斷完善公司的運輸網路。在基礎平台之上，作為物流企業，IT 能力也十分重要，聯邦快遞不但不斷發展自身的 IT 建設，而且還建立了獨特的貨物追蹤系統。

聚焦基礎核心能力——網路建設

作為物流企業，最基礎、最核心的能力無疑是網路建設，聯邦快遞創立之初就把網路定位在美國二十五個城市，到目前覆蓋全球二百二十多個國家和地區。只有隨著網路的不斷鋪開，業務才能不斷開展。

依靠轉運中心覆蓋北美市場

一九七九年，聯邦快遞將服務領域拓展至加拿大，這也標誌著它正式開始拓展國際市場。一九八一年，聯邦快遞在曼非斯設置一個超級轉運中心，該轉運中心大大提高聯邦快遞的轉運能力。一九八七年，聯邦快遞在美國的第二大轉運中心也成立，該中心距離印第安納波利斯幾百英里[1]。同

1. 1 英哩為 1.6 公里。

時，聯邦快遞還在美國的兩條海岸線上開啟區域性的轉運中心。到一九九六年，聯邦快遞陸運覆蓋了百分之一百的北美市場。

闊步邁入歐洲大陸

一九八四年，聯邦快遞公司完成第一次收購行動，成功收購了位於明尼蘇達州明尼阿波利斯的吉爾科快遞公司（Gelco Express International）。吉爾科快遞公司是一家為八十四個國家提供服務的包裹運輸公司，這次收購標誌著聯邦快遞將業務範圍擴展至歐洲大陸。弗雷德·史密斯希望聯邦快遞公司在海外速遞業也像在美國國內般占主導地位。緊接著，他也在英國、荷蘭進一步實施收購計劃。

一九八五年，聯邦快遞公司在向歐洲市場擴展服務方面邁出了重要一步，它在布魯塞爾機場開設一個分揀中心。一九八五年總營業收入達到二十億美元。

進軍亞太市場

聯邦快遞早於一九八四年收購在歐亞兩地均設有辦事處的貨運公司 Gelco 時，已有發展國際網路的構思。一九八七年，聯邦快遞在夏威夷設立首個亞太區域辦事處，將美國和亞洲客戶，以及前 Gelco 的營運設施聯繫起來。一九八八年，聯邦快遞開辦直航至日本的定期貨運服務。

二十世紀八〇年代末，聯邦快遞制定一項具有深遠意義的戰略決策——開拓亞太地區市場。一九八九年，聯邦快遞收購了飛虎航空（Flying Tiger）（一家亞洲航空貨運公司），僅此一舉，就使聯邦快遞獲得亞洲二十一個國家及地區的航線權。一九九二年，公司的區域性總部從檀香山遷至香港。一九九五年，聯邦快遞購買了中國和美國之間的航線權，開始承擔中美間的快遞運輸服務。一九九六年三月，聯邦快遞率先成為當時唯一享有直航中國權利的美國快遞運輸公司。一九九五年九月，聯邦快遞在菲律賓蘇比克灣建立其第一家亞太運轉中心，並透過其「亞洲一日達」網路提供全方位的亞洲遞送服務。根據公司在美國成功運作的「中心輻射」運轉理念，亞太運轉中心現已連接了亞洲地區十八個經濟與金融中心。二〇〇八年一月，聯邦快遞在中國和其他九個亞太區市場推出國際經濟快遞服務，該服務介於國際優先快遞服務與普通郵寄服務之間，滿足更多客戶的需求。二〇〇八年年底，一個新的聯邦快遞亞太樞紐在中國廣州成立。新的樞紐支援衛星調度系統的及時包裹追蹤和創新。這一系列動作，使聯邦快遞集團可為亞洲三十多個國家和地區提供服務，並擁有二十多個直線機場。

物流巨人橫行全球

一九九三年，聯邦快遞經營的國際市場開始獲利。從集中於北美和海外市場開始，聯邦快遞很快為客戶建立了覆蓋二百一十四個國家和地區、代表世界上經濟活躍的百分之九十範圍的全球網路，直至今天聯邦快遞的網路已經覆蓋了全球二百二十多個國家和地區。

在基礎的資源平台下，持續進行增值性技術創新和服務創新

作為物流企業，網路核心能力在網路平台基礎上，聯邦快遞持續進行增值性的技術創新和服務創新，將網路平台的作用發揮至極致。

技術創新

聯邦快遞是建立在技術創新的基礎之上的，並且技術創新將一直成為 FedEx 文化和商業戰略重要的組成部分。聯邦快遞的承諾是：以技術創新推動能使客戶在全球各地發展業務的發展思路、產品和服務。聯邦快遞有著豐富的技術創新的歷史，並且是建立在一系列的「第一」的基礎之上的，具體如下：

- 在運載工具中安裝電腦，為企業郵件提供尖端的自動化服務，並開發跟蹤功能和軟體。
- 在一九九四年，聯邦快遞是第一家為改善客戶服務而透過 fedex.com 提供包裹狀態跟蹤的公司。
- 為改善客戶服務，通過 fedex.com 提供航運服務。
- 在二十五年前透過數位輔助派送系統（DAYS）的引進，成為無線技術應用的先驅者。
- 貨物追蹤系統。

聯邦快遞創立不久，其創始人就提出「貨物的訊息與貨物本身同樣重要」這一理念，反映了聯邦快遞對於客戶需求的深刻分析和理解，當然這也是其技術創新的動力。聯邦快遞基於這種理念開發貨物追蹤系統，並搭配一系列技術的創新和發展。如今這樣的系統已經在物流業普遍使用，而這種最優實踐的鼻祖就是聯邦快遞。

服務創新

聯邦快遞一開始只是單純地運送貨物，而目前已經是一個優秀的物流方案提供者，而從聯邦快遞的物流方案中獲益的世界大型企業比比皆是，如沃爾瑪、戴爾等。驅動聯邦快遞這樣改革的一大動力就是客戶價值的提升，他們不僅想幫助客戶運送貨物，更想幫客戶提升價值。第三方物流目前已經日趨成熟，而在第三方物流的發展過程中聯邦快遞起到至關重要的推動作用。第三方物流的發展使得企業分工更加合理，資源得到最好的優化利用，可謂創造了第三方物流企業和客戶的「雙贏」局面。

聯邦快遞的服務創新還有一個突出之處是「IT」的戰略服務應用。物流公司對 IT 一體化的需求，跟與日俱增的全球一體化趨勢是息息相關的。對聯邦快遞而言，其賴以為生的，就是在全世界範圍內成功取件、運輸和派送包裹，隨時實現其對客戶許下的服務承諾。沒有大量的技術基礎支撐，這顯然是不可能的。作為一家全球性的快遞公司，聯邦快遞需要一個全球性的 IT 部門。因為公司需要隨時為快遞員提供關於包裹的各種訊息，確保客戶能夠在網上及時地對包裹進行查詢與追蹤，這些訊息必須能與所有的支持部門及後台系統相結合，進而將包裹準時送達。

這對今天的運輸公司來說是一項必須完成且至關重要的任務，它可以讓運輸公司的成本降得更低，同時為客戶提供統一的服務介面。不僅如此，IT 在保證公司財務系統、人力資源以及辦公後台系統高效順暢運行方面，同樣具備重要作用。鑒於 IT 的重要性，聯邦快遞在 IT 方面的投入是源源不斷的，但是聯邦快遞並不是從 IT 角度進行 IT 建設，而是從產品角度制定 IT 策略，真正做到讓 IT 為產品而生，為戰略而生。

聯邦快遞並不苛求使用最新的技術，他們認為技術是為客戶價值的提升、為企業戰略而服務的，所以他們目前使用的很多技術並不是最先進的，但卻是最合適的。

完善的人力資源理念、制度和實踐

前文講述了聯邦快遞如何經營客戶，現在我們具體分析聯邦快遞如何「經營人才」。大家都不陌生企業應該「以人為本」這句話，也有諸多企業把這句話作為自己的口號，但是如果說哪個企業把「以人為本」真正落實到員工身上，用最詳細最人性的方式詮釋這句話，我想非聯邦快遞莫屬。

P-S-P 理念

為了給客戶持續提供高水準的服務，並保持空中速遞業的領導地位，聯邦快遞基於把人才當客戶的企業理念，開發了與其員工之間獨特的關係體系。聯邦快遞的創始人史密斯認為員工是決策制定體系中不可或缺的一部分，這個想法歸於他的信念：「將人置於第一位，他們便會提供高水準的服務，利潤便會隨之而來。」而這個信念便是聯邦快遞公司的一個哲學：人（員工）－服務－利潤（People-Service-Profit，P-S-P），這三者也是企業的目標，這三者又是聯邦快遞所有業務決策的依據。

人性理念背後的制度支持

為了確保 P-S-P 成為所有員工的生活方式，聯邦快遞採取多項措施，下述項目突出表示聯邦快遞始終致力於「把人才當客戶」哲學。

- SFA：一年一度的員工滿意度調查，是管理者績效的重要組成部分，並形成改善的基礎（Survey-Feedback-Action，SFA）。其中「S」—Survey，意即調查；「F」—Feedback，意即回饋；「A」—Action，意即實行的步驟。
- 內部晉陞政策。
- 聯邦快遞小時工的在線工作任命系統（職位變更申請跟蹤系統）。
- 員工認同和獎勵計劃。
- 為確保管理水準的提升，必須完成的領導者評價程序，即領導者評價和認知程序（Leadership Evaluation and Awareness Process）。
- 透過出版物和廣播定期與員工溝通。
- 基於目標管理和項目目標的目標設定程序的績效薪酬。
- 處理員工關於公司政策的問題和投訴程序（門戶開放政策）。
- 員工問題和投訴的上訴程序（Guaranteed Fair Treatment Procedure，GFTP）。

關於這些制度，後文有具體的介紹，聯邦快遞用這些制度支持並不斷更新企業的人性化管理，真正將員工當作客戶來經營。

內部升遷

聯邦快遞常自豪於它的「紫色血液」，因為它的管理者百分之九十一都是內部升遷的。這樣的成果首先應歸功於聯邦快遞將員工作為資本而非成本的理念，在這樣理念的引導下，聯邦快遞對員工有一系列的培養計劃。聯邦快遞規定，無論是新入職的員工還是管理層都需要接受公司系統的培訓，每個人每年至少有五十小時的培訓時間。公司員工每一年都有機會向公司申請讀書。只要是和提升自身能力、素質有關的學習，員工都能得到公司支持，他們還因此可以申請相關「學費補助」，每個員工每一年最多可以從公司申請到二千五百美元。如今聯邦快遞有很多MBA，都是透過這個「學費資助」計劃產生的。聯邦快遞對於員工的「學費資助」是沒有任何附帶條件的，不會要求員工再簽續約或加長工作年限的合約。不過，絕大多數接受過「學費資助」的員工都留了下來。聯邦快遞希望員工的心留在聯邦快遞。真正做到了，不止「留身」，還要「留智」，更要「留心」，而留下來的員工會用其提升的能力和智慧不斷為公司創造更高的效益，可見聯邦快遞的做法不僅是人性化的，更是聰明的。

挑戰與隱憂

一個企業無論處於任何發展階段，都會遇到各種各樣的問題，聯邦快遞這個物流巨人當然也不例外，下面讓我們看看聯邦快遞的所要面臨的挑戰與隱憂。

首先是成本問題。聯邦快遞的優勢在於空運，但是空運管道的成本本身就是比較高的，隨著燃油漲價，以及聯邦快遞使命必達、準時準點的保證，成本必然增高。

二〇〇九年最後一個季度全球航空客貨運量出現大幅度上漲，而航空運價也水漲船高。截至二〇〇九年十二月十日，亞洲機場出發至世界各地的空運航線每公斤貨運價達到五美元。一架波音747貨機從亞洲至北美和歐洲航線租金已經從二〇〇九年九月的三十五萬美元上漲到同年十二月初的五十萬～五十五萬美元。與此同時，航空汽油市場價格一直在高位震盪或飆升，全球航空公司僅僅汽油費用每年必須額外增加六百七十億美元，空運物流成本居高不下，不僅航空承運人，連托運人也十分關心占空運總費用最大額度的航空汽油成本。

由於空運價格增高，越來越多的托運人不得不重新思考原本的供應鏈模式，設法將貨運從空運轉移到速度較慢、但是貨物運價相對低廉得多的海運、鐵路和公路等運輸模式。而聯邦快遞雖然有陸運，但是沒有海運，可以說其運輸網路並沒有全方位立體地發展，業務多元性的程度相對於競爭對手略弱。而運輸管道越多元，成本就會攤薄，分擔風險的可能性就會越大，所以如何全方位發展網路來降低成本，也是聯邦快遞所面臨的問題。

其次是新興市場的挑戰問題。二〇一一年一月，全球物流公司智傲物流（Agility）在達沃斯發布二〇一一新興市場物流分析報告，稱金磚國家仍被物流公司認定為最具潛力新興市場，而中國則成為排名首位的最具潛力市場，其次是印度、巴西和印尼，而俄羅斯則排名第五。

聯邦快遞的特色就在於其「使命必達」，準時準點的保證，可是這樣的特色在一些發展中國家的新興市場（例如中國）很難展現出來，因為很多發展中國家對於快遞的要求本身並沒有那麼高，送到即可，所謂準時準點，好像並不需要，而且本土快遞公司的價格顯然要低於聯邦快遞很多，這樣使得聯邦快遞很難和本土快遞進行競爭。

最後，美國的航空支線系統很發達，為聯邦快遞的發展提供了平台。而在很多發展中國家空中網路並不發達，這也在很大程度上限制了聯邦快遞的發展。

Chapter 1

第一章

「高端」物流的超越之路

無論是在美國企業的發展史上，還是在世界企業的創造史上，無論是從創巨額利潤的角度，還是從企業對其所在行業產生的巨大影響來說，聯邦快遞無疑都是一個耐人尋味的傳奇，一個引人注目的楷模。

現代空中和地面快遞業是隨著一九七一年聯邦快遞成立而不斷推進的，該公司在一九九八年創建為FDX集團，並於二〇〇〇年一月更名為聯邦快遞集團。為了區分，以下涉及聯邦快遞集團的內容，我們會用FedEx或「聯邦快遞集團」，而其他提到「聯邦快遞」的，則是指其子公司FedEx Express，也是本書要重點分析的公司。

聯邦快遞已經不再是一個名詞，在全世界的各個地方，經常會聽到這樣一句話：「把東西聯邦快遞給我。」

聯邦快遞公司隸屬於美國聯邦快遞集團（FedEx Corp.），是集團快遞運輸業務的中堅力量。聯邦快遞集團於一九九八年成立，二〇〇一年聯邦快遞集團終於躋身於世界五百強企業之列，位居第二百六十八位，營業收入達一百八十三·〇九億美元，在二〇一二年《財富》雜誌最新公布的世界五百大企業排行榜中，聯邦快遞集團位居第二百六十三位。

現在的聯邦快遞集團（FedEx Corporation）是一家營業收入近四百億美元的控股公司，專門提供全球性運輸、電子商貿及供應鏈管理服務，並通過旗下多家獨立營運的附屬公司提供綜合商業方案。

美國前總統布希在聯邦快遞公司的二十五週年慶典賀詞中，這樣稱讚道：「你們展現了令人羨慕的拚搏精神，就像許多成功的故事一樣，你們公司也是源於一群有創業意識的人，並以無比的決心、創造力和機智將這些意識付諸實施。成功來自勇於負責，而你們正是這方面的典範。」聯邦快遞憑藉自己優秀的創意、高瞻遠矚的戰略和不懈的勇氣，取得傲人的成績。

今天聯邦快遞在全球快遞行業中有著不可動搖的霸主地位，其業務已遍及全球二百多個國家和地區，擁有超過六百架貨機，每天平均處理數百萬件貨件。聯邦快遞設有環球航空及陸運網路，保證交貨時間。表 **1-1** 為聯邦快遞的基本資料。

表 1-1 聯邦快遞資料

總部： 全球：美國田納西州曼非斯 亞洲：中國香港 加拿大：安大略省多倫多 歐洲：比利時布魯塞爾 拉丁美洲：美國佛羅里達州邁阿密 主要負責人：David J.Bronczek，總裁兼首席執行官 創立時間：1971 年，連續運作始於 1973 年 4 月 17 日 服務範圍：220 個國家及地區 員工數量：全球約 14 萬名員工 運輸能力：每個工作日約 340 萬件包裹和 1,000 萬磅的貨物 空中業務：全球約 375 個機場 機隊：654 架飛機，包括 空中客車 A300-600s：71 架 空中客車 A310-200/300s：56 架 ATR 72s：13 架 ATR 42s：26 架 波音 727-200s：79 架	波音 DC10-10s：1 架 波音 DC10-30s：6 架 波音 MD10-10s：57 架 波音 MD10-30s：12 架 波音 MD11s：57 架 西斯納 208As：10 架 西斯納 208Bs：242 架 波音 757-200s：24 架 地面運輸：大致有 43,000 輛專用貨車 轉運中心：1,083 個站，其中美國 692 個，美國以外 391 個，以及 10 個航空快遞樞紐 亞太地區：中國廣州 加拿大：安大略省多倫多 歐洲／中東／非洲：法國巴黎 拉丁美洲：佛羅里達州邁阿密 加利福尼亞州奧克蘭 美國：阿拉斯加州安克雷奇 德克薩斯州阿萊恩斯 印第安納波利斯 田納西州曼非斯（超級中樞） 新澤西州紐瓦克

資料來源：聯邦快遞官網。

引飛機入物流的首創之舉

荒謬的「C」級論文

聯邦快遞的創始人弗雷德．史密斯在總結自己的成功經驗時，曾經說過這樣的話：「成功的創業者首先必須有一個引人注目的、偉大的商業創意，這個創意必須『偉大獨特』得足以將你和其他普通眾生區分開，因為除非產品和服務是前所未有的，否則你個人以及公司的利潤都將很難出類拔萃。」

這句話展現這位偉大領導人成功的核心思想之一：永遠不做別人已經做過的事。

創業有時候就是一瞬間的靈光乍現，當然，這樣的「靈光」不是隨便浮現的，必須是有一定的事實基礎的。四十年前，隨著全球經濟的進步和美國經濟的發展，單打獨鬥已經不足以支撐企業在社會中立足，企業之間、企業與個人之間，甚至個人與個人之間，對於貨物和訊息的交流需求變得越來越明顯。但是，四十年前，美國郵局鐵路和飛虎航空公司等都很少把包裹直接送到目的地。一九六五年，聯邦快遞的創始人弗雷德．史密斯正就讀於耶魯大學，基於對上述現象的思考，他提出可以買飛機專門用來幫公司送貨，並認為這是一個潛力巨大的市場。

但是這個創意在當時的時代被稱為「異想天開」並不為過，所以史密斯的導師將此論文稱之為

將「荒謬」變成現實，聯邦快遞不僅是世界優秀企業的標桿，更是一個行業的先驅。

「荒謬」，並評為「C」級。

美國某著名諮詢公司曾經對很多成功的企業家做過調查，發現他們有兩個共同的特質：第一，找件事情去做；第二，把這件事情持之以恆地堅持下去。史密斯堅持自己的想法，並勇敢地把自己「荒謬」的想法變成了現實。

中國有句老話叫作「知易行難」，美國著名管理學專家彼得．杜拉克也曾說過：「管理是一種實踐，其本質不在於知而在於行；其驗證不在於邏輯，而在於結果。」史密斯的成功、聯邦快遞的成功，確實是一個耐人尋味的傳奇，但是這個傳奇背後也確實有很多值得我們思考和借鑒的東西。這些內容會在本書後面的章節逐一敘述。

無論逆境與否，從未撼動決心

耶魯大學畢業後，弗雷德．史密斯放棄進入哈佛大學法學院學習的機會，成為一名海軍陸戰隊隊員。當了中尉的弗雷德．史密斯一直沒有放棄自己最初的夢想，他仔細觀察部隊的採購和遞送程序，他始終堅信自己「隔夜速遞」服務的想法可以成功。

一九六九年從戰場返回後，史密斯已經擁有飛行員執照，他開始一步步實踐自己的夢想。但是最初他並沒有成立聯邦快遞，而是和自己的一位老同學共同出資購買阿肯色航空銷售公司的控制權，這家公司以小石頭城為總部，從事渦輪螺旋槳飛機和噴氣式飛機的維修服務。但是公司長期虧損，可謂前途渺茫。公司售價一百萬美元。

學者認為，沒有不好的行業。只有不好的企業。史密斯的父親詹姆斯．弗雷德里克．史密斯頗有推銷才能，史密斯繼承了父親的銷售天賦，他在瞭解公司的情況後，改變公司的戰略方針，使公司成為購買和出售廢舊噴氣式飛機的情報交流所。結果使公司的營業收入增加至九百萬美元，兩年內獲利二十五萬美元。

史密斯的第一次創業可謂十分成功，但是史密斯並沒有滿足於自己的成功，或者說史密斯一直對運輸業有著濃厚的興趣，所以上述這個公司的成功只能給史密斯帶來經濟上的回報，而卻不能讓他從中獲得真正的快樂。而且史密斯在這個公司的發展過程中也發現一些問題，例如當他急需一些渦輪儀器零件時，即使他要求對方寄空運，也常常要等二～五天，有時甚至一個星期才能收到貨。這樣的情況在當時並不少見，很多頂尖的高科技公司如 IBM 等也都在為運輸公司的低效率而無可奈何，而當時的航空公司卻對此無所作為。

現實狀況正如史密斯在一九六五年的學期論文中所描述的那樣，沒有人把注意力放到這個問題上。人總是很難改變自己既定的習慣，大家已經習慣航空業的工作效率和運輸水準。無論是對運輸有所需求的客戶還是運輸部門，都沒有人想過解決這個問題：郵局不是為了負責運輸中轉而設置的；地面運輸速度更慢；而航空公司的確能運送一些貨物，但這不是它們的主要業務——因為飛機是為了運送乘客而飛行的。

在當時，選擇用飛機運送貨物的客戶，這個物品無疑對於送貨者還是收貨者都意義重大，而航空公司對此並沒有予以足夠的重視，結果，「心急火燎」的客戶還得自己來機場送貨和取貨，這就是史密斯看到的「聯邦快遞」的機會。聯邦快遞要做的就是為這一類問題的解決制定一個特殊的物流系統。

史密斯的實踐經驗、感性的觀察加上理性的思考，讓他更加堅信自己提出的構想。當時史密斯認定：隨著社會進入自動化時代，人們的行為模式會和從前不一樣。所以無論是一個更加自動化的社會，還是處在這個社會中的生產者，都注定需要一個與以往完全不同的物流體系。

艱難起步卻出師不利

二十世紀七〇年代的兩次石油危機對美國經濟產生深刻的影響。能源價格的高漲引發的物價上漲讓美國企業經營舉步維艱。如何合理利用物流，成了當時很多物流從業人士考慮的問題，社會急需一種全新的物流服務方式。

機會總是留給有準備的人。史密斯不但一直堅持自己最初的夢想，並且一直為之做著堅持不懈的努力。在時代的要求之下，一九七一年六月十八日，弗雷德·史密斯在小石頭城成立了新公司——聯邦快遞，而為什麼要用到「聯邦」的字眼，下面我們會有詳細的敘述。

正如開篇所提到的，史密斯不僅創建一個企業，而且創造一個行業。聯邦快遞公司率先推出全美國隔日到達的門到門航空快遞服務，並同時提出及時性、準確性以及可信賴性三大原則，聯邦快遞由此成為「隔夜速遞」這一新興服務行業的始祖。

但是一個新興行業的開頭不可能是一帆風順的。出於對當時運輸業形式的觀察和考慮，史密斯一開始就認定，沒有人會拒絕「隔夜速遞」這種優質、快速、安全的服務。所以在聯邦快遞即將成立之前，弗雷德·史密斯帶著心中構思已久的快遞夢想，直接找到美國聯邦儲備系統，希望能夠與其就「隔夜速遞」服務進行長期的合作，用飛機為聯邦儲備系統快遞票據，為自己即將構建的航空運輸網路打下客戶基礎。公司之所以用「聯邦」的字眼，也是因為史密斯確信他能獲得聯邦儲備系統的合約。

由於史密斯信心滿滿，所以他除了個人投資三十五萬美元外，還獲得家族信託基金的擔保，從曼非斯國民商業銀行獲得了三百六十萬美元貸款，在與聯邦儲備系統進行談判的同時，史密斯就已經信心十足地向泛美航空公司購買了兩架裝有渦輪風扇發動機的達索爾特鷹式飛機，並將購得的客機改裝成適用於運送包裹的貨機，做好一切前期準備。

可是史密斯無論如何也沒有想到，幾週以後他得到的卻是聯邦儲備系統拒絕接受「隔夜快遞」服務的消息，負責監督聯邦儲備系統的聯邦儲備委員會正式通知聯邦快遞公司，他們拒絕聯邦快遞公司為聯邦儲備系統提供「隔夜快遞」服務的申請，理由就是聯邦儲備系統下屬的個別地區銀行不同意史密斯的建議。長期以來，聯邦儲備銀行系統內部，各地區的銀行自立山頭，靠多年的苦心經營才形成各自的勢力範圍，用飛機連夜快遞銀行票據雖然可以為系統節省時間與金錢，卻阻塞了太多人的財源，有許多人就是靠原來的工作流程生存的，如果要採用新的方法傳遞票據，這些人的既得利益該怎麼辦？這樣看來，聯邦儲備系統拒絕聯邦快遞的服務也就是順理成章的事情了。

美國聯邦儲備系統又稱「聯邦準備制度」，是根據一九一三年《聯邦儲備法》建立的。它是一個不受總統及其他政府部門控制的獨立政府機構，在美國政府中起中央銀行的作用。美聯儲主要負責監督美國的商業銀行、調節信用貸款量及貨幣流通量，並有進行票據清算、代理國庫出納、在外匯市場上從事交易等職能。其宗旨是確保國家擁有一個安全、靈活和穩定的金融和財政體制。

成功吸引風投，向著目標前進

用飛機為聯邦儲備系統快遞票據的計劃徹底失敗了，特地購買的兩架飛機被閒置在機庫裡動彈不得，剛剛建立起來的聯邦快遞公司和年僅二十六歲的史密斯面臨著首戰失利的沉重打擊。然而，史密斯之所以被譽為當代成就最大的企業家之一，正是因為他在任何艱難險惡的環境面前都表現出了一種不屈不撓的鬥志、傑出的領導能力和超凡的智慧。

一九七二年到一九七三年初，弗雷德．史密斯再次投資七．五萬美元，組成了專家、飛行員、技師、廣告代理商的高級顧問小組，深入地對美國運輸市場進行調查、分析和研究，為公司下一步的發展方向和業務拓展做好準備。

這個高級顧問小組透過對市場潛力進行更深入的調查和可行性分析發現，隨著新興技術的興起，美國傳統的工業重鎮日趨沒落，反而是那些名不見經傳的小地方正在迅速崛起，成為新興工業和商業的中心。舊的貨運傳統正在改變，過去那種一次托運幾百公斤、上千公斤，才能夠從這一工業區運送到另一工業區的情況已不多見，取而代之的是小件包裹托運服務，小至一個開關、一個橡皮管或是一張設計藍圖，而且這種托運比以前更講究時效。

於是，聯邦快遞公司根據調查的市場情況重新制定經營目標和計劃，並且先後爭取到萬倉保險公司、花旗風險資本公司在內的幾家大公司的風險投資，金額高達九千六百萬美元。這也創下美國企業界有史以來單項投資的最高紀錄。[1]

1. 銳智．聯邦快遞非常攻略〔M〕．廣州：南方日報出版社，2005：7-8.

現在有句很流行的話：只有偏執狂才能生存。史密斯在當時也是憑著這種近似偏執狂的精神，成功地向投資者推銷自己的創業計劃。隨著風險性資本的注入，聯邦快遞公司大步邁向宏偉的目標。正如聯邦快遞公司的一個員工所說的：「在聯邦快遞公司成立後的最初三四年裡，它本來會破產五六次，但弗雷德·史密斯不願放棄。他真是個不屈不撓的人，懷著對前途的無限信心和十足的勇氣，他創造了奇蹟。」

物流聖地曼非斯

史密斯大膽的想法需要有現實的依托，而成就這個夢想非常重要的一點就是轉運中心的建立。在創立初期，聯邦快遞曾與阿肯色州小石頭城的航管部門談判，建議在那裡建立轉運中心，但是由於建立轉運中心來支持聯邦快遞的新航線需要大量的資金投入，而且由於聯邦快遞剛剛起步，並沒有得到當地部門充分的信任，最終使得這個建議沒有被採納。

而田納西州曼非斯的航管部門管理者卻持有不同的看法。他們充分利用廢棄的空軍國防飛機修理廠，減少基礎設施投資。而且他們認為，把曼非斯作為營運中心，主要在夜間使用機場，還可以創造就業機會。曼非斯航管部門的管理者表示，他們希望聯邦快遞把營運中心設在那裡。同時，小石頭城的官僚作風對聯邦快遞的束縛愈發明顯。一九七三年三月，聯邦快遞把航空運作中心遷往曼非斯，隨後其他部門也都遷到曼非斯。曼非斯成了物流人士嚮往的聖地。

七個包裹起步

史密斯憑藉九千六百萬美元的融資啟動了聯邦快遞。公司再次購買三十三架達索爾特鷹式飛機，並組成運輸機隊，但是創業初期，聯邦快遞經營卻並不順利。

可能讓人難以想像，今天在物流行業位於霸主地位的聯邦快遞，他的第一筆生意只有七個包裹。一九七三年三月的一個晚上，弗雷德·史密斯領導的「隔夜速遞」第一次試運行，六架飛機只運來七個包裹，其中之一還是史密斯自己要送給一位朋友的生日禮物。於是很多人都開始質疑所謂「隔夜速遞」的想法根本就是異想天開。

軍人出身的史密斯有著頑強的毅力，在困難和眾人的議論前從沒有放棄。他和合作夥伴不斷商討應對措施，經過兩週的密集討論，他們得出的結論是：聯邦快遞所服務的城市市場規模不夠。理想的空運快遞市場應該滿足兩個條件，即公司數目多且營運形態適合空運，以及空運服務不能滿足當地所需。於是，聯邦快遞根據這個原則，選擇了美國的二十五個城市作為目標市場。

一九七三年四月十七日，聯邦快遞正式營運。聯邦快遞公司的網路由二十五個城鎮組成，動用十四架達索爾特鷹式飛機，公司員工包括駕駛員、地面職員、包裝分揀人員、送件人員和銷售代表等共三百八十九名。那一晚共運送了一百八十六件包裹，並且準時到到達。這是一次奢侈的快遞飛行，平均每十三件包裹享用一架「專機」。不得不承認，這個結果是非常令人沮喪和失望的。但是，史密斯一直對自己、對這個行業充滿信心，而現實也證明了其選擇和堅持的正確性。表 1-2 顯示了聯邦快遞每日包裹運送量的變化，可以看出聯邦快遞日益繁榮的發展歷程。

物流巨人迅速發展

從正式持續營運開始，聯邦快遞的業績不但不能說是令人滿意，甚至可以說是讓人十分失望。在最初開始營業的二十六個月裡，聯邦快遞公司的虧損竟然達到二千九百三十萬美元，欠債主四千九百萬美元。連續的虧損使得聯邦快遞瀕臨破產的地步，很多早期的投資者也都不再繼續投資，是聯邦快遞公司史上最為艱難的時期。

這時候不得不歸功於領導人的堅持，弗雷德．史密斯從來沒有想過放棄，他始終堅信「隔夜速遞」的業務最終一定能夠被人們接受。為了改變當時的經營狀況，聯邦快遞公司爭取與美國郵政總局合作，在此過程中，聯邦快遞公司特意在西部開闢六條航線，並在與其他企業競爭時，把價格壓得很低，以致使人懷疑聯邦快遞是否還有利潤。

這種舉動正是聯邦快遞著眼於長遠利益的結果。在聯邦快遞看來，儘管用這種方式與郵政總局合作並不能得到很高的利潤，卻可以用來充當公司的門面。這樣做不僅讓投資者放心，還可以爭取更多的客戶。

表 1-2　聯邦快遞的每日包裹運送量變化表[2]

時間	包裹運送量／件／日	時間	包裹運送量／件／日
1973.4.17	186	1984	500,000
1973.12	1,000	1986	1,000,000
1974	10,000	1998	3,000,000
1975	13,500	2009	3,300,000①
1976	19,000		

①另加 1,000 萬磅貨物。

所謂否極泰來，困境中拚搏的聯邦快遞遇到了意外的好運氣。第一個好運氣是政府解除了對航空運輸業的限制，極大地促進空中貨運行業的發展。由於對商業運輸的需求突然猛增，國內主要貨運機構對大城市的業務都應接不暇，根本沒有能力和精力去滿足中小城市的要求，這一重大的市場缺口無疑為聯邦快遞提供巨大商機，聯邦快遞的業務量有了很大的成長空間。另外一個好運氣是，一九七四年，由UPS的員工長期罷工、鐵路快運公司破產，這兩件事都為聯邦快遞公司提供迅速發展公司業務、改善公司目前狀況的好機會。

一九七五年，聯邦快遞的經營狀況開始好轉，當年的營業收入達到七千五百萬美元。當年的七月份是聯邦快遞公司的第一個贏利月份，全公司創收五．五萬美元。這時候的聯邦快遞公司，已經擁有三．一萬個固定客戶，開始在全美國一百三十個城市和七十五個機場為客戶提供隔夜速遞服務。運送的物品包括零件、血漿、移植器官、藥品等。每天夜裡，印有聯邦快遞公司標誌的紫色飛機都載運著數不清的包裹在通往全國各地的航線上穿梭。

一九七六年，聯邦快遞公司獲純利三百五十萬美元；一九七七年年度經營收入突破一億美元，獲純利八百二十萬美元。

另外，一九七七年吉米．卡特當選為新一屆美國總統，他公開表示贊同解除對航空公司和航空貨運公司的管制。這樣一來，聯邦快遞公司如願以償，決定購買一批載重量達四．二萬磅的波音727型飛機（見圖1-1）。

2. 謝常實．使命必達（聯邦快遞的管理真經）〔M〕．北京：人民郵電出版社，2005：21.

圖 1-1　聯邦快遞波音 727 飛機

資料來源：百度圖片。

為了籌集到更多資金，聯邦快遞決定將公司股票公開上市。一九七八年四月，聯邦快遞公司在紐約證券交易所正式掛牌，代號為 FDX，公開出售第一批股票，首期發行了一百零七．五萬股，每股三美元。這使聯邦快遞不僅籌集到了購買飛機的巨資，而且使公司的早期投資者得到回報。到一九七九年，聯邦快遞公司年度營業收入為二．五八五億美元，獲純利二千一百四十萬美元。公司總計擁有十二架波音 727、四架波音 737、三十二架隼式噴氣式飛機、三十九架其他型號的飛機和一千四百五十四輛送件車輛。

在美國企業的發展史上，聯邦快遞公司是發展最快的公司之一，而史密斯則是企業開拓進取、敢於創新精神的代表。正如一九七八年八月《騎士報》文章中所說的：「在艱難中仍然屹立不動搖，憑藉不屈不撓的意志與戰鬥力去抵抗阻擋在前進道路上的任何橫逆，他卓絕的表現不僅是企業家的楷模，更是值得我們每一個人倣法的。」

從此一家以航空速遞業務為支柱的現代物流巨人——聯邦快遞——奇蹟般地崛起。

「攪局」世界快遞市場

二十世紀七〇年代末八〇年代初，聯邦快遞的發展可謂勢如破竹。一九七八年，聯邦快遞上市。到一九八〇年，公司收入高達四千一百五十四萬美元，利潤達到三千七百萬美元。一九八一年，聯邦快遞公司的營業收入高居美國航空貨運公司的首位，超過了比它早二〇年進入航空貨運業的競爭對手：埃默裡貨運公司、機載貨運公司等。一九八三年，公司的年度營業收入達到十億美元，成為美國歷史上第一家創辦不足十年、不靠收購或合併而營業額超過十億美元的公司。從此，聯邦快遞一路順利地發展。據統計，目前它每年所承運的三千八百多萬件包裹，數量比第二名到第五名這四家公司所承運包裹數量的總和還要多。

遇勁敵——獨占鰲頭

可以這樣說，聯邦快遞開創了一片藍海，但是藍海不可能一直是藍海。二十世紀八〇年代，在聯邦快遞迅速發展的過程中，遇到對手強有力的競爭：埃默裡貨運公司開始學習聯邦快遞公司的經營策略，購買貨運飛機、開設小包裹分揀中心，提供隔夜快遞服務；機載貨運公司也開始提供小包裹空運速遞服務；美國聯合包裹公司向來用卡車運送包裹，在一九八一年也加入航空速遞業；被聯邦快遞公司的「信使包」奪走大量客戶與市場的美國郵政管理局也開始推行自己的隔夜遞送郵政服務。但是，這些公司在服務範圍、服務品質和交貨時間上還是不能和聯邦快遞公司相提並論，因此，在日趨激烈的競爭中，聯邦快遞公司仍然保持著它的領先地位。

依托轉運中心覆蓋北美市場

史密斯的目光一開始就沒有局限於美國，一九七九年，聯邦快遞將服務領域拓展至加拿大，這也標誌著他正式開始開拓國際市場。

在上一節中我們曾經提到，聯邦快遞在一九七三年將總部遷至曼非斯，遷移之初就有將曼非斯作為營運中心的想法。終於在一九八一年，聯邦快遞在曼非斯開設一個超級轉運中心，該轉運中心大幅度提高聯邦快遞的轉運能力，我們也會在後面的章節詳細介紹該轉運中心。在當時，該轉運中心承擔百萬業務量的接收、分揀和運送工作，相當於聯邦快遞業務總量的百分之三十。

一九八七年，聯邦快遞在美國成立第二大轉運中心，該中心距離印第安納波利斯幾百英里。同時，聯邦快遞還在美國的兩條海岸線上（如在內瓦克、邁阿密、達拉斯、奧克蘭、洛杉磯和安克雷奇等地，後文均會有詳細介紹）開啟區域性的轉運中心。到一九九六年，聯邦快遞陸運覆蓋了百分之一百的北美市場。

闊步邁入歐洲大陸

一九八四年，聯邦快遞公司完成第一次收購行動，成功收購了位於明尼蘇達州明尼阿波利斯的吉爾科快遞公司（Gelco Express International）。吉爾科快遞公司是一家為八十四個國家提供服務的包裹運輸公司，這次收購標誌著聯邦快遞將業務範圍擴展至歐洲大陸。弗雷德·史密斯希望聯邦快遞公司在海外速遞業也像在美國國內那樣占主導地位。緊接著，他也在英國、荷蘭進一步實施收購計劃。

一九八五年，聯邦快遞公司在向歐洲市場擴展服務方面邁出了重要一步，它在布魯塞爾機場開設了一個分揀中心。一九八五年總營業收入達到二十億美元。

進軍亞太市場

聯邦快遞早於一九八四年收購在歐亞兩地均設有辦事處的貨運公司 Gelco 時，已有發展國際網路的構思。一九八七年，聯邦快遞在夏威夷設立首個亞太區區域辦事處，將美國和亞洲客戶，以及前 Gelco 的營運設施聯繫起來。一九八八年，聯邦快遞開辦直航至日本的定期貨運服務。

二十世紀八〇年代末，聯邦快遞制定一項具有深遠意義的戰略決策——開拓亞太地區市場。一九八九年收購了飛虎航空（Flying Tiger）（一家亞洲航空貨運公司），僅此一舉，就使得聯邦快遞獲得亞洲二十一個國家及地區的航線權。一九九二年，公司的區域性總部從檀香山遷至香港。

一九九五年，聯邦快遞購買了中國和美國之間的航線權，開始經營中美間的快遞運輸服務。一九九六年三月，聯邦快遞率先成為當時唯一享有直航中國權利的美國快遞運輸公司。

一九九五年九月，聯邦快遞在菲律賓蘇比克灣建立了第一家亞太運轉中心，並透過其「亞洲一日達」網路提供全方位的亞洲遞送服務。根據公司在美國成功運作的「中心輻射」運轉理念，亞太運轉中心現已連接亞洲地區十八個經濟與金融中心。

二〇〇八年一月，聯邦快遞在中國和其他九個亞太區市場推出國際經濟快遞服務，該服務介於國際優先快遞服務與普通郵寄服務之間，滿足更多客戶的需求。

二〇〇八年年底，一個新的聯邦快遞亞太樞紐在中國廣州開放。新的樞紐採用最先進的技術，支援衛星調度系統的及時包裹追蹤和創新。

二〇一一年，聯邦快遞宣布在上海增設一個全新操作站，為不斷增加的貨件數量提供分流，能用更好的服務品質滿足客戶需求。這也是聯邦快遞在中國最大的地面操作站。

二〇一二年十月，聯邦快遞宣布將在上海浦東國際機場建設全新的上海國際快件和貨運中心。全新的上海國際快件和貨運中心總占地面積約為十三．四萬平方公尺，是浦東國際機場中最大的同類型設施，它每小時最高可以分揀三．六萬個包裹和文件，預計於二〇一七年正式使用。

目前聯邦快遞集團為亞洲三十多個國家和地區提供服務，並擁有二十多個直線機場。

物流巨人橫行全球

到了二十世紀八〇年代末期，聯邦快遞公司的年度營業收入超過三十五億美元，純利潤一．七六億美元。聯邦快遞公司向全世界九十個國家和地區提供服務，它擁有員工五．四萬人，各項業績指標都躍居全世界航空貨運公司的首位，成為全球隔夜快遞業的龍頭企業。

弗雷德．史密斯也成了名副其實的「隔夜快遞業之父」。表 1-3 為聯邦快遞開拓國際市場的里程碑。

世紀末掀起的巨人之戰

進入二十世紀九〇年代以後，併購與上市等多種資本方式對物流業產生了很多影響，也誕生出十大物流集團。其中在快遞業，基本出現四大巨人壟斷的局面，即 UPS、FedEx、DHL、TNT。這四家運遞企業年收入加起來超過一千億美元，僱用員工一百三十萬人。占據全球快遞市場百分之七十二。在四大物流巨人中，聯邦快遞在市場占有率上一直保持著領先地位。

面對競爭，聯邦快遞（FedEx）一方面不斷併購，擴大自己的實力和規模；另一方面為網路時代重塑自我。

表 1-3 聯邦快遞開拓國際市場的里程碑[3]

年份	開拓國際市場
1973	聯邦快遞營運開始時便覆蓋了美國 25 個城市
1979	聯邦快遞初次開拓國際市場，目標是加拿大
1981	聯邦快遞曼非斯轉運中心成立。這個中心占地 294 英畝，並由 172 英里長的傳送帶、運送管道和自動分揀帶組成
1984	聯邦快遞在兼併了 Gelco 國際快遞之後，國際營運範圍擴展到歐洲
1985	聯邦快遞啟用歐洲布魯塞爾轉運中心，提供跨越大西洋兩岸的兩日送達服務。後來這個中心被移到巴黎戴高樂機場
1988	聯邦快遞將預訂服務擴展到日本和墨西哥。這項服務在主要的亞洲市場擴展到次日運送服務
1989	聯邦快遞併購飛虎航空公司，該公司擁有世界上最多的貨運航線，通往亞洲、拉丁美洲和歐洲。這不僅增強了聯邦快遞的業務能力，而且擴展了其航線
1989	聯邦快遞推出了國際快遞貨運、國際空港對空港和聯邦快遞優先快遞三項服務
1990	聯邦快遞率先將空運快遞服務擴展到俄羅斯和其他歐洲及亞洲國家
1991	聯邦快遞推出國際優先直接遞送服務
1993	聯邦快遞國際市場的經營開始獲利。從集中於北美和海外市場開始，聯邦快遞很快為客戶建立了覆蓋 214 個國家和地區、代表世界上經濟活躍的 90% 範圍的全球網路
1995	聯邦快遞在菲律賓的蘇比克港灣開設轉運中心，為太平洋周邊國家提供更為全面的服務
1995	聯邦快遞得到常青國際的中國航線，將服務擴展到中國市場
1995	聯邦快遞建立了「亞洲一日達」(AsiaOne) 網路，這一種基於「輪軸 - 輪輻」模式的地區性快遞網路。該網路使得一些主要金融貿易中心（例如上海、中國香港、新加坡、東京、馬尼拉、曼谷和漢城[4]等）之間的次日 10:30 運達服務成為可能
1996	聯邦快遞歐洲轉運中心在巴黎戴高樂機場啟用
1997	聯邦快遞在德克薩斯州達拉斯的聯盟機場開設了轉運中心
1997	聯邦快遞在亞洲的快遞實現了於第二個工作日早上 10:30 之前送達美國

3. 謝常實．使命必達（聯邦快遞的管理真經）〔M〕．北京：人民郵電出版社，2005：50-52.

4. 漢城，韓國首都，已經於 2005 年起稱為首爾。

（續）

年份	開拓國際市場
1999	聯邦快遞的「歐洲一日達」（EuroOne）網路使 16 個城市透過空運、21 個城市通過陸空聯運連接到聯邦快遞在巴黎的轉運中心，其功能和「亞洲一日達」網路一樣
2000	聯邦快遞在華推出「亞洲北美一日達」服務，聯邦快遞位於北京、上海、廣州、深圳及周邊城市的客戶均可享受此項至北美及亞洲主要城市的翌日速遞服務。此項新服務的推出標誌著聯邦快遞中國網路已成功地與其亞洲及全球網路連接在一起
2006	聯邦快遞收購天津大田集團，實現在中國的真正獨資
2007	聯邦快遞收購 Prakash Air Freight Pvt.Ltd.（PAFEX）擴展了其在印度的業務，該公司有 380 多個辦事處，服務於全球近 4,400 個目的地
2008	聯邦快遞宣布將越南與國際市場間的日運能提高 5 倍，此次服務提升適用於所有採用聯邦快遞國際優先快遞服務和國際經濟快遞服務，發往亞洲、歐洲和美國的貨件。這一舉措鞏固了亞洲的網路

一九九八年以後，全球物流市場進入大規模併購時期，很多老規模的物流公司在併購中消失，而一些新興的物流公司在併購中成為新的十大物流巨人。在按照併購金額排位的十大物流併購案中，聯邦快遞（FedEx）占據了三席。

現在聯邦快遞在四大物流公司的競爭格局中占有舉足輕重的地位，聯邦快遞在美國本土市場主要的競爭對手還是 UPS，而在中國主要的競爭對手是 DHL，對於一個僅有不到四十年歷史的公司來說，這樣的成績已經非常了不起，讓我們衷心祝願聯邦快遞能夠飛得更好。

與時俱進，不斷超越

隨著時代的變遷，「適者生存」的道理在物流業得到充分的印證。聯邦快遞創始人史密斯常說，企業要想在變化莫測的市場上立於不敗之地，就必須不斷地調整、變化，使自己適應這個市場。聯邦快遞的整個發展史可以說是一個不斷塑造自我使之更加完善的過程。聯邦快遞可謂締造了一個新的行業，而這個新行業的發展與當地政府的政策以及 IT 的發展是息息相關的。

新的起點帶來新的繁榮——FDX 公司的創立

一九九八年可謂是聯邦快遞里程碑式的一年，一九九八年 FedEx 併購 Caliber 系統公司並創立了 FDX 公司，而創始人史密斯也變成 FDX 集團公司的董事長、總裁兼 CEO。有遠見的聯邦人早已經認識到單純經營空運速遞業務已經不能在激烈的物流業競爭中站穩腳跟了。隨後聯邦快遞併購了北美第二大企業對企業小包裹運送供應商 RPS、世界領先的時間急迫和需特殊處理的水面貨物運輸公司 Roberts 快運公司、散貨運輸公司 Viking Freight、在全球提供定制的綜合物流和倉儲解決方案的先驅者 Caliber Logistics、美國西部最重要的區域散貨運輸公司 Viking Freight。聯邦快遞不但把服務範圍擴展到陸地，而且加速推動供應鏈服務的發展。FDX 的目的在於為客戶提供綜合性的物流解決方案。這也是聯邦快遞的重大戰略轉型——從單純的準時運送貨物，進而為客戶提供物流解決方案。

二〇〇〇年，集團公司 FDX 更名為「FedEx Corporation」，即目前我們熟知的 FedEx。

進軍普通包裹運遞市場

正如 UPS 侵入 FedEx 的文件速遞領地一樣，FedEx 透過各種方式搶奪一部分普通包裹市場。一九九八年，FedEx 通過收購 Roadway 包裹公司（RPS）進入普通包裹運遞市場，在包裹市場的占有率達到百分之十一。從二〇〇五年至今，FedEx 投資了五億美元，大幅度增強 RPS 的處理能力。另外，FedEx 在訊息技術領域也投入巨額資金。FedEx 對其無線通信網路進行更新，使之能夠與 UPS 匹敵，此外還為大小企業提供網際網路商務軟體。

FedEx 的網址就像一個交易市場，設有許多與其他公司的連接按鈕，有趣的是它還設有與惠普公司的連結（因為惠普公司與 UPS 公司合資建立了文件交換公司對 FedEx 的文件速遞業務構成競爭）。而且 FedEx 已經向國際市場進軍，尤其是電腦硬體和微型晶片的物流配送。像 UPS 一樣，FedEx 已經開始作為第三方物流服務供應商向外展開行銷。世界著名的思科公司宣布讓 FedEx 管理其整個物流網路，其目的是完全取消思科在亞洲的倉庫，代之以這兩家公司共同創立的「飛行倉庫」，最終，由 FedEx 直接投遞零件給用戶作最終的組裝。

互聯網時代的衝擊

互聯網時代的到來無疑極大地推動了快遞業的發展，但是 FedEx 主營的文件速遞市場在網路時代也面臨極大的威脅。速遞文件的電子化轉移速度比美國郵政一類郵件的電子化轉移速度要快得多。而且，由於功能更強大的軟體使企業能夠更好地管理庫存，降低對於昂貴的物品速遞的需求。同時，美國郵政的優先郵件[5]越來越被市場看好，因為，優先郵件的服務品質優於次日遞業務。另外，UPS 與惠普公司合資建立的文件交換服務公司，也將侵蝕很大一部分航空速遞業務量。

聯邦快遞利用了 IT 這把雙刃劍，不斷利用其推出新的產品和服務，並且提升了服務的速度和品質。同時，FedEx 在路面運輸等方面迅速發展，一直致力於為客戶提供完整的物流解決方案。

住戶市場策略

FedEx的住戶投遞市場直接與美國郵政展開競爭，但FedEx採取的戰略與UPS有很大的不同。UPS是將企業到企業與企業到家庭的業務集成一體，而FedEx則準備組建專門的住宅投遞服務公司，並準備聘用低成本的非工會勞動力，FedEx的住宅市場發展戰略是在二〇〇〇年三月宣布。FedEx總公司下設多個業務部門，主要從事次日遞航空速遞核心業務的聯邦快遞和企業到企業的普通包裹業務的聯邦快遞地面服務，地面服務下設快遞家庭投遞服務部門。這三個業務部門共享公司的技術和某些行政管理職能，例如行銷和收付款職能，但是各自具有獨立的設施、車輛和經營活動。家庭投遞部門僱用的工人被稱為「業主經營者」，自備廂式貨車，公司根據這些工人的投遞量給予報酬，可以將投遞成本保持在較低的水準，這不僅比UPS的成本低甚至可能比美國郵政的成本還低。聯邦快遞的家庭投遞服務在全國四十個大城市設立了六十七個家庭投遞站，號稱覆蓋了全國百分之五十的家庭，聯邦快遞還計劃要建立另外二百四十個投遞站，爭取在三年的時間內覆蓋百分之九十八的人口。聯邦快遞的發展處處展現出其創新的意識，例如說，聯邦快遞準備星期二到星期六投遞，而且是選擇收件人最有可能在家的傍晚時間投遞，同時還提供指定日期投遞，但收取額外費

5. 在美國，七十磅以下包裹都可以走優先郵件。優先郵件的優勢在於：通達全國各地；安全、快捷，每週有四至五天均可投遞到戶，並能夠將無法投遞的郵件快速退回；價格合理，如果用戶不要求在夜間投遞的話，優先郵件比快件便宜，而且對寄往阿拉斯加、夏威夷、波多黎各等地的郵件及要求週六投遞的郵件不收取附加費用。因此，優先郵件受到了廣大用戶的青睞。

用；另外，包裹攬收時間推遲到了晚上九點；更加新奇的是，聯邦快遞家庭服務的正式標誌是一隻可愛的小狗。

FedEx Office——FedEx 與影印店聯姻

無論從什麼角度看，FedEx 併購金考都是其歷史上濃墨重彩的一筆，二〇〇四年 FedEx 耗資二十四億美元收購美國文印連鎖集團金考（Kinko's）。之後金考公司便更名為 FedEx Kinko's，目前已更名為 FedEx Office。金考公司的主要業務是印刷複印零售行業，回顧之前介紹的聯邦快遞的每一次收購，所收購的公司都是與快遞或物流相關，或者就是航線權，這個看似與快遞無關的行業，其實暗藏玄機。

聯邦快遞收購金考公司的主要目的在於輔助和促進其零售業務及運輸服務的進一步發展。用史密斯的話來說，兩公司強強聯手後，將「充分發掘並利用雙方企業的內在優勢，奠定未來商業服務市場的新格局」。作為影印行業的中流砥柱，金考公司能為聯邦快遞提供充足的客戶資源、訊息資源，使雙方能在資源共享的基礎上實現流程整合，有效降低營運成本，提升競爭優勢。

收購金考後，聯邦快遞將把快印業務作為整合業務的上游，將聯邦快遞擅長的運輸業務作為達到主要支撐作用的下游，以實踐覆蓋全球大大小小企業、個人客戶的最終目的。

在收購以前，FedEx 就已經和金考公司擁有長達十五年的合作夥伴關係。FedEx 曾在多達一百三十四家金考店裡設立了 FedEx 投遞箱與擁有完善服務的運輸櫃檯。有些金考店的運輸服務甚至達到聯邦快遞公司的最高服務水準。雙方都表示合作一直比較愉快，所以收購過程也變得異常順利。

金考的收購方是合作夥伴而非競爭對手，這一點無疑讓所有的金考員工心裡舒坦了許多。「友好收購」使得包括清除冗餘部門及員工等棘手工作在內的具體合併過程有條不紊地進行，最大化地實現了「高效率合併」。

FedEx 四大業務部門的誕生

二〇〇四年，FedEx 將其諸多子公司劃分成四大業務部門，如開篇所述，分別為：

1. 聯邦快遞業務部門（FedEx Express Segment）
2. FedEx 地面公司業務部門（FedEx Ground Segment）
3. FedEx 貨運公司業務部門（FedEx Freight Segment）
4. FedEx 服務業務部門（FedEx Service Segment）

四大業務部門的劃分使 FedEx 的業務更加專業及合理化，這也極大提高了 FedEx 營運的效率，而聯邦快遞業務部門依然是 FedEx 的「頂樑柱」。

聯邦快遞在中國價格攻略

二〇〇七年十月、二〇〇八年年初、二〇〇八年六月、二〇〇八年八月聯邦快遞在中國一共進行了四次大規模的降價，這樣的價格戰為中國的快遞業帶來了不小的衝擊。而 FedEx 這一舉動也是其進軍亞洲市場之後最大的一次調整。

聯邦快遞最初在中國快遞市場的策略是鎖定高階市場，與之相應地實施高價策略。然而在中國的快遞市場，一方面，高階客戶非常有限，另一方面，中國客戶對高價並不認可，大部分客戶在服務和時間能得到基本保證的情況下，更願意選擇低價的快遞服務。這樣，在中國快遞行業這塊大蛋糕上，價格成為客戶選擇的最重要因素。聯邦快遞的降價雖然惹來了很多非議，但也是順應中國客戶需要所做的必要調整。

降價後聯邦快遞在中國的市場占有率迅速攀升，據估計其在中國市場的出貨量是降價前的四倍，有學者稱國際快遞公司進入像中國這樣發展潛力廣闊的市場，一般會經歷四個階段：第一階段，合資，建立進軍中國市場的先行軍；第二階段，獨資，主要收購中國的快遞企業，迅速建立中國的物流網路；第三階段，低價傾銷，打亂中國快遞市場的原有局面；第四階段，漲價，將整個行業置於自己的控制之下。從聯邦快遞的低價策略來看，顯然是走到了第三步。這也使一些競爭能力較弱的快遞公司退出競爭戰場。而聯邦快遞是否會漲價，我們拭目以待。

定位與戰略

放眼世界每一個知名航空貨運公司都提出自己恰當的定位，確定了自己在空運物流價值鏈中的位置。UPS 的定位是「我們能夠在任何地方、任何模式歷來處理任何貨物」；DHL 的目標是希望能夠成為世界範圍郵件通信、包裹快遞、物流及財政服務領域中的領頭者；ST Cargo 的定位是創立世界上最大的商業航空貨運聯盟並提供複雜而又統一的商品線。FedEx 也有自己的定位。「無所不包，全面發展」恰到好處地定義了聯邦快遞的位置。

FedEx的現狀

儘管快遞這一事業起初並不被人們看好。但是如今，聯邦快遞已經建立了全球的快速交付網路，業務遍及全球二百二十多個國家和地區，在全球聘用超過十四萬名員工。

從地區來看，業務的地區性集中化程度高（即本土化程度高）。美國業務占總收入的百分之七十六，國際業務占百分之二十四。從運輸方式來看，空運業務占總收入的百分之八十三，公路占百分之十一，其他占百分之六。

公司在經營管理上已實現了：

- 客戶可透過網路直接進行郵寄手續的辦理，快遞公司的員工在最短的時間內上門取貨，讓客戶足不出戶也能寄送包裹。
- 貨物準確送達到客戶手中的時間精確至分鐘。
- 從北京辦理貨物運送手續起至送達到美國客戶手中，時間僅為兩天。
- 實現訊息共享，為合作夥伴提供的系統環境和伺服器，可讓每一個合作夥伴享受到隨時跟蹤貨物運行狀態、地點等情況，實現異地數據採集、經營報表的列印。
- 完成了由單純的運輸公司向提供物流策略／系統開發、電子數據交換及解決方案的跨地區跨行業的大型集團企業的轉型。

SWOT 分析

以下是國際知名的訊息服務公司 Datamonitor 就 FedEx 所做的二〇一〇年最新的 SWOT 分析。

FedEx 提供隔夜快遞服務、貨運服務、物流解決方案和業務支持服務。FedEx 擁有全球最大的快遞運輸公司——聯邦快遞。FedEx 擁有良好的品牌形象，在二〇〇九年公司被《財富》雜誌評為全球最受推崇的企業之一。強有力的品牌形象支撐，極大地促進了 FedEx 美國本土的收入以及國際的擴張。但是，隨著網路的普及，公司郵件業務量的增長受到了威脅，也導致了集團收入一定的下滑。

SWOT 分析的具體內容如下：

（一）優勢

1. 強大的品牌形象

FedEx 擁有強大的品牌形象，FedEx 是全球快遞服務行業裡面最被認可的名字。例如，在二〇〇九年，公司在《財富》雜誌「全球最受推崇的企業」排行榜中位列第七，這已經是 FedEx 連續第八年在該榜單的前十名之列。而且我們不要忘了，FedEx 於一九九八年正式成立，所以其

優勢	劣勢
➢ 強大的品牌形象 ➢ 廣泛的業務範圍（220 多個國家和地區）	➢ 對美國市場的依賴 ➢ 財政業績的下滑
機會	**威脅**
➢ 國際市場的擴張 ➢ 日益擴張的中國市場 ➢ 全球運輸服務行業的飛速發展	➢ 電子替代品 ➢ 激烈的競爭環境

認可度可想而知。此外，FedEx 獲得的榮譽不計其數，在本書開篇我們已經有所介紹，在此不再贅述。

FedEx 在其品牌下共擁有四個業務部門，即聯邦快遞業務部門、FedEx 地面公司業務部門、FedEx 貨運公司業務部門以及 FedEx 服務公司業務部門。FedEx 通過印刷製品、廣播廣告、公司贊助以及一些特別活動來提升其品牌形象。在二〇〇七～二〇〇九財年，公司的廣告和促銷費用分別共計四．〇六億美元、四．四五億美元和三．七九億美元。公司強大的品牌形象，促進了其零售業務以及美國本土的收入，當然也有利於其國際業務的拓展。

2. 廣泛的業務範圍

FedEx 透過旗下營運的四個業務部門，為客戶提供運輸服務、電子商務和業務服務。聯邦快遞是全球最大的快遞運輸公司之一，從事全球二百二十多個國家和地區的包裹和貨運服務。聯邦快遞擁有一個完整的網路，其中包括五萬七千個投遞點、六百七十一架飛機和四萬一千輛車輛。

（二）劣勢

1. 對美國市場的依賴

雖然 FedEx 的業務已經擴展至許多國家，但其收入的絕大部分仍源於美國本土市場。二〇〇九年，FedEx 近百分之七十三的收入源於美國本土市場，這種對美國市場的高度依賴有一定風險，尤其是當經濟形勢和／或公司在美國的銷售情況達不到預期效果時。此外，該地區營運密度的增加，會使公司要更多地面臨一些國家的具體因素，如工人罷工、經濟形勢的變化；更重要的，會增加與市場上其他競爭對手接觸的機會。

2. 財政業績的下滑

FedEx 二〇〇九年的財政業績可以說並不理想。從二〇〇八年的三百七十九．五三億美元，到二〇〇九年的三百五十四．九七億美元，公司的收入下降了百分之六．五。另外，在二〇〇九年，公司在關鍵業務部門的收入有明顯下降。例如，與二〇〇八財年相比，二〇〇九財年聯邦快遞業務部門的收入下降了百分之八．四。同樣的，FedEx 貨運公司業務部門和 FedEx 服務公司業務部門在二〇〇九財年的收入分別下降了百分之十．五和百分之七．五。

公司的贏利狀況也不容樂觀。二〇〇九財年 FedEx 的營業利潤為七．四七億美元，與二〇〇八財年相比下降了百分之六十四，而淨利潤為九千八百萬美元，與二〇〇八財年相比下降了百分之九十一．三。另外，與二〇〇八財年相比，在二〇〇九財年，FedEx 的營業毛利從百分之五．五下降到了百分之二．一，淨利率從百分之二．九下降到了百分之〇．三，而資產收益率從百分之四．四下降到了百分之〇．四。

如果這種趨勢持續下去，將會使追求經濟增長過程中可用資源減少，並會削弱投資者的信心。

（三）機會

1. 國際市場的擴張

FedEx 一直不斷採取措施，擴張及鞏固其在國際市場的地位，尤其是在一些關鍵的區域，如中國、印度和歐洲市場。在二〇〇七年，FedEx 也在上述區域進行了幾次收購，以促進其長遠的發展。例如，聯邦快遞以三千萬美元的價格收購印度服務提供商 Prakash Air Freight（PAFEX）。PAFEX 是印度國內最大的快遞公司之一，該公司擁有三百八十四個辦事處和倉庫，服務於四千四百多個地區。

此外，FedEx 已經在中國四十多個城市推出了次早達服務。該項服務有退款保證，並且可以及時跟蹤包裹狀態。另外，聯邦快遞還在英國曼徹斯特和美國之間推出專用直達航班。

FedEx 全球業務的拓展擴大了其在全球的影響力，並相應減少了與美國市場有關的業務風險。

2. 日益擴張的中國市場

FedEx 現在越來越多地關注中國市場，二〇一一年，在網購倍增長的前提下，中國快遞業也得到急速發展。二〇一一年，國內快遞業務量年均增長率高達百分之二十七．二三，業務總量五年翻升許多，日均處理量從三百萬件增長到一千三百萬件。中國市場也是亞洲區一個快速增長的市場，且在 FedEx 亞洲區市場中占據主導地位。根據 Datamonitor 公司的分析，從二〇〇五～二〇〇九年，中國的空運快遞市場成長了百分之三十四，約是國際平均成長率的三倍。根據美國航空航天協會

（American Institute of Aeronautics and Astronautics）預測，到二〇二〇年，中國的航空貨運預計將以平均百分之十一．二的年增長率增長。

FedEx在中國市場的營運十分重要。FedEx在亞太地區的轉運中心位於中國南部的廣州白雲機場，該轉運中心對於快速增加的中國市場和亞太市場也有著重要影響。此外，在二〇〇七年，FedEx與廣州蕭山國際機場簽訂租賃協議，此外中國的轉運中心，每小時可以分揀九千個包裹。另外，二〇〇七年，FedEx以四億美元現金收購大田集團與聯邦快遞的合資公司——大田－聯邦快遞有限公司中百分之五十的股權、大田集團遍布五百多個城市的中國快遞網路、用於開展國際快遞業務的資產、大田集團在中國八十九個地區的經營快遞業務的資產。而且，FedEx位於廣州白雲機場的轉運中心已經在二〇〇九年開放，該轉運中心是除美國本土外最大的轉運中心。

二〇一一年九月一日，聯邦快遞宣布在上海增設一個全新操作站，更能滿足客戶需求。這也是聯邦快遞在中國最大的地面操作站。新操作站位於上海浦東三林地區，占地面積五千一百四十平方公尺，主要負責為黃浦區、靜安區、南匯區、奉賢區和部分浦東新區的客戶提供國際快遞取、派件服務。該操作站目前擁有九十多名員工和近七十台車輛，配備先進的進出口貨件分揀系統，每小時最高可分揀三千五百票貨件。所有貨件透過位於上海浦東國際機場的國際快遞口岸操作中心，進入聯邦快遞覆蓋二百二十個國家和地區的全球網路。聯邦快遞在上海擁有一個位於浦東國際機場的國際快遞口岸操作中心、五個國際快遞地面操作站、一個國內服務集散中心和兩個國內服務地面操作站。

二〇一二年十月二十五日聯邦快遞宣布將在上海浦東國際機場建設全新的上海國際快件和貨運

中心。聯邦快遞在該項目上投資將超過一億美元，將是聯邦快遞在亞太區的重要設施之一，為華東地區來往歐洲以及美國之間的貨物提供更大的便利性以及連通性。新設施能滿足聯邦快遞在該區域未來二十年的拓展能力。上海浦東國際機場將成為聯邦快遞全球航線與中國國內網路規劃優先考慮的選擇之一。聯邦快遞將在目前每週六十八架次航班進出浦東機場的基礎上，滿足不斷增長的市場需求，逐步擴大在浦東機場的航班規模和貨運吞吐量。全新的上海國際快件和貨運中心總占地面積約為十三．四萬平方公尺，是浦東國際機場中最大的同類型設施，它每小時最高可以分揀三．六萬個包裹和文件，預計於二〇一七年正式使用，每年包裹和文件的分揀能力預計將超過九千萬件。

隨著關注度的日益增加，FedEx 已經穩穩扎根於中國，並將從快速增長的中國市場中獲益。

3. 全球運輸服務行業的快速發展

在二〇〇四～二〇〇八年期間，運輸服務行業，主要包括路面運輸、鐵路運輸、空運和海運，都有迅速的成長。這一行業在二〇〇八年創造的總收入達二萬五千九百六十九億美元，在二〇〇四～二〇〇八年期間復合年增長率為百分之六．三。預計在二〇一三年，該收入可達到三萬二千五百二十一億美元，比二〇〇八年增長百分之九．八。在二〇〇四～二〇〇八年期間，運輸服務行業的產量復合年增長率為百分之五．七；二〇〇八年，將達到二十五萬三千九百六十三億貨運噸公里（freight ton kilometers，FTK）。到二〇一三年，預計該行業可以達到二十九萬二千七百九十五億貨運噸公里[6]，比二〇〇八年增長百分之十五．三。

6. 貨運噸公里＝貨物運輸的總距離（千公尺）×重量（噸）。

（四）威脅

1. 電子替代品

FedEx 面臨的最大的威脅是不斷普及的網路。近年來，電子郵件或多或少地取代郵政信件。如免費的電子郵件服務、無線寬頻和簡訊（SMS）的發展對傳統的郵政信件產生不利的影響，尤其是在城市地區。傳統的郵政業務提供諸如信件和銀行對賬單等訊息的傳遞，當然也包括印刷製品，如廣告和刊物，但是目前這些都可以透過網路迅速實現（如，電子銀行）。此外，重要的郵件業務也被電話、傳真等電子通信手段所影響。如果傳統郵件的電子替代物持續發展，郵件數量也會隨之減少，進一步會導致公司收入的降低。

2. 激烈的競爭環境

FedEx 與眾多公司在本土、區域和國際競爭。運輸和物流服務市場競爭激烈，且極易受價格和服務品質的影響，這種競爭在總體經濟幾乎沒有增長的期間顯得尤為激烈。許多公司的競爭對手擁有豐厚的經濟來源，使他們極易增加其資金。這種競爭導致行業內價格戰硝煙瀰漫。如果這種價格環境變得不合理，將可能限制 FedEx 維持其現有價格或加價的能力（包括燃料價格的增長所導致的燃料費用的增加），也可能影響其保持或增加其市場占有率的能力。此外，保持文件市場大量的市場占有率，對於 FedEx 保留和吸引客戶十分重要。如果 FedEx 的競爭對手能夠提供更廣泛的服務或更高效的附加服務，可能妨礙 FedEx 保持或增加其市場占有率的能力。

聯邦快遞是物流業史上的奇蹟，讓我們期待這個物流巨人能飛得更高，飛得更好。

辯證地適應政策發展

無論是美國的航空管制，還是其進入中國時的政策限制，都對聯邦快遞的發展產生很大影響。而一個企業想要發展好，應該辯證地適應政策的制定，就像聯邦快遞創立之初，為了擴大業務量，想要購買更大的飛機，但是由於美國當時的航空管制，這個願望並沒有實現，可是史密斯並沒有放棄，他在不斷地說服國會解除航空管制，失敗後，聯邦快遞又聯合其他航線經營企業和承運人共同說服美國國會解除管制，終於在一九七七年卡特總統上台時，解除航空管制，這極大地推動聯邦快遞的發展。

而對於中國政府的政策限制，聯邦快遞採用曲線救國的方法，最初以代理商的方式經營，進而轉入合資，直至二〇〇五年十二月中國快遞業徹底對外資企業開放後，二〇〇六年一月聯邦快遞便完成了在中國的獨資。

可見一個企業的成功發展應該辯證地適應政策的發展，時刻關心政策的動向。聯邦快遞就是個很好的佐證。

物流巨人，逐鹿「中」原

透過前文的敘述我們可以看出，聯邦快遞在一九八四年就有發展中國市場的意圖，而目前聯邦快遞在中國的業務可謂蒸蒸日上，當然這也讓很多中國本土的快遞公司感到了沉重的壓力。對於聯邦快遞在中國的擴張，眾說紛紜，褒貶不一。但無論如何，其迅速的發展是不爭的事實，所以有必要瞭解下這位物流巨人在中國的整個發展過程，除此之外，本節還會具體介紹中國快遞市場的分析、聯邦快遞的競爭對手、聯邦快遞在中國的價格戰等。

中國快遞市場分析

二十世紀八〇年代中期，中國就像一個世界的大工廠，而且加工的都是相對低廉的消費品。但是，到九〇年代末，中國到處可見嶄新的世界級高技術工廠。在加入世界貿易組織之後，高附加值生產能力大規模從西方轉移到中國，這大大提高了對中國後援物流服務的要求。除了文件，高附加值和時間緊迫的零件需要快速進出中國以保證「及時生產」的實現。到二〇〇三年，大約三．九萬家外國公司在中國從事各種業務，需要快遞服務：從幾磅重的文件和零件到數千鎊重的貨物。這對於國際速遞公司來說，無疑是發展機會。

但是中國的經濟特點和管控體系，使中國的快遞業發展具有一些自身的特色。首先中國的交通設施並不完善，這在一定程度上限制了中國快遞業的發展。另外，配送系統又相對官僚，直到二〇〇三年，快遞業務依然被高度調控，管理部門甚多，包括空運、鐵路、公路和水路運輸的各方政府機構。香港 Kamino 亞洲物流公司的尼爾．霍維茲說，物流是中國的大市場，但由於基礎設施和遊戲規則透明度方面的問題，這一市場並不像商人想像的那樣有利可圖。政府調控使得本土快遞企業擁有得天獨厚的優勢，而限制了外國競爭者的行動。

中國的快遞市場可以分為國內和國際兩個部分，下面我們將進行逐一分析：

首先，國內快遞市場指的是在包括中國香港在內的國內同天和次日送抵快遞服務。二〇〇〇年，國內快遞市場價值三．五億美元，有數據表明，在二〇一〇年以前將以百分之十五～百分之二十五的年增長率發展。而中國郵政快遞（EMS）主宰了這一市場。

二〇〇二年四月十七日，國家郵政管理局推出新的法規，禁止私營公司速遞輕於五百克的郵件，並要求私營公司的價格高於郵政快遞的價格。這在當時引起了各方爭議，但郵政管理局指出，這有利於促使服務標準化，並防止一些小投遞商靠壓價獲取市場占有率。

二〇〇一年十一月，中國正式加入世界貿易組織。相應地，中國政府放鬆了對公司所有權的限制，允許外國公司在中國的合資企業占有多至百分之七十五的股份，此政策為聯邦快遞、聯合包裹和敦豪在中國擁有更緊密的營運整合打開了大門。

加入世界貿易組織意味著國內和國際快遞市場有望進一步放開，外國快遞公司也將能夠與國企和國內私營快遞公司直接競爭。另一方面，貿易方面的增長使得中國二．五億城市人口的財富和購買力大大增加，中國不僅是世界工廠，很快也會取代美國成為世界上最強大的消費市場。到二〇一〇年，中國國內快遞市場已突破達到十億美元以上。二〇一一年在網購倍數成長的前提下，中國快遞業得到急速發展的契機。二〇一一年國內快遞業務量年均增長率高達百分之二十七．二三，業務總量五年翻了一倍半，日均處理量從三百萬件增長到一千三百萬件。國家郵政局局長馬軍勝表示，在較短的時間裡，中國快遞市場成長為增長速度最快、發展潛力最大、新興的戰略性服務業，市場規模排名世界第三位。據預測，在今後五～十年中，中國的經濟增長將由國內消費而非出口來驅動。

接下來，我們來分析國際市場。中國的國際快遞市場包括在中國與北美、亞洲或歐洲之間的文件、包裹、貨物遞送服務。這一市場二〇〇三年是八．五億美元，年增長率為百分之十五～百分之二十。客戶主要是在中國有生產和銷售業務的跨國公司。

自二十世紀八〇年代，世界上大多數知名的跨國快遞公司競相進入中國市場以期獲得最大份額。隨之形成的行業標準是：在中國內地任何一個城市接受的快遞單必須在一天內送至香港，兩天內送至歐洲，三天內抵達美國。一開始，中國郵政傳統上主宰了國際快遞的物流市場，在二十世紀九〇年代還占據百分之九十的市場，但到二〇〇三年，由於中國市場的逐漸開放和國外快遞公司的競爭，市占率已經跌至百分之三十五。

二〇〇五年以前，中國政府有如下規定：第一，外國快遞公司不得擁有自己的配送網路或提供通關經紀服務、地面運輸、倉儲聯合服務；另外，外國快遞公司能夠將包裹直接運輸到香港、上海、北京、廣州和深圳等主要城市，但不得直接投遞到其他城市。因此，DHL、FedEx、UPS 以及 TNT 等都透過與中外運建立合資企業來進入中國市場。中外運擁有巨大的、現成的運輸網路，但是管理分散，在各省有獨立的營運單位。每個中外運營運單位都可以自由與外國公司結成獨立的、又常常相互衝突的合資企業，例如，中外運敦豪、聯合包裹服務 - 中外運、OCS- 中外運等，由此製造了相當複雜的競爭環境。但是無疑，這些中外運合資企業成為國際快遞公司在中國的地面運輸保證。

二〇〇五年十二月十一日起，中國的快遞市場對外資全部開放，中國政府宣布將允許外國快遞企業在中國設立獨資公司，獨立開展國際快遞業務。這對早已看好中國市場的物流巨頭們來說，無疑是天大的好消息，所以外資物流企業「獨步中國」的腳步都在迅速地進行。

面對這一政策機遇，UPS 率先與中外運達成「獨資協議」。按照協議，UPS 將以一億美元獲得在中國二十三個城市的國際快遞業務的直接掌控權，為全國二百多個城市提供直接服務。當然，聯邦快遞絕也不會放棄這樣的機會，接下來我們就將分析聯邦快遞在中國發展的整個過程。

一路走來——不斷完善網路

對於一家快遞企業來說，業務的網路無疑十分重要，聯邦快遞在中國的網路鋪張過程可以簡單分成兩部分，一個是地面網路，另一個就是空中的航線權。當然這兩個方面的發展不可能完全獨立，下面讓我們進行整體的回顧。

聯邦快遞從一九八四年就開始在中國市場提供服務，但正式進入中國則是在二十世紀九〇年代中期。一九九五年，聯邦快遞以六千七百五十萬美元收購當時唯一可以直飛於美國和中國之間的常青國際航空公司。在完成此收購之後，聯邦快遞成為第一家提供由美國直飛至中國的國際快遞物流公司。美中主要城市之間的快遞時間只需要三天。

一九九五年，因中國政府的規定，聯邦快遞無法在中國擁有自己的配送設施和運輸網路，但這並不影響它在中國香港和鄰近的菲律賓發展包裹處理能力。依靠自身的出色營運能力，聯邦快遞在中國香港和中國本地大量投資飛機群、地面運輸和包裹處理設施。

此外，聯邦快遞還透過與中外運建立合資企業進入中國市場。聯邦快遞的直行航班有美國至北京、上海等主要城市，中外運則將包裹發送到中國各地。一九九七年，聯邦快遞結束與中外運的關係，轉而與更加靈活的大田公司結盟。自此，聯邦快遞的中國營運、卡車和員工與美國的看上去基本一致。

聯邦快遞正式進入中國市場不久，就面臨一系列挑戰，首當其衝的是亞洲金融危機，這對於在亞洲國家有很大基礎設施投資的聯邦快遞來說打擊很大。一九九八年三月二十五日，聯邦快遞公布了自一九九六年以來第一個國際業務營運虧損季報，這主要是由亞洲的業績不佳造成的。儘管在亞洲的財務損失巨大，聯邦快遞管理層依然對這一地區充滿信心，認為亞洲國家銳減的空運量會透過中國對西方出口的增加得到補償。聯邦快遞對中國市場也更加青睞。

在中國，聯邦快遞幾乎壟斷了華南深圳和廣東市場，這一戰略投資與深圳、廣州地區是中國最重要的生產加工基地密不可分。為了保護這一市場，聯邦快遞於二〇〇一年和美國交通部及其勁敵UPS達成協議，聯邦快遞讓出兩條珍貴的美中航線，以此換得UPS貨機不得進入深圳的保證。由此可見其不斷擴張的野心。

二〇〇三年九月，聯邦快遞開通深圳至美國直線航班，於二〇〇三年十一月開通香港直飛巴黎的航班。二〇〇三年，聯邦快遞每週有十一個航班直行往來於美國和中國的香港、北京、上海、廣州及深圳。在所有的快遞公司中，聯邦快遞擁有最多的美中直飛貨運航班。按照聯邦快遞創始人和首席執行官弗雷德·史密斯的話說：「我們的目標是打造網路。一旦建好了網路，而且如果我們的假設是正確的，那增長前景將無限。我們也將有望享有領導地位。」

在聯邦快遞擴張其網路的同時，他的競爭對手當然會採取一定措施。而聯邦快遞在中國的競爭於二〇〇三年到達白熱化的狀態。二〇〇三年二月，聯邦快遞在中國的主要對手DHL收購中國最大貨運公司中外運的股份，成為中外運最大的外資股東。不到兩個月後，DHL又宣布打算收購美國第三大快遞公司「空中快遞」（AirborneExpress）。UPS則宣布與海南航空附屬的揚子江快運達成協議，擴大其在華南的服務網路。

中國加入WTO後，政策不斷開放。中國按照加入WTO的承諾，於二〇〇五年十二月十一日起，中國物流業完全對外開放，外資可在華設立獨資分公司。二〇〇六年一月二十四日，聯邦快遞就宣布，已和大田集團有限公司簽署協議，以四億美元現金收購大田集團與聯邦快遞的合資公司——大田－聯邦快遞有限公司中百分之五十的股權、大田集團遍布五百多個城市的國內快遞網路、用於開展國際快遞業務的資產、大田集團在國內八十九個地區的經營快遞業務的資產，進而結束與大田集團的合資。在聯邦快遞獨資的同時，其在中國的網路也擴張到了前所未有的狀態。

二〇〇六年一月，FedEx獲准未來三年內在廣州新白雲國際機場旁投資一．五億美元建立一個占地六十三公頃的新亞洲轉運中心。該轉運中心於二〇〇九年二月六日正式啟用，取代菲律賓蘇比克灣成為聯邦快遞新的亞太轉運中心。二〇〇六年八月，FedEx對外宣稱，它已獲得中國政府批准的新增航權，這使得其每週進出中國的航權總數達到三十個；二〇〇七年三月，FedEx正式與杭州蕭山機場簽訂租賃營運協議，並宣稱將斥資四百萬美元在杭州建立中國區轉運中心。該中心已於同年五月二十八日正式營運。聯邦快遞在廣州建立亞太轉運中心後，又快速在杭州設立中國區轉運中心。二〇一一年，聯邦快遞在上海增設一個全新操作站，正式啟用在中國最大地面操作站以滿足快遞增長的市場需求。二〇一二年聯邦快遞宣布將在上海浦東國際機場建設全新的上海國際快件和貨運中心。全新的上海國際快件和貨運中心總占地面積約為十三．四萬平方公尺，是浦東國際機場中最大的同類型設施，它每小時最高可以分揀三．六萬個包裹和文件，預計於二〇一七年投入使用。業內人士認為，這與國際快遞巨頭加速布局中國物流業有關。

聯邦快遞在中國挑動價格戰

而隨著經濟嚴冬的到來，整個物流界都感覺到寒意。全球的快遞和物流企業都面臨著成本高漲、增長放緩的共同挑戰。但是聯邦快遞此時在中國的價格不升反降。這不但為中國的快遞業造成巨大壓力，同時也讓人深刻質疑聯邦快遞在這場價格戰中是否還有利潤空間可言。

二〇〇七年十月、二〇〇八年年初、二〇〇八年六月、二〇〇八年八月，聯邦快遞一共進行了四次大規模的降價。經過四次大的價格調整，聯邦快遞的價格已經接近中國本身快遞，甚至更低。

對於價格調整，聯邦快遞的官方說法是：二〇〇七年公布的價格是可以提供折扣的，而新的價格是沒有折扣的，所以很難將全新簡化且不含折扣的價格與此前公布的價格進行比較。

對此，聯邦快遞中國區總裁陳嘉良認為，聯邦快遞是降價與加速「雙管齊下」。他表示，聯邦快遞的優勢不是價格，而是「限時」和「時效」，如沒有準時到達就會退款，瞄準的也是對時效性和可靠性要求更高的客戶群。

而談到聯邦快遞在中國的價格攻略，其實是無獨有偶的，以前在墨西哥和埃及，聯邦快遞為了搶占市場，實行低價策略，壟斷市場後又抬高價格。所以很多國內快遞業的業內人士都擔心中國會變成下一個墨西哥或埃及。

有報導說，二〇〇八年聯邦快遞利潤銳減百分之二十二。為開源節流，從二〇〇九年一月開始，聯邦快遞將美國國內和美國出口快件的費用提高百分之六．九。可在中國國內快遞市場，聯邦快遞的價格不升反降，並由此導致虧損。據說，美國總部已經同意，允許在中國國內快遞市場虧損三年。而二〇〇七年，聯邦快遞中國國內快遞業務的收入為一．三五億元人民幣，僅占其二〇〇八財年二十．七五億美元營運收入的百分之〇．九，即便大面積虧損，也不會對公司業績產生根本性影響。業內人士認為，這也是總部同意其在中國放手一搏的原因之一，它看重的是市場占有率，以及未來的增長空間。

而事實證明，隨著聯邦快遞價格的降低，聯邦快遞的業務量也有了大幅度的提升。四次大幅度的價格跳調整，尤其以第三次最為猛烈，很多線路的降價幅度超過百分之四十。目業內人士估算，第三次降價後，聯邦快遞中國國內快遞每天的貨量是降價前的四倍。

競爭對手在中國的發展

中國物流市場的潛力巨大，吸引世界諸多著名物流企業的入駐。「中國已經成為世界供應鏈的起點和終點，而不僅僅是亞太的經濟和貿易中心」，聯邦快遞的創始人史密斯曾經這樣表達過他的想法。近年來，各公司紛紛擴大投資，加速物流基地建設，增加分支機構數量，實施全國性布點。同時物流業在中國的獨資謀略也是發展大趨勢。下面將詳細介紹幾大物流公司在中國的競爭。

1. DHL

一九八六年，DHL 通過與中外運合資，率先進入中國市場。到二〇〇三年，DHL 已經在中國三百一十八個城市開設服務，在上海、北京、深圳和廣州等主要城市擁有樞紐。DHL 是中國國際快遞服務市場中的領軍人物，市占率高達百分之三十七。DHL 主要依賴預定的商業航空服務來投遞進出中國的國際包裹。其六成業務由預定航空服務提供，餘下的則由租賃或自有飛機完成。不像聯邦快遞，DHL在中國市場沒有航線權，因此徹底依賴中國的航空貨運服務或中外運的地面運輸服務。但是，DHL在東南亞和歐洲有很強的營運實力，在中國的國際快遞業務主要分布在中國、東南亞和歐洲之間。

二〇〇三年二月，DHL斥資五千七百萬美元購買中外運百分之五的股權，成為中外運最大的外國股東。相比之下，聯合包裹、TNT、OCS和英國的Exel合起來只占有中外運百分之十的股份。DHL與中外運簽署五十年的合作協議，將在今後五年內投資另外二億美元於中外運，有可能將其股份提高到百分之四十五，還將增加一千二百個運輸工具、二千一百名員工和十四個代表處，並投資中外運的技術、人力資源和基礎設施。同月，DHL與香港機場達成協議，將在二〇〇四年共同開發和建設一個新的航空貨運航站以服務中國南方市場。DHL還把在國泰航空下屬的貨運公司香港航空中擁有的股份從百分之三十增加到百分之四十。作為協議的一部分，香港航空增加了從中國香港至東南亞的十五條新航線。

二〇〇六年DHL繼續實施其「中國優先」的計劃，實現了將中國國內分公司由五十六家增至七十二家的目標；同年十二月，DHL宣布成立拉薩分公司，成為首家落戶西藏的國際快遞公司。目前，DHL的業務網路已覆蓋全國三百一十八個主要城市，中心城市的覆蓋率達百分之九十五，並開始深入東部二線城市和中西部地區。在基礎設施方面，DHL正在擴建香港機場的轉運中心，同時正式啟用位於上海外高橋保稅物流園區[7]的DHL物流中心。

2. UPS

聯合包裹於一九八八年進入中國市場，當時也是先透過和中外運建立合資企業。最先的步伐非常謹慎：UPS 沒有在中國打造自己的基礎設施，而是依靠商業航空公司和中外運的物流網路。

在二十世紀九〇年代，UPS 沒有直飛中國的航班，因此它在中國香港卸載包裹，然後利用中國的郵遞商向內地發送包裹和貨物。UPS 在中國的市場行銷比較低調，許多中國客戶甚至一開始沒有意識到它是家美國公司。這一策略一方面避免了 UPS 的營運損失風險，但另一方面並不適合於發展迅速的中國市場。二〇〇一年，UPS 最終獲得每週十個直飛中國的航線權。到二〇〇三年，UPS 在中國市場占據百分之十左右。與聯邦快遞相似，UPS 在中國的國際業務大部分往來於中國和美國。

二〇〇三年一月，UPS 宣布與揚子江快運達成協議，其計劃內的空運服務擴至除上海、北京、廣州、廈門和青島以外更多的中國城市，而這是聯邦快遞和 DHL 的軟肋之一。此協議還使 UPS 將美國至中國的郵件投遞時間縮短了一天，實現了聯邦快遞依靠自有機群可以達到的速度。更重要的是，UPS 獲取進入南方城市廣州和廈門的門票——海南航空公司的全資子公司揚子江快運在南方擁有龐大的網路，這使得 UPS 今後有機會在南方打造其服務。

---

7. 保稅區亦稱保稅倉庫區。這是一國海關設置的或經海關批准註冊、受海關監督和管理的可以較長時間存儲商品的區域。保稅區能便利轉口貿易，增加有關費用的收入。運入保稅區的貨物可以進行儲存、改裝、分類、混合、展覽，以及加工製造，但必須處於海關監管範圍內。外國商品存入保稅區，不必繳納進口關稅，尚可自由出口，只需交納存儲費和少量費用，但如果要進入關境則需交納關稅。各國的保稅區都有不同的時間規定，逾期貨物未辦理有關手續，海關有權對其拍賣，拍賣完扣除有關費用後，餘款退回貨主。

早在二〇〇四年年底，UPS 就耗資一億美元從中外運購得二十三個主要城市的國際快遞業務；二〇〇五年七月宣布把上海建成其在亞太地區的四個轉運中心之一，斥資五億美元建設包括浦東國際機場在內的轉運中心等物流設施，該中心已於二〇〇八年十二月九日正式啟用。二〇〇六年 UPS 中國公司又積極擴展新的二十二個重要城市的業務，開通上海至歐洲直航服務並增開四個航班，現在 UPS 每週有一百八十六個航班在為中國客戶服務。

3. 荷蘭天地快運（TNT）

總部在荷蘭的 TNT 是在中國提供國際快遞服務的另一個重要的國際公司，該公司的市場占有率為百分之四。TNT 的影響主要在歐洲和澳大利亞，但它是第一個在歐洲和中國之間提供空中直接連接的公司。

二〇〇三年四月，TNT 與中國郵政簽署了備忘錄，在包裹快遞和物流方面尋求更加密切的合作。這一協議影響在今後三年內向中國引進 TNT 快遞方案。到二〇〇三年年底，TNT 快遞在中國的分支機構將有望從十二個增加到二十五個。國際入口將從三個增加到七個。這一備忘錄標誌著外國快遞公司和中國郵政服務之間的首個誠意合作。TNT 有望終止與中外運的關係，轉而投身中國郵政的下屬公司。

二〇〇五年九月 TNT 進駐北京空港物流基地，投資建設中國最大的綜合快運物流中心；二〇〇六年 TNT 中國公司完成對國內民營物流企業華宇公司的收購、整合，使它在中國迅速增加一千一百多個操作與轉運網點、三千多輛卡車、上萬名員工和十七萬客戶訊息等資源，成為目前在中國經營網路最全的國際快遞公司；同年三月，其在上海外高橋保稅區的生命科學中央轉運中心也開始運轉。

4. 中國郵政快遞

中國郵政快遞直屬於國家郵政管理局。一九八八年，中國郵政快遞推出中國快遞業務，並依靠政府調控獲取壟斷地位。在二十世紀九〇年代中期，中國郵政快遞擁有百分之七十的國內市場，其餘的則被小營運商瓜分。九〇年代中期，中國郵政快遞推出國際服務，一開始非常成功，但是隨著外國競爭對手的進入，國際快遞的市場占有率從百分之八十跌至二〇〇三年的百分之三十五。

但是，中國郵政快遞依然具有得天獨厚的優勢，其觸角不僅遍及各大中小城市，還觸及偏遠地區、小鎮和鄉村。二〇〇三年，郵政快遞服務於兩千個中國城市和城鎮。中國郵政快遞是純包裹遞送服務公司，不提供物流和貨運服務。

5. 中國國內航空業的競爭對手

來自國內航空業的競爭對手主要是國航快遞和中國南方航空公司，它們是最新進入快遞市場的企業。南航還是第一個在中國提供快遞和包裹服務的中國航空公司，從廣州向二十五個城市提供當日快遞服務。國航提供則包括文件、包裹和貨物在內的國內國際快遞。

聯邦快遞的挑戰

顯然，聯邦快遞面臨著來自競爭對手的持久進攻。聯邦快遞的領導者知道，聯邦快遞必須決定哪些進攻是可信的並對之發起適當反擊。地域擴張一直是聯邦快遞的策略，那意味著增加航班數量以及將地面配送網路延伸至更多城市。不過，現在聯邦快遞必須做到平衡攻守。聯邦快遞的「打造市場客自來」的策略對於擴大市場占有率很有幫助。但是，它是否能夠在這個日益競爭激烈的市場中繼續成功呢？這個市場是否需要公司防守和成長兼顧？

聯邦快遞一直引以為豪的是，其先進的營運基礎設施具備為客戶提供一流服務的能力。但是，建造專用的分揀中心以及維護大型飛機群擴大了在亞洲市場的營運能力，也耗費了現金流。儘管它與大田的合作迄今是成功的，大田的地面網路尚不可與敦豪中外運、中國郵政快遞或將出現的 TNT-中國郵政等相提並論。

最後，在 DHL 透過收購美國空中快遞公司進入聯邦快遞的地盤時，聯邦快遞是否將有能力迅速發展來與 DHL 媲美？聯邦快遞的「自己做」策略是否會成為限制其在高速增長的中國環境中發展的限制因素？

聯邦快遞的抉擇

聯邦快遞、UPS 和 DHL 在中國、美國市場占據不同的地位，由於政策調控的原因，外資快遞公司在中國的處境非常複雜，選擇什麼樣的合作夥伴以及選擇什麼樣的策略直接影響到每個公司的投資和營運。競爭對手的選擇則意味著它們將更多地依靠本土企業的優勢，借力發展。聯邦快遞選擇自己做，選擇大田，決定了它必須付出更多的資本和人力方面的努力。

在角逐二〇〇三年中國市場的時候，聯邦快遞除了增加中美之間的航班，並沒有在中國市場採取特別的行動。但是，二〇〇三年十二月三十一日，聯邦快遞宣布以二十二億美元收購美國文印連鎖集團金考（Kinko's）。這一收購為當年的快遞業競爭畫上句號。

顯然，聯邦快遞更重視後院危機：DHL 對美國空中快遞的收購。在多個市場的較量中，一個市場的損失往往會引發另一個市場的失敗。儘管中國市場對於聯邦快遞舉足輕重，但聯邦快遞首先做的還是先鞏固本土領地。收購金考便是確保其美國客源不受蠶食的重要措施。此舉必將牽制競爭對手在其他市場的謀略。

從聯邦快遞收購金考這個舉動我們應該瞭解到，雖然看到中國速遞市場的瀰漫硝煙，但是聯邦快遞也沒有忘記美國市場上悄然燃起的戰火。如果仔細分析美國的局面，不難看到聯邦快遞捍衛本土的地位具有更加重要的意義。而事實上，美國本土市場對於聯邦快遞來說具有絕對重要的位置，因為收購金考不光是捍衛美國市場，也是鞏固其包括中國市場在內的海外市場的關鍵舉動。

二〇〇三年年底，DHL 宣布收購總部在美國西雅圖的美國空運快遞公司——美國國內快遞市場的第三大公司。這一舉動擴大了 DHL 的地域觸角，將之置身於對峙聯邦快遞和 UPS 的美國快遞市場直接競爭之中。這一併購對於聯邦快遞對中國謀略也是一個巨大的挑戰，因為聯邦快遞在中國的客戶基礎大致是美國公司的中國分支機構。在美國市場的任何損失也將導致中國市場的相應損失。

Chapter 2

第二章

強調長遠發展的治理理念與措施

有著軍人背景的史密斯，使聯邦快遞每個員工都有著很強的執行力。目前我們熟悉的聯邦快遞是聯邦快遞集團（以下簡稱 FedEx）下屬的一個子公司，下面的章節主要是介紹 FedEx 的組織結構變遷、FedEx 的董事會及其下設委員會、FedEx 的高階主管薪酬，及其社會責任。

四大業務部門構建扁平化組織結構

商標的變化

在正式介紹 FedEx 組織結構變遷之前，我們先瞭解一下 FedEx 商標的變化。

一九七一年創立之初，聯邦快遞名為「Federal Express Corporation」，即聯邦快遞公司。

一九九四年聯邦快遞正式採用「FedEx」為全球範圍標準的迅捷、可靠服務的品牌認可。

一九九八年，FedEx 併購 Caliber System 公司，並創立了 FDX 公司（FDX Corporation），公司商標如圖 2-1 所示。

此時原來的聯邦快遞公司變為 FDX 公司旗下一家獨立營運的子公司，商標如圖 2-2 所示。

二〇〇〇年母公司 FDX 更名為「FedEx Corporation」，即聯邦快遞集團，公司商標如圖 2-3 所示。

此時的聯邦快遞公司仍然為聯邦快遞集團旗下獨立營運的公司，其商標變更為如圖 2-4 所示，並沿用至今。

聯邦快遞集團組織結構的變化

提及聯邦快遞時就不得不涉及聯邦快遞集團，現在廣為中國大眾所熟知的聯邦快遞實際

圖 2-1　FDX Corporation 商標

資料來源：聯邦快遞官網。

圖 2-2　聯邦快遞 1998 年商標

資料來源：聯邦快遞官網。

圖 2-3　FedEx Corporation 商標

資料來源：聯邦快遞官網。

圖 2-4　聯邦快遞現今商標

資料來源：聯邦快遞官網。

上只是聯邦快遞集團旗下一個獨立營運的子公司。聯邦快遞集團實際旗下還有多個子公司，由於其他多個子公司的業務並沒有在中國開展，所以不為很多中國大眾所瞭解，但其業務實力也不容小覷，在此簡要介紹聯邦快遞集團組織結構的變化，並對其他子公司作簡單介紹。

一九九八年 FedEx 併購 Caliber 系統公司並創立 FDX 公司，此時的 FDX 公司下屬五個子公司，分別為：傳統的聯邦快遞公司（Federal Express）、北美第二大企業對企業小包裹運送供應商 RPS、世界領先的準時和需特殊處理的水面貨物運輸公司 Roberts 快運公司、在全球提供定製的綜合物流和倉儲解決方案的先驅者 Caliber Logistics、美國西部最重要的區域散貨運輸公司 Viking Freight。此時公司的組織結構圖如圖 2-5 所示。

二〇〇〇年，母公司 FDX 更名為「FedEx Corporation」，即聯邦快遞集團。服務分為獨立運作但集體競爭的公司：聯邦快遞（FedEx Express）即原來的 Federal Express，FedEx 地面公司（FedEx Ground）即原來的 RPS，FedEx 全球物流（FedEx Global Logistics）即原來的 Caliber Logistics，FedEx 加急通關運輸公司（FedEx Custom Critical）即原來的 Roberts Express，並新成立了 FedEx 服務公司（FedEx Services）和 FedEx 貿易網路公司（FedEx Trade Networks）。組織架構如圖 2-6 所示。

二〇〇一年，新成立了 FedEx 貨運公司（FedEx Freight）。新組織結構如圖 2-7 所示。

二〇〇四年聯邦快遞集團收購聯邦快遞金考（FedEx Kinko's），目前已經更名為 FedEx Office，並新成立 FedEx Smartpost，從二〇〇四年開始，聯邦快遞公司將其下屬子公司分成四個比較大的業務部門，到二〇〇八年，四個業務部門如開篇所述。圖 2-8 為 FedEx 目前的組織結構圖。請注意，

FedEx的各個子公司是獨立運作，綜合競爭的。

- FedEx總公司（FedEx Corporation）：為目前FedEx的獨立公司提供戰略領導和統一的財務報告。
- FedEx服務公司（FedEx Services）：為FedEx全球品牌協調銷售、行銷和技術支持，為客戶提供FedEx裝運、訊息和供應鏈服務一站式訊息接觸點。
- FedEx地面公司（FedEx Ground）：專業從事價格低廉的小型包裹裝運，提供可靠的企業對企業快遞或通過FedEx家庭快遞提供居家服務。

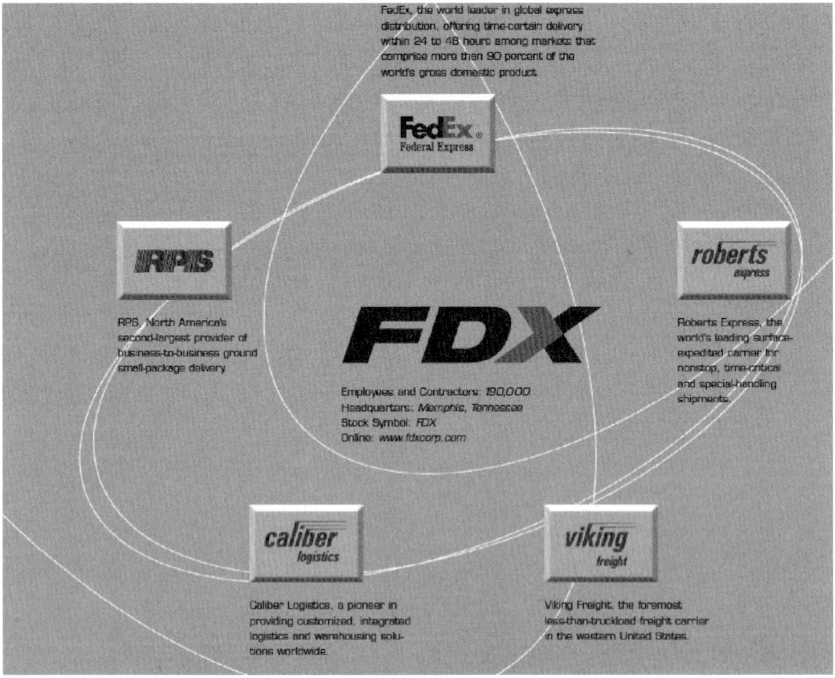
FedEx, the world leader in global express distribution, offering time-certain delivery within 24 to 48 hours among markets that comprise more than 90 percent of the world's gross domestic product.
FedEx Federal Express
RPS
RPS, North America's second-largest provider of business-to-business ground small-package delivery.
roberts express
Roberts Express, the world's leading surface-expedited carrier for nonstop, time-critical and special-handling shipments.
FDX
Employees and Contractors: 190,000
Headquarters: Memphis, Tennessee
Stock Symbol: FDX
Online: www.fdxcorp.com
caliber logistics
Caliber Logistics, a pioneer in providing customized, integrated logistics and warehousing solutions worldwide.
viking freight
Viking Freight, the foremost less-than-truckload freight carrier in the western United States.

圖 2-5　1998 年 FDX 公司組織結構圖

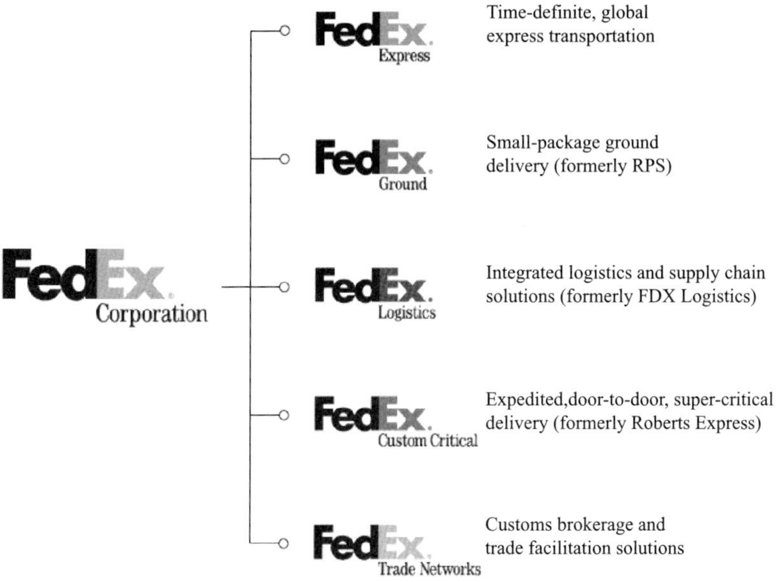

圖 2-6 聯邦快遞集團 2000 年組織結構圖

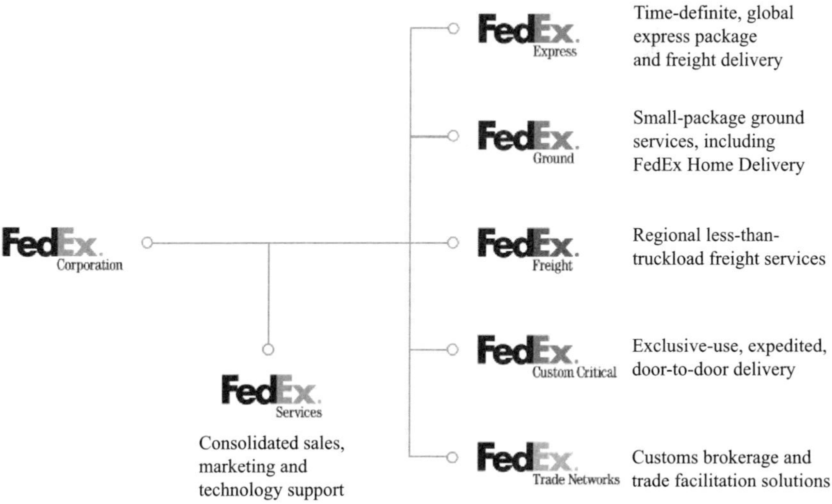

圖 2-7 聯邦快遞 2001 年組織結構圖

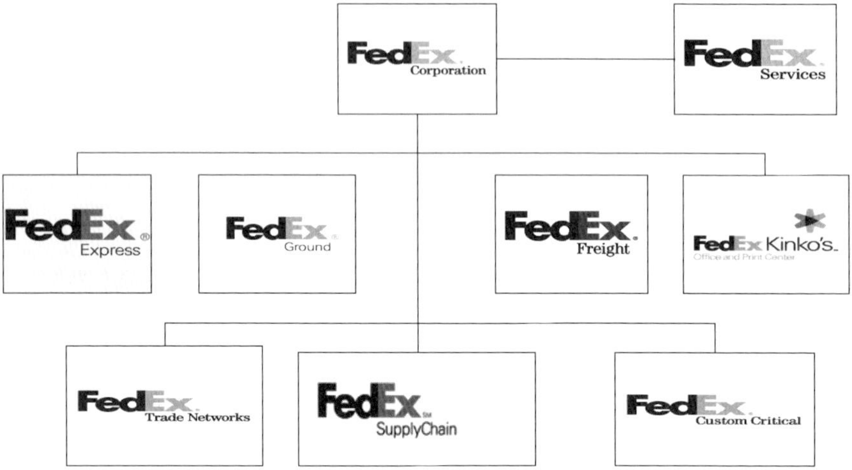

圖 2-8　FedEx 組織結構圖

- FedEx 貨運公司（FedEx Freight）：在美國占據領先地位的隔夜和隔天地區零擔貨運服務提供商。
- FedEx Kinko's 分公司和印刷服務（FedEx Kinko's Office and Print Center）：全球占主導地位的文件解決方案和商業服務提供商，即彩色印刷、效果處理和演示服務、電視會議與文件管理解決方案。
- FedEx 貿易網路（FedEx Trade Networks）：提供完整的服務範圍，協助客戶簡化國際裝運，例如報關、貨運代理、貿易和海關諮詢服務（TCAS）以及貿易技術解決方案。
- FedEx 供應鏈服務（FedEx Supply Chain Services）：提供一系列服務，協助將供應鏈管理轉化為競爭戰略（即訂單實現、運輸管理、協調交付與退貨項目），同時將商品從供應鏈一端移到另一端。
- FedEx 緊急海關服務（FedEx Custom Critical）：

提供緊急貨運、貴重物品或危險品的門對門服務。

- 聯邦快遞（FedEx Express）：為二百二十多個國家提供安全可靠、包含報關、門對門的服務。公司運用空運和地面運輸相結合的全球網路，加速時間緊迫的貨物運輸，通常只需一至兩個工作日，以滿足與眾不同的客戶要求。

聯邦快遞——全球企業

（一）概況

戴維・布朗澤克（David Bronczek）是聯邦快遞公司的總裁兼 CEO。他最初在 FedEx 擔任快遞員。

聯邦快遞在全球分為數個不同的地區，首先是聯邦快遞美國公司和聯邦快遞國際公司（見圖 2-9）。

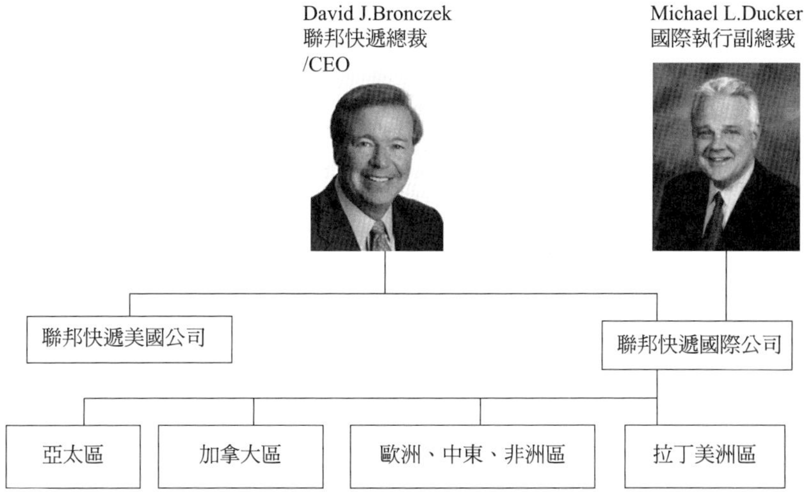

圖 2-9　聯邦快遞美國公司與聯邦快遞國際公司

聯邦快遞美國公司：提供美國或國際範圍內的各類快遞服務。在美國本土內部，保證在一至三個工作日內到達。

鄧博華（Michael Ducker）是聯邦快遞國際公司的執行副總裁。他最初也在聯邦快遞擔任貨運員。

聯邦快遞國際公司：為二百二十個國家提供安全可靠、包含報關、門對門服務，擁有無與倫比的空運路線網路和廣泛的空中／地面基礎設施。

聯邦快遞國際公司分為四個地區：加拿大區，歐洲、中東和非洲區（EMEA），拉丁美洲區（LAC）和亞太區（APAC）。在亞太地區，聯邦快遞在澳大利亞、中國內地、美國關島、中國香港、印尼、日本、韓國、中國澳門、馬來西亞、新西蘭、菲律賓、新加坡、台灣、泰國和越南設立分公司。亞太區的樞紐位於菲律賓蘇比克灣。

（二）聯邦快遞——亞太區（APAC）

APAC 是聯邦快遞增長最快的國際區。亞太區又有三個分區，分別為中國區、北太平洋區（NPAC）、南太平洋區（SPAC），如圖 2-10 所示。APAC 分部成立於一九八四年，最初總部在夏威夷。自一九九二年起，APAC 總部移至中國香港。簡力行（David Cunningham）擔任亞太分部總裁。他最初在曼菲斯擔任舷梯代理，從此開始在 FedEx 的職業生涯。

中國區總部為上海，NPAC 為東京，SPAC 為新加坡。每個地區由一名副總裁領導：分別為陳嘉良（Eddy Chan）（中國區）、戴維．羅斯（David J.Ross）（NPAC）和尹彼德（Peter Yin）（SPAC）。

（三）職能部門

我們以APAC為例，介紹一下FedEx的職能部門。APAC分部分為多個分公司和七個職能領域。每個職能領域由一名副總裁（VP）領導，如圖2-11所示。從圖中我們可以看出，聯邦快遞是比較扁平化的結構，每個部門的合作確保了聯邦快遞的高效率。

高階主管薪酬：長效激勵搭建利益共同體

薪酬宗旨，目標和設計

FedEx的使命是透過集中營運公司，即集體競爭、獨立運作及協同管理來提供高附

圖 2-10　聯邦快遞亞太分部

加值的運輸、供應鏈和相關訊息服務來為股東提供優越的投資回報。FedEx 通過設計其高階主管薪酬計劃以進一步鞏固其宗旨：

- 透過有競爭力的報酬，保留和吸引高素質的高階主管。
- 透過激勵高階主管推動公司未來的成功，並透過將他們薪酬的某個關鍵部分與公司的財務和股價業績，尤其是長期業績聯繫起來，以建立長期股東價值回報（給予他們相應的獎勵）。
- 透過鼓勵和促進高階主管對於 FedEx 股票的重要所有權，來對高階主管和持股人利益做進一步調整。

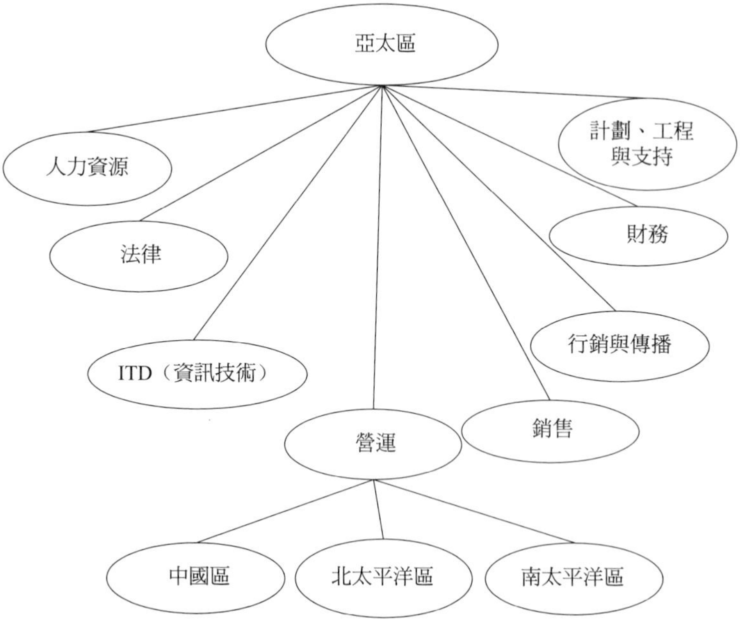

圖 2-11　聯邦快遞亞太區的職能部門

FedEx 用股東的長遠利益獎勵其高階主管對公司成功所做的貢獻。當 FedEx 與頂級同行相比實現長期前四分之一的結果時，FedEx 的高階主管薪酬計劃將用來支付高階主管團隊的前四分之一成員的。

FedEx 的高階主管薪酬計劃包括四個關鍵要素：

- 基本工資。
- 根據年度獎金激勵薪酬（annual incentive compensation，AIC）計劃給予現金獎勵。
- 根據長期激勵（long-term incentive，LTI）薪酬計劃給予現金獎勵。
- 以股權和限制性股票的形式給予長期股票的激勵。

高階主管還會收到某些其他的年度薪酬，包括津貼和退稅款。此外，儘管 FedEx 不與高階主管簽訂任何就業協議，高階主管有權透過養老金計劃及管理保留協定等獲得一定的就業後以及公司管理改變時的支付和福利。

（一）吸引和保留的職責

FedEx 被公認為世界上最受推崇和尊敬的企業之一，FedEx 稱這是它的人民，也是它最寶貴的資產，給予它的強大的榮譽。由於 FedEx 在一個高度競爭的商業環境中經營一個全球性的企業，它與該行業及其他行業中的全球的最大的公司競爭人才管理。FedEx 稱其在卓越的管理和領導力方面，得到全球性的認可和聲譽，相較於其他公司，對於員工有強大的吸引力，且一直在積極招募核心員工。因此，FedEx 有責任向股東確保其全面薪酬計劃相較於其他類型的公司都十分具有競爭力，並持續保留和吸引合適的人才。每個薪酬要素都是為了履行這個重要的義務。

為了確保公司的薪酬具有持續的競爭力，FedEx 依靠對比調查訊息，針對在對比調查中薪酬的七十五百分位的合適位置設計其高階主管薪酬計劃。FedEx 的目標是用調查結果七十五百分位的薪酬保留和吸引高素質的員工和高階主管。

對於二〇〇七財年高階主管薪酬的審查，FedEx 主要根據以下兩大諮詢公司公布的數據：韜睿諮詢公司（Towers Perrin）和翰威特諮詢公司（Hewitt Associate）。每個諮詢公司提供在其各自數據庫中每年收入超過一百億美元的一般工業公司的薪酬數據（每家諮詢公司裡該類型公司都超過一百家），其中大部分是財富二百強企業。每家公司提供的數據結果經平均後，得出市場上一般工業公司高階主管的薪酬數據。

FedEx 認為，一般工業公司是比較合適的參考類別，因為它們正積極從企業外部和 FedEx 同行中聘任高階主管。此外，FedEx 並沒有很多類似規模的同行，所以業界同仁並沒有太多有意義的數據樣本。FedEx 董事會的薪酬委員會已經審查了其外部諮詢公司（韜睿諮詢公司）可供選擇的標準來挑選公司作為其調查數據的基準，並得出結論，運用收入超過一百億美元的一般工業公司的方法是最合適的途徑。

FedEx 將其高階主管薪酬的要素與基準調查數據進行比較，將自身的要素分為兩大類：

- 基礎年薪加上年度獎金激勵薪酬（即假設實現所有個人和公司目標），該總和稱之為總現金薪酬（total cash compensation，TCC）。

- 總現金薪酬、目標長期激勵、長期股權激勵獎勵（股票期權和限制性股票）、限制性股票收益的退稅款之和，這些的總和稱之為總直接薪酬（total direct compensation，TDC）。

TDC 的公式如表 2-1 所示。

其他的薪酬要素（如津貼及退休福利）不包括在 TDC 公式中，因為對比調查訊息不包括這些項目。雖然這些其餘的薪酬要素沒有調查數據為基準，但是這些要素必須經過薪酬委員會審查和批准。另外，FedEx 在為其高階主管確定合適的薪酬水平時還會考慮除基準分析以外的其他要素，其中包括高階主管的任期、職責、經驗水平以及高階主管相對於彼此的薪酬。

FedEx 高階主管的 TCC 和 TDC 均以薪酬調查中同類職位的七十五百分位為準。為了基準的目的，FedEx 將 AIC 和 LTI 包括在 TCC 和 TDC 公式當中。因此，短期內實際的薪酬可能會在七十五百分位附近有較大的波動，因為在 AIC 和 LTI 規劃下的薪酬與預先制定的財政業績目標相關。當 FedEx 取得驕

表 2-1　TDC 公式

短期薪酬				長期薪酬					
基本工資	+	AIC 財務目標 + 個人目標	=TCC +	LTI 3年EPS 目標（現金形式）	+	股票期權的年度授予	+	限制性股票的年度授予①	=TDC

①包括相關的退稅款。

人的成績時，就會按照這些條款給予其高階主管相應的獎勵。反之，如果 FedEx 沒有達到其業績目標，根據這些條款支付的薪酬便會隨之減少。

（二）根據績效付薪

FedEx 的高階主管薪酬計劃不僅是為了留住和吸引高素質的管理者，而且透過股東的長遠利益激勵他們為 FedEx 的成功作出貢獻，當然，如果他們能夠出色完成任務，Fedex 會給予其相應的回報。因此，FedEx 堅信薪酬與公司業績（包括財務業績和股票價格）之間應該強烈相關，而且高階主管薪酬計劃應該體現這一信念。需要特別指出的是，AIC、LTI 以及股票期權均是 FedEx 高階主管薪酬計劃的重要組成部分，而且這些可變薪酬是有一定風險的，其直接依賴於預先確定的企業目標以及股票價格。

- AIC 依賴於合併稅前收入部分的業務目標以及業務單位的營業利潤。例如，儘管 FedEx 在二〇〇七財年的業績與去年同期相比有所改善，但是二〇〇七年的 AIC 還是低於二〇〇六年。
- LTI 與三個財年度的每股收益（EPS）目標相關。FedEx 在二〇〇七財年的 LTI 一直相對較高，因為公司在過去幾年的財務表現尤為強勁。相比之下，在早些年（二〇〇一年、二〇〇二年和二〇〇三年）一直沒有支付 LTI，因為相關年度公司的每股收益目標未達成。

總之，FedEx 的宗旨可以概括如下：公司的高階主管薪酬與公司的短期及長期業績表現緊密相關；制定積極的業績目標以支持公司的長期財政目標，具體如下：

● 收入每年增長百分之十。

● 達到百分之十及以上的營業毛利。

● 每年使每股收益（EPS）增長百分之十～百分之十五。

● 增加現金流。

● 收益遞增，如投資資本回報率。

因此，FedEx 的高階主管薪酬在很大程度上充滿變數，與上述目標及股票價格直接相關。

圖 2-12 具體說明了二〇〇七年 FedEx 每位高階主管在基本工資、可變薪酬等薪酬要素之間的分配。

FedEx 不僅強調其高階主管薪酬計劃中包含可變的、具有一定風險的要素，而且強調獎金要與公司的長期績效和股票價格掛鉤。這些長期激勵包括 LTI 現金薪酬和基於公平性的獎勵（股票期權和限制性股票），它們構成高階主管薪酬總額的主要一部分。這些獎勵旨在激勵和獎勵實現公司的長期財務目標和股

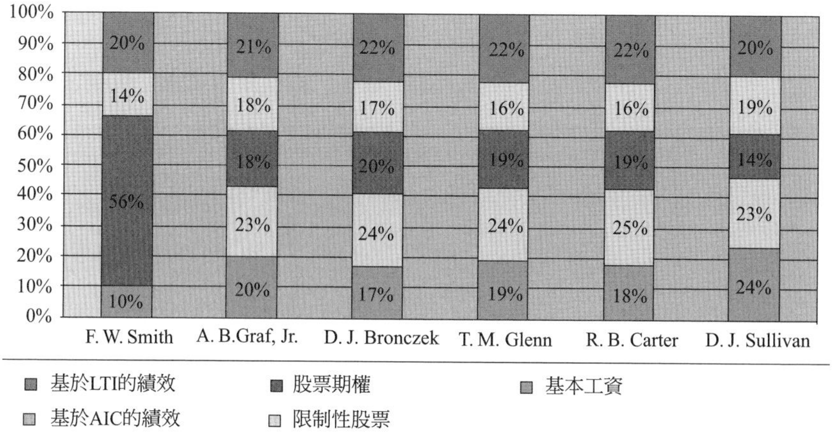

圖 2-12　2007 財年的 TDC 要素

東價值最大化的高階主管。這些獎勵措施也有助於高階主管的保留。

圖 2-13 顯示了二〇〇七財年每位提名高階主管長期激勵（LTI、股票期權、限制性股票、包括相關退稅款）和短期激勵（基本工資和 AIC）的組成情況。

（三）使管理與股東權益保持一致

FedEx 授予其高階主管股票期權和限制性股票，從而在公司內部與其創造和保持一種長期的經濟利益關係，因此使得高階主管的利益與股東權益保持一致。

另外，如下文所述，FedEx 的 LTI 薪酬計劃與三個財年度的 EPS 掛鉤。EPS 被選為 LTI 計劃的財政指標，因為 EPS 的增長與長期的股價升值密切相關。

圖 2-14 顯示了 FedEx 的 EPS 增長與股票價格升值之間的關係（基於財年度末的股票價格以及股票增量發行的調整）。

FedEx 為了鼓勵高階主管的重要股權持有，並進一步使之與股東權益保持一致，董事會已經確定了高階主管的股權目標，該目標為在某高階主管上任四年後，可以擁有其基本年薪

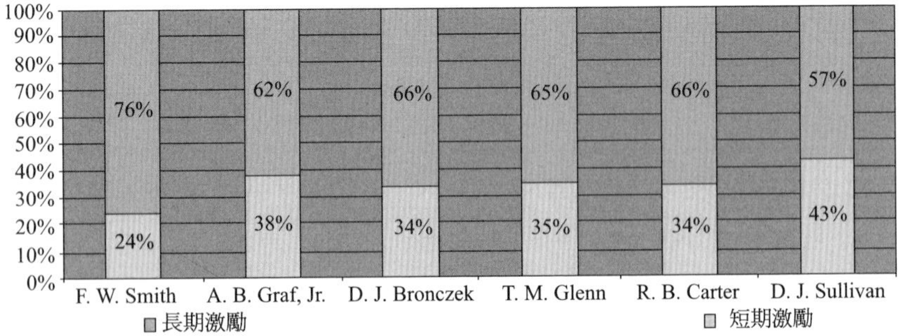

圖 2-13　2007 財年長期與短期激勵

如下倍數的 FedEx 的股票：

- 董事會主席、總裁兼首席執行官為五倍。
- 其他高階主管為三倍。

為了實現這一目標，未限制性股票也計算在內，但是尚未行使的股票期權未包括在內。直到股權持有目標達成，公司鼓勵（但不強求）該高階主管保留由股票期權產生的「淨盈利股」。淨盈利股是支付完股票期權及其稅務後所剩的部分。

各薪酬要素

（一）基本工資

FedEx 堅信應該將基於公司財政業績和股票價格的可變薪酬作為高階主

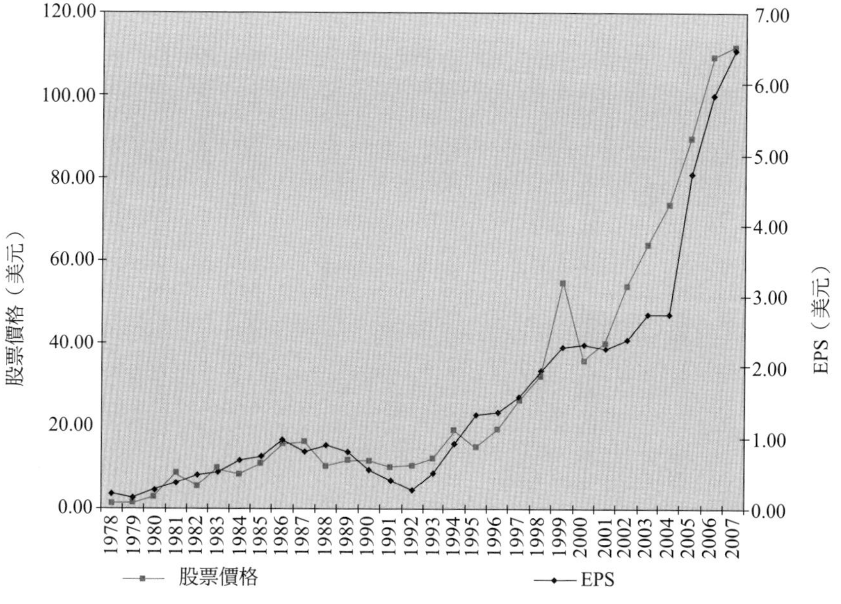

圖 2-14　EPS 增長與股票價格升值的關係

管薪酬的重要組成部分。因此，聯邦快遞集團一直在努力尋找可變報酬和基本工資之間的平衡點。相應地，每年提名高階主管的基本薪酬以上述兩個調查（即韜睿諮詢公司和翰威特諮詢公司的調查）的中位值為基準，將基本工資定在行業的平均水平上，使得 FedEx 仍將總體薪酬的很大一部分分配給可變薪酬（因為 TDC 在七十五百分位），但是仍然提供了足夠的固定薪酬。聯邦快遞集團藉此在競爭激烈的市場環境中保留和吸引高素質的高級管理者。

每位提名高階主管的固定薪酬每年均要根據如下因素進行審查和調整：

- 不同的經驗和職責水平。
- 個人素質、技能以及為公司所做的貢獻。
- 薪酬調查中高階主管薪酬基本工資的調查數據。
- 內部同水平人員的薪酬範圍。
- 內部公平問題。

董事會的獨立成員根據薪酬委員會的建議，可以批准史密斯任何基本薪酬的變化。史密斯在薪酬委員會允許的範圍內批准其他高階主管的基本薪酬的變化。

二〇〇六年六月，董事會的獨立成員根據市場調查所得的 CEO 薪酬數據，將聯邦快遞集團總裁兼 CEO 史密斯的基本工資提高百分之二。二〇〇六年七月，董事會的獨立成員通過史密斯的基本工資每年增長百分之三．五的決議。

二〇〇六年六月，根據市場調查所得的 CFO 的整體薪酬數據，小阿蘭·格拉夫（Alan B. Graf, Jr.）的基本工資增長了百分之八，而羅伯·卡特（Robert B. Carter）和邁克·格倫（T. Michael Glenn）由於各自職責的增加，基本工資各增長率了百分之三。二〇〇六年七月每位非 CEO 的高階主管基本工資每年的增長率均為百分之三·五。

（二）年度激勵性薪酬計劃下的現金支付

FedEx 的 AIC 計劃為其提名的高階主管提供現金分紅的機會，分紅的依據是每個財年度公司的財政業績以及年初個人設立的績效目標，具體如下式所示：

年度基本工資 × 獎金百分比（公司績效因素＋個人績效因素）＝ AIC

AIC 計劃反映 FedEx 一直以來的信念，即高階主管薪酬的很大一部分組成應該是變動的或者說是有風險的，其直接與之前設定的績效目標相關。AIC 是高階主管基本工資的重要組成部分。AIC 支付若超過了預計水準，是基於公司財政目標的達成而不是個人；相應地，如果高階主管的收入超過預計水準，也只能是由於公司的財務目標超額完成。AIC 的最高限額為預先設定水準的三倍（加上基於個人業績達成的支付部分）。

公司業績因素是一個預先設定的、與公司財政目標達成相關的比例乘數。之所以設計公司業績因素的乘數矩陣，是因為如果公司的財政業績超過最低閾值，但是沒有達到預先設定的目標，基於目標達成的比例，該乘數以指數形式下降。另一方面，如果公司的業績超過預先設定的目標，基於超出目標部分的比例，該乘數以指數形式增長（最高限額如上所述）。

作為基本工資的一部分，二〇〇七財年提名高階主管 AIC 的預計支付的比例如表 2-2 所示。

表 2-3 為二〇〇七財年 FedEx 提名高階主管 AIC 的計算公式，以及總的 AIC 支付情況（為上述預計支付的一個比例乘數）。

董事會主席、總裁兼 CEO 史密斯的 AIC 與公司財年度稅前盈利的目標有關，這些又是基於公司業務規劃而來的。史密斯 AIC 的最低值為零，AIC 的預計支付以基本工資的百分比計算，最大值可能是預計支付的多倍。董事會的獨立成員根據薪酬委員會的建議，批准史密斯的實際支付比例。而 AIC 的實際支付比例來源於一個乘數矩陣，該矩陣基於公司稅前盈利目標的達成程度，介於最低值和最高值之間。

另外，董事會的獨立成員可能會根據薪酬委員會的建議，基於史密斯績效的年度評價適當調整該比例，其中包括其領導的有效性以及以下公司的指標：

- 相對於標準普爾指數、道瓊運輸業股票平均價格指數、道瓊工業股票平均價格指數的 FedEx 的股票價格。
- 相對於競爭者，FedEx 的收入和營業利潤增長。

表 2-2　2007 財年提名高階主管 AIC 的預計支付比例

提名高階主管	預計支付／%	提名高階主管	預計支付／%
F. W. Smith	130	T. M. Glenn	90
A. B. Graf，Jr	90	R. B. Carter	90
D. J. Bronczek	100	D. J. Sullivan ①	80

①丹尼爾・沙利文（D. J. Sullivan）於 2006 年 12 月 31 日退休。

- FedEx 的現金流。
- FedEx 的投資資本回報。
- FedEx 美國收入的市場份額。
- Fedex 通過各種出版物和調查的聲譽等。

在調整史密斯的收入時，上述這些因素都沒有特殊的比重。

非 CEO 的提名高階主管：FedEx 的執行副總裁，包括 Graf、Glenn 和 Carter 參與公司員工的 AIC 計劃，FedEx 營運公司的總裁及 CEO，參與各自業務單元的 AIC 計劃。在這些計劃中，AIC 的支付與下列因素相關：(1)每位高階主管在財年初設立的個人業績目標（占預計支付比例的百分之三十）；(2)公司財年度的財政業績目標（占預計支付比例的百分之七〇）。AIC 的最低值為零。AIC 的預計支付以基本工資的百分比計算，最大值可能是預計支付的多倍（薪酬委員會批准這些比例）。而 AIC 的實際支付比例來源於一個乘數矩陣，該矩陣基於公司和個人目標的達成程度，介於最低值和最高值之間。

表 2-3　2007 財年提名高階主管 AIC 的計算公式及支付情況

	目標的分派										
	個人目標			稅前盈利			業務單元營業利潤			支出	
	預計比例	最大值		預計比例	最大值		預計比例	最大值		預計比例	最大值
FedCEO	—	—		100%	300%		—	—		100%	300%
FedEx 執行副總裁（EVPs）	30%	30%	+	70%	210%	+	—	—	=	100%	240%
聯邦快遞的 CEO	30%	30%		40%	120%		30%	90%		100%	240%
FedEx 地面公司的 CEO	30%	30%		40%	120%		30%	90%		100%	240%

每位非 CEO 的提名高階主管，其個人目標的達成程度是基於史密斯對於其財年度業績的評價，當然也會由薪酬委員會再次進行審查。公司財政業績的目標由公司的年度業務規劃而來。

個人和公司目標的討論。非 CEO 的提名高階主管，其個人業績隨其管理水準及營運業務單元而變，還有以下因素：

- 為公司財務目標的達成提供領導力支持。
- 支持並開發關鍵戰略創新。
- 保持公司治理的最高標準。
- 支持公司客戶、員工以及社區的多元化。

個人的業績目標是用來進一步促進公司的業務目標的。個人業績的達成在每個高階主管的控制範圍之內或其職責範圍之內，而且該目標需要一定的努力和有效的領導才能達成。

作為 FedEx 對於共同競爭和共同管理的例子，包括營運業務部門的 CEO 在內的所有提名高階主管的 AIC 均與公司的整體績效——稅前贏利相關。FedEx 用稅前贏利作為其員工衡量公司業績的唯一指標，包括 Smith，Graf，Glenn 和 Carter 在內，因為公司員工對於公司財務和其他決策均有責任。

作為 FedEx 獨立營運的例子，包括 Bronczek 和 Sullivan 在內的營運業務部門 CEO 的 AIC，與其所負責的營運部門的營業收入相關。FedEx 通過業務部門的營業收入衡量其業績，因為此項指標很大一部分由業務單元的 CEO 控制。

不過在二〇〇七財年，FedEx 還是將稅前贏利（占預計支付比例的百分之四〇）和各自業務部門的營業收入（占預計支付比例的百分之三十）均作為公司業績的衡量指標，但是二〇〇八財年，稅前贏利卻作為衡量包括營運業務部門規劃在內的公司業績的唯一指標。這一改變反映了 FedEx 將其高階主管和員工均集中於 FedEx 整體業績上的想法。

公司財政業績的 AIC 目標是基於 FedEx 財年度的業務規劃，並由董事會審查和批准。與公司的長遠規劃一致，FedEx 根據業務規劃衡量業績，而不是規定好的增長率或往年的平均增長率，但是考慮到短期的經濟或競爭狀況，以及預期的戰略投資，可能會涉及短期利潤。FedEx 通過其 LTI 薪酬計劃來實現其年復一年的改善目標，這在後文中會詳細討論。FedEx 的業務規劃過程十分完善，並且會設立一些高標準的目標以創造出卓越的公司業績。相應地，AIC 計劃直接與財政業績掛鉤。

二〇〇七財年的 AIC 業績和支付情況。表 2-4 為二〇〇七財年 FedEx 的預計和實際稅前贏利以及聯邦快遞和 FedEx 地面公司業務單元的收入情況。

基於公司的實際業績和每位高階主管個人業績目標的達成情況、二〇〇七財年 AIC 計劃各提名高階主管的支付情況如表 2-5 所示（與預計支付相比）。

表 2-4　聯邦快遞及 FedEx 地面公司業務單元的收入情況

（單位：100 萬美元）

業績衡量	預計收入	實際收入
稅前贏利	3,345	3,215
聯邦快遞業務單元營業收入	2,092	1,955
FedEx 地面公司業務單元營業收入	815	813

（三）長期激勵薪酬計劃下的薪酬支付

LTI 計劃為包括提名高階主管在內的管理人員提供長期的現金支付，該支付基於之前三個財年度 EPS 目標的完成情況。LTI 計劃支付是根據董事會確立的具體的 EPS 目標，該 EPS 目標代表了 LTI 計劃三年內 EPS 的總的增長情況。

圖說明了 EPS 增長與 LTI 支付之間的關係：

一九九五～二〇〇七年，LTI 計劃平均支付其預計數額的百分之一百零一。如圖 2-15 所示，當 EPS 的三年平均年增長率達到百分之十二．五時，LTI 與預計支付相同，如果增長率達到百分之十五或更高，LTI 支付達到最高值（相當於預計支付的百分之一百五十）。FedEx 預計的 EPS 三年平均年增長率一直為百分之十二．五，這個數字遠遠超過過去十年中上述比較調查中其他公司的比例。FedEx 設置這麼高標準的目標，是為了激勵管理者實現更高的業績。另一方面，FedEx 相信如果薪酬計劃常常沒有辦法支付，就失去激勵作用。所以如果 LTI 計劃下的目標沒有達成，FedEx 仍然會有一定比例的支付。但是，

表 2-5　2007 財年 AIC 計劃各提名高階主管的支付情況

（單位：美元）

提名高階主管	預計 AIC 支付	實際 AIC 支付
F. W. Smith	1,819,802	1,397,851
A. B. Graf，Jr	785,030	675,911
D. J. Bronczek	910,872	703,193
T. M. Glenn	697,550	588,035
R. B. Carter	640,516	528,426
D. J. Sullivan①	421,047	383,153

① Sullivan 於 2006 年 12 月 31 日退休，其收入為其 2007 財年在位的部分。

如果 EPS 三年的年平均增長率低於百分之五，LTI 的支付就為零。

二〇〇七財年 LTI 業績及其支付。在二〇〇七年七月，聯邦快遞集團基於 LTI 計劃，包括提名高階主管在內的所有合格的參與者均獲得了最大限額的 LTI 支付。因為截至二〇〇七年五月三十一日，FedEx 的業績遠遠超出其預計的 EPS 增長。需要特別指出的是，這個期間 EPS 總計為 $17.03，而預計值為 $12.70。

表 2-6 為二〇〇四年 FedEx 董事會提出的基於二〇〇五～二〇〇七財年度 LTI 規劃，為每位提名高階主管確定的預計支付與實際支付情況：

LTI 支付。FedEx 董事會確定了二〇〇六～二〇〇八財年以及二〇〇七～二〇〇九財年的 LTI 計劃，如果達到相應的 EPS 目標，會在二〇〇八和二〇〇九財年給予一定的現金支付。表 2-7 為這兩次計劃的具體目標。

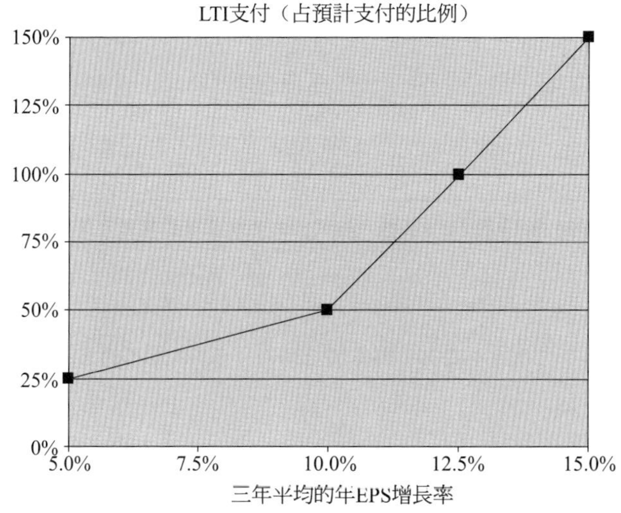

圖 2-15　EPS 增長與 LTI 支付

表 2-8 為基於上述兩個計劃，各提名高階主管支付的最低值、預計值及最高值。

（四）長期股本激勵——股票期權及限制性股票

FedEx 基於股本的薪酬，是以股票期權及限制性股票形式發放的，目的是使高階主管利益與股東權益保持一致，並保證高階主管可以對 FedEx 的成功享有長期的利益分享。股本激勵可以鼓勵並促進 FedEx 高階主管對其股票的貢獻，並在薪酬和長期利益分享之間建立直接聯繫。

數額。在上述的 TDC 公式中，概括了所有股本激勵的總價值（包括下述的限制性股票的相關退稅款），另外之前也已經介紹過，FedEx 將高

表 2-6　2005～2007 財年度 LTI 規劃預計支付與實際支付情況

（單位：美元）

提名高階主管	預計 LTI 支付	實際 LTI 支付
F. W. Smith	2,250,000	3,375,000
A. B. Graf，Jr	750,000	1,125,000
D. J. Bronczek	1,000,000	1,500,000
T. M. Glenn	750,000	1,125,000
R. B. Carter	750,000	1,125,000
D. J. Sullivan①	516,000	774,000

① Sullivan 於 2006 年 12 與 31 日退休，其收入為其在位期間基於三年平均年 EPS 增長率的部分。

表 2-7　2006～2008 財年與 2007～2009 財年的 EPS 目標

（單位：美元）

時　期	EPS 目標
2006～2008 年	18.00
2997～2009 年	22.24

階主管的TDC定位在所調查公司的七十五百分位。因此，股票期權及限制性股票激勵的數量每年都在發生變化。

FedEx在每年確定高階主管股票期權及限制性股票的份額時，薪酬委員會還會考慮該高階主管的職位及其職責水準等因素，該總份額可用來獎勵及潛在股東的稀釋。除了上述，薪酬委員會還會考慮另外一些因素，包括某高階主管晉陞至另一個更高的職位、意欲保留某位重要高階主管或認可某位高階主管的貢獻。所有這些因素都沒有特殊的權重，而且具體的因素也會隨高階主管不同而不同。

時間。FedEx在授予股本激勵的薪酬時，從未考慮過其現行的股票（除非在計算TDC時為了基準的目的，確定獎勵的價值時），或者物質發放的時間，以及公司的非共享訊息。股票期權和限制性股票是給予高階主管的年度獎勵。在二〇〇五年和二〇〇六年，年度獎勵的日期為

表 2-8　各高階主管的預計支付

（單位：美元）

高階主管	期	估的支付 最低值	值	最高值
F. W. Smith	2006～2008 年	625,000	2,500,000	3,750,000
	2007～2009 年	875,000	3,500,000	5,250,000
A. B. Graf，Jr	2006～2008 年	187,500	750,000	1,125,000
	2007～2009 年	300,000	1,200,000	1,800,000
D. J. Bronczek	2006～2008 年	250,000	1,000,000	1,500,000
	2007～2009 年	375,000	1,500,000	2,250,000
T. M. Glenn	2006～2008 年	187,500	750,000	1,125,000
	2007～2009 年	300,000	1,200,000	1,800,000
R. B. Carter	2006～2008 年	187,500	750,000	1,125,000
	2007～2009 年	300,000	1,200,000	1,800,000
D. J. Sullivan①	2006～2008 年	92,167	368,666	553,000
	2007～2009 年	48,333	193,333	290,000

① Sullivan 於 2006 年 12 月 31 日退休，其收入為其在位期間各個計劃的收入。

每個財年度的第一個工作日，即從六月開始，而薪酬委員會在每年五月下旬召開的例行會議上通過該項獎勵。

當薪酬委員會批准某項年度常規外的獎勵時，這項獎勵也需要例會通過，授予的日期就是通過的時間，如果例會的時間非工作日則在其後的第一個工作日。如果獎勵涉及個人的晉陞、管理人員的選舉，且該項晉陞或選舉生效的日期在通過的日期之後，則以生效的日期為授予的日期。

價格。FedEx 股本激勵下授予的股票期權的價格與授予時 FedEx 普通股的平均市價相等。這一設計可以鼓勵高階主管將精力集中於長期股東權益的改善。在股權激勵計劃期間，授予日期的平均市價指的是：當日 FedEx 股票在紐約證券交易所最高與最低交易價格的平均值。FedEx 相信這是確定其股票期權價格最公平的方法。

歸屬。授予高階主管的股票期權和限制股票[1]在授予期滿一年後，其歸屬期是四年。這四年的歸屬期進一步促進高階主管的留任，因為未歸屬的股票期權或者限制性股票會因高階主管的死亡、永久性殘疾或退休等導致的任期終止而被沒收。另外，在二〇〇六年六月一日及以後授予的未歸屬的股票期權會因高階主管的退休而終止。

限制性股票的退稅款支付。FedEx 支付限制性股票接受者的稅款。這防止高階主管為支付稅款而賣掉其部分股票的獎勵。如上所述，薪酬委員會考慮該稅務的數量，及其對於接受者 TDC 的影響，以達到 FedEx 基準分析的目的。因此，如果沒有這些獎勵的稅款，高階主管在每項獎勵中的數額都會變大。

限制性股票的選舉權和分紅。限制性股票的持有者在選舉和分紅時享有與其所持股份相等的權利。在計算限制性股票獎勵的價值時分紅被計算在內，以確定接收者的總體薪酬。

二〇〇七財年度的獎勵。在二〇〇六年六月一日，各提名高階主管的股票期權及限制性股票的獎勵情況如表 2-9 所示。

與往年一樣，應史密斯先生的要求並且根據其重大份額股權持有情況，薪酬委員會沒有授予他任何限制性股票。相反，他的股本獎勵是以股票期權的形式，只有從授予之日開始，股票價格增長才有價值。

（五）高階主管薪酬的其他要素

額外補貼、退稅款支付以及其他薪酬。每年，FedEx 的提名高階主管還會收到一定數量的其他薪酬，包括：

- 某些補貼及其他個人福利，如公司飛機的個人使用權、保安服務及設備、報稅及財務諮詢服務，以及身體檢查。

1 限制性股票（Restricted Stock）：限制性股票是指上市公司按照股權激勵計劃約定的條件，授予公司員工一定數量本公司的股票。激勵對象只有在年限工作或業績目標符合股權激勵計劃規定條件的，才可出售限制性股票並從中獲益。

表 2-9　2006 年各高階主管的股票期權及限制性股票獎勵

高階主管	股票期權數	限制性股票數
F. W. Smith	200,000	—
A. B. Graf，Jr	33,155	6,145
D. J. Bronczek	27,540	7,901
T. M. Glenn	20,655	6,145
R. B. Carter	20,655	6,145
D. J. Sullivan	13,770①	5,267②

①該股票期權在 Sullivan 退休時被收回。

②根據 FedEx 的限制性股票計劃，Sullivan 退休後，其限制性股權的份額在 2007 年 6 月 1 日下降。

- 保險、團體定期壽險及配套的401k[2]繳費。
- 與限制性股票獎勵有關的退稅款支付、某些與業務相關的公司飛機的使用，及某些使用特權，根據FedEx的補充非稅收退休金計劃的保險費和福利。

薪酬委員會審查並批准上述的這些薪酬要素，並且每位獨立董事都要審批與史密斯相關的要素。薪酬委員會還審查FedEx針對額外補貼、個人福利及退稅款支付的政策。包括：

- 與FedEx飛機個人使用權的書面政策和程序。
- FedEx的保安程序：訂明各提名高階主管的人身安全級別；已經由一個獨立的安全諮詢公司評估，並認定對有關高階主管保護的必要性。

FedEx認為這些薪酬要素對保留和吸引高階主管，以及激勵他們有效工作達到重要作用。薪酬委員會審查並批准這些薪酬要素，以保證其與薪酬方案整體保持一致。舉個例子來說，二〇〇七財年，薪酬委員會修訂了FedEx對於個人對公司飛機的使用政策，修訂後需要個人負擔使用飛機後的增量成本。

任期結束後薪酬。雖然所有FedEx的提名高階主管都沒有和公司簽訂就業協議，但是在他們退休後，他們仍然有權享有一定的任期結束的福利，或對FedEx的某些控制權，其中包括：

- FedEx退休金計劃中的退休福利，包括所謂的FedEx員工退休金計劃（FedEx Corporation Employees』Pension Plan）的福利，以及稱為FedEx退休平等退休金計劃（FedEx Corporation

Retirement Parity Pension Plan）的補充的非稅收退休金，FedEx 的這項計劃為其高階主管在稅務性退休金計劃下提供額外的福利，但是根據稅法有一定的限制。

- 在高階主管退休（滿六十歲）、死亡、終身殘疾或對 FedEx 的控制權改變時，促進其限制性股票的歸屬。
- 在高階主管死亡、終身殘疾或對 FedEx 的控制權改變時，促進其股票期權的歸屬。
- 在高階主管任期結束時，基於高階主管的管理保留協議（MRAs）的一次性現金支付和任期結束後的保險。

薪酬委員會審查並修改董事會通過的關於這些支付和福利的所有計劃、協議以及安排，並審查任期結束後薪酬，以確保其與總體薪酬的一致性。FedEx 認為這些潛在的薪酬可以給其高階主管以安全感和穩定感，對於高階主管的保留和吸引有重要作用。另外，MRAs 是為了確保在突發事件或其控制權發生變化時繼續享有這些服務，並在評價這些潛在的交易時，進一步使高階主管與股東權益保持一致。

---

2 401k 計劃：也稱 401k 條款，401k 計劃始於二十世紀八〇年代初，是一種由員工、僱主共同繳費建立起來的完全基金式的養老保險制度，是指美國一九七八年《國內稅收法》新增的第 401 條 k 項條款的規定，一九七九年得到法律認可，一九八一年又追加實施規則，二十世紀九〇年代迅速發展，逐漸取代了傳統的社會保障體系，成為美國諸多僱主首選的社會保障計劃。適用於私人贏利性公司。

高階主管薪酬

在這個部分，我們主要提供一些 FedEx 高階主管薪酬的表格和有關資料，如表 2-10 所示。

下面讓我們對表 2-10 作進一步的解釋和說明。

1. 表 2-10 中股票的獎勵反映了限制性股票的價值，以及二〇〇七財年財務報告中聲明的被消費掉的期權獎勵，計算是依據《財務會計標準說明書》（Statement of Financial Accounting Standards，FAS）中的「以股份為基礎的支付」，當時不包括任何被沒收的股權的估計。

表 2-11 顯示了股票期權的數量及其代表的金額。

表 2-10 簡要薪酬表

高階主管及其主要職位	年份	工資（美元）	股票獎勵[1]（美元）	期權獎勵[1]（美元）	非股權激勵計劃的薪酬[2]（美元）	養老保險改變的價值及不合格的遞延的薪酬收入[3]（美元）	其他薪酬[4]（美元）	總和（美元）
Frederick W.Smith（董事長，總裁兼 CEO）	2007	1,393,931		5,865,196	4,772,851	4,013,612	969,764	17,015,354
Alan B.Graf，Jr（執行副總裁兼首席財務長）	2007	869,798	1,144,247	952,266	1,800,911	1,716,644	646,906	7,130,772
David J.Bronczek（聯邦快遞總裁兼 CEO）	2007	908,305	1,315,507	1,131,664	2,203,193	2,332,755	668,600	8,560,024
T.Michael Glenn（FedEx 市場發展及集團資訊執行副總裁）	2007	772,872	933,500	852,551	1,713,035	1,438,519	540,942	6,251,419
Robert B.Carter（FedEx 訊息服務執行副總裁，首席資訊長）	2007	709,678	933,500	852,551	1,653,426	780,422	531,692	5,461,269
Daniel J.Sullivan（前 FedEx 地面公司總裁兼 CEO）	2007	523,766	2,202,561	803,738	1,157,153	1,061,282	889,960	6,638,460

表 2-11　股票期權的數量及其代表的金額

	股票獎勵			期權獎勵		
高階主管	獎勵日期	獎勵總數	2007 財年中的數額	獎勵日期	期權獎勵相關的股份總數	2007 財年中的數額
F. W. Smith	—	—	—	2002 年 6 月 3 日	375,000	13,179
				2003 年 6 月 2 日	250,000	1,095,088
				2004 年 6 月 1 日	325,000	1,560,600
				2005 年 6 月 1 日	250,000	1,593,653
				2006 年 6 月 1 日	200,000	1,602,676
						5,865,196
A. B. Graf，Jr.	2002 年 8 月 14 月	9,000	45,402	2002 年 6 月 3 日	45,000	1,347
	2003 年 8 月 14 日	7,443	199,986	2003 年 6 月 2 日	65,000	264,244
	2004 年 7 月 12 日	6,145	196,315	2004 年 6 月 1 日	38,250	189,446
	2005 年 6 月 1 日	6,145	220,836	2005 年 6 月 1 日	34,425	225,532
	2006 年 6 月 1 日	6,145	481,708	2006 年 6 月 1 日	33,155	271,697
			1,144,247			952,266
D. J. Bronczek	2002 年 8 月 14 日	12,000	60,536	2002 年 6 月 3 日	60,000	1,885
	2003 年 8 月 14 日	9,924	266,648	2003 年 6 月 2 日	85,000	354,065
	2004 年 7 月 12 日	7,901	252,414	2004 年 6 月 1 日	51,000	250,421
	2005 年 6 月 1 日	7,901	283,942	2005 年 6 月 1 日	45,900	298,362
	2006 年 6 月 1 日	7,901	451,967	2006 年 6 月 1 日	27,540	226,931
			1,315,507			1,131,664

	股票獎勵			期權獎勵		
高階主管	獎勵日期	獎勵總數	2007 財年中的數額	獎勵日期	期權獎勵相關的股份總數	2007 財年中的數額
T. M. Glenn	2002 年 8 月 14 日	9,000	60,536	2002 年 6 月 3 日	45,000	1,347
	2003 年 8 月 14 日	7,443	266,648	2003 年 6 月 2 日	65,000	264,244
	2004 年 7 月 12 日	6,145	252,414	2004 年 6 月 1 日	38,250	189,446
	2005 年 6 月 1 日	6,145	283,942	2005 年 6 月 1 日	34,425	225,532
	2006 年 6 月 1 日	6,145	451,967	2006 年 6 月 1 日	20,655	171,982
			1,315,507			852,551
R. B. Carter	2002 年 8 月 14 日	9,000	45,402	2002 年 6 月 3 日	45,000	1,347
	2003 年 8 月 14 日	7,443	199,986	2003 年 6 月 2 日	65,000	264,244
	2004 年 7 月 12 日	6,145	196,315	2004 年 6 月 1 日	38,250	189,446
	2005 年 6 月 1 日	6,145	220,836	2005 年 6 月 1 日	34,425	225,532
	2006 年 6 月 1 日	6,145	270,961	2006 年 6 月 1 日	20,655	171,982
			933,500			852,551
D. J. Sullivan①	2002 年 8 月 14 日	8,000	42,022	2002 年 6 月 3 日	30,000	809
	2003 年 8 月 14 日	6,616	231,365	2003 年 6 月 2 日	37,500	141,511
	2004 年 7 月 12 日	5,267	366,073	2004 年 6 月 1 日	25,500	231,106
	2005 年 6 月 1 日	5,267	592,988	2005 年 6 月 1 日	22,950	430,312
	2006 年 6 月 1 日	5,267	970,113	2006 年 6 月 1 日	13,770	0
			2,202,561			803,738

① 2006 年 6 月 1 日 Sullivan 的全部期權獎勵在其退休時被收回。而其之前他持有的未歸屬的股票期權獎勵，根據退休後的獎勵條款將繼續歸屬於他。與這些相關的費用，在 2007 年均經過認證。另外，其 2006 年 6 月 1 日的限制性股票於 2007 年 6 月 1 日失效，其餘將在其退休時失效。

2. 表 2-12 為基於二〇〇五～二〇〇七財年長期激勵薪酬計劃下的現金支付。

3. 這一列反映了 FedEx 所有退休金計劃中，其提名高階主管所得的目前價值的現值增加。Sullivan 先生的數額以其退休日即二〇〇六年十二月三十一日為截止日期。

4. 這些要素主要包括：

- FedEx 提供的津貼及其他個人福利的總增量。
- 以高階主管名義支付的保險費用。
- FedEx 支付的團體壽險（以及 FedEx 支付的 Mr.Sullivan 的長期傷殘保險費用）。
- 公司基於 401k 計劃支付的費用。
- 與限制性股票獎勵、某些業務相關的公司飛機使用及某些特權相關的退稅款支付，基於 FedEx 補充的非稅收養老保險計劃下的保險費用及福利。

表 2-13 為上述項目的具體數額。

表 2-12　2005～2007 財年長期激勵薪酬計劃的現金支付

（單位：美元）

高階主管	2007 財年 AIC 支付	2005～2007 財年 LTI 支付	非股權激勵計劃薪酬綜合
F. W. Smith	1,397,851	3,375,000	4,772,851
A. B. Graf，Jr	675,911	1,125,000	1,800,911
D. J. Bronczek	703,193	1,500,000	2,203,193
T. M. Glenn	588,035	1,125,000	1,713,035
R. B. Carter	528,426	1,125,000	1,653,426
D. J. Sullivan①	383,153	774,000	1,157,153

① Sullivan 於 2006 年 12 月 31 退休，其收入是其在位期間基於這些計劃的部分。

表 2-13　其他薪酬要素的具體數額

（單位：美元）

高階主管	津貼及其他個人福利	保險費用	壽險費用	公司基於401k 計劃支付的費用	退稅款支付	其他	合計
F. W. Smith	797,354	2,875	2,520	—	167,015	—	969,764
A. B. Graf，Jr.	205,460	2,875	2,520	500	435,551	—	646,906
D. J. Bronczek	113,165	2,875	2,520	500	549,540	—	668,600
T. M. Glenn	91,063	2,875	2,520	500	443,984	—	540,942
R. B. Carter	103,069	2,875	2,520	500	422,728	—	531,692
D. J. Sullivan	103,852	2,875	1,465	—	437,462	344,306	889,960

可持續發展的兩大利器：企業公民行為＋創新

聯邦快遞無疑是優秀的快遞服務及物流方案的提供者，但是聯邦快遞的目標顯然不僅僅如此。聯邦快遞一直持續不斷地努力，使自己成為一個優秀的「地球公民」，讓世界更加美好。本節我們主要針對聯邦快遞企業公民行為中的兩大部分進行介紹分析。

第一部分為「環境和效率」。這看似簡單的五個字實際上蘊含著很深的哲學，企業存在的根本就是追求利益，而能夠不斷創造更高利益的前提就是效率的不斷提高，可是很多時候企業效率的提高都會對環境產生或多或少的影響，但是聯邦快遞始終努力在環境和效率之間追求一個平衡點。這五個字可以使聯邦快遞和世界更加可持續和高效率地發展，也是聯邦快遞每天創新的根本。這一創新精神已經使聯邦快遞建成了運輸行業中最大的混合動力卡車車隊，我們也將詳細介紹這一點。

第二部分為「社區和災難救援」。在全球範圍內，聯邦快遞的飛機、貨車、設施和團隊成員均可以幫助受難社區從災難中恢復，重新創造他們可持續發展的未來。在這部分，你將瞭解到聯邦快遞在支持社區環境可持續性方面的投資。其中一個例子是EMBARQ，該項目幫助全世界的城市建立一個安全、乾淨、便捷和價格低廉的運輸網路。

當之無愧的優秀「公民」

本部分我們將看到聯邦快遞在環境和效率以及社區和災難救援兩方面所獲得的進步和成績。

1. 環境和效益

我們從二〇一一年最新的企業公民報告可以看出，聯邦快遞飛機的排放量有大幅度的減少，企業嚴格遵循《溫室氣體排放議定書倡議行動標準》，透過直接和間接措施來減少二氧化碳的排放。車輛燃料的效率改善比例有大幅度的提升；而且聯邦快遞在購買可再生能源信用額度（RECs）（利用可再生能源發電一兆瓦小時，即可得到一個信用額度）的同時，不斷地擴展其可再生資源就地發電能力；聯邦快遞的電動汽車和混合動力電動汽車增長近百分之二十。同時，聯邦快遞竭力為聯邦快遞複印和船運中心選擇經森林管理委員會認證的供應商購買紙張，幫助確保林業管理到位。如圖2-16所示。

2. 社區和災難救援

在世界各地災難的救援場所都可以看到聯邦快遞的身影，聯邦快遞的飛機、車輛還有優秀的聯邦人都在努力讓災難後的地區及人民盡快恢復。我們從二〇一一年最新企業公民報告可以看出聯邦快遞對災難救援及慈善事業的重視，如圖2-17所示。二〇一一年聯邦快遞用於慈善捐助的現金與實物占稅前利潤的百分之一．二十，每年向國際直接救濟組織空運約一千五百件貨物。聯邦快遞幫助世界各地的團隊成員作出改變。關愛週和兒童安全步行成為展現聯邦快遞的典範，聯邦快遞甚至對志願者的服務小時進行追蹤，可見其慈善事業絕不僅僅是一個口號。

飛機廢氣排放

我們跟蹤和減少飛機的二氧化碳廢氣排放，減少我們的碳足跡。我們的2020年目標是，與2005年相比減少20%的二氧化碳廢氣排放

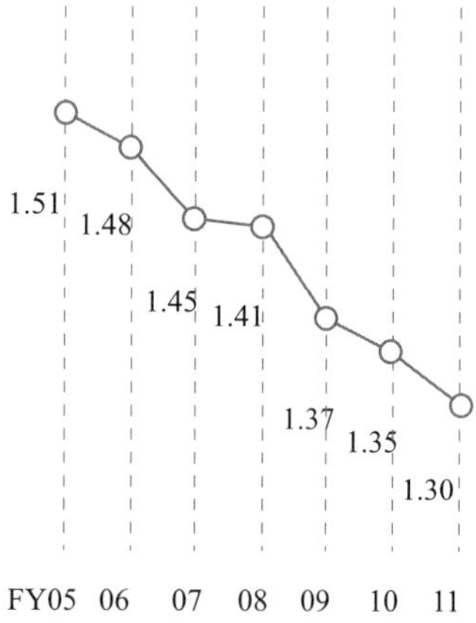

範圍 I

我們擁有或管理的直接廢氣排放源頭

範圍 II

消耗購入的電能、熱量或蒸汽所致的間接排放

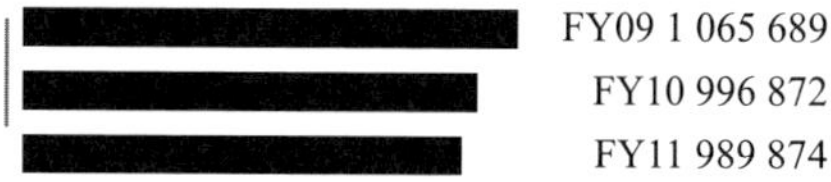

範圍 III

其他間接排放，包括：售給FedEx Ground的獨立承包商和聯幫快遞航空支線飛機合同運營商的燃油廢氣排放

汽車燃油效率的提高

（聯邦快遞）

2020年目標：將聯邦快遞機隊的燃油效率提高20%

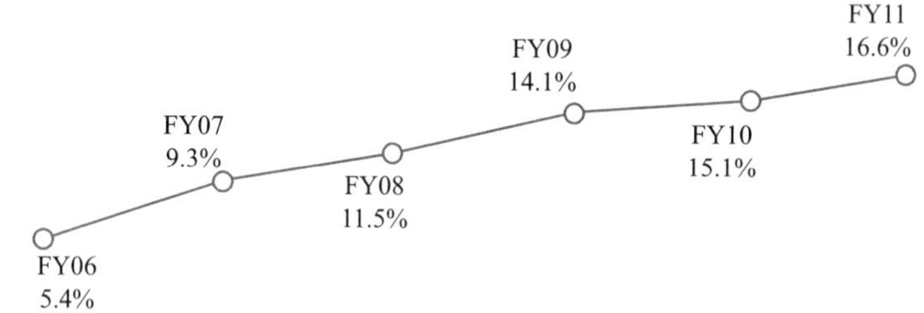

圖 2-16　環境與效益

捐贈給美國紅十字會的運輸

1 000 000 lbs.

慈善運輸

我們特闢專區用於每年400萬磅的慈善運輸。但是當急需時，我們還可以騰出更多空間
2010年發生海地地震和墨西哥灣漏油事件之際，我們捐助了520萬磅的慈善運輸空間

相當於
一架757飛機

520萬磅
用於慈善運輸的空間

圖 2-17　社區與災難救援

3. 員工和工作場所

從二〇一一年最新企業公民報告中關於員工和工作場所的部分可以看出，聯邦快遞始終將自己的員工放在第一位，而為了讓自己的員工能夠有一個更加舒適的工作場所、更高的滿意度，聯邦快遞一直堅持不懈地努力著，如圖**2-18**所示。而且聯邦快遞不斷提高女性及少數民族的就業率，保持公司的多元化，融合不同的背景、能力和經歷，但擁有共同的信念。另外，聯邦快遞非常注重員工的回饋，透過一系列的制度使員工的參與度十分高，員工保持率非常高，二〇一〇年全職員工保持率在百分之九十二．六，二〇一一年全職員工保持率在百分之九十．一。

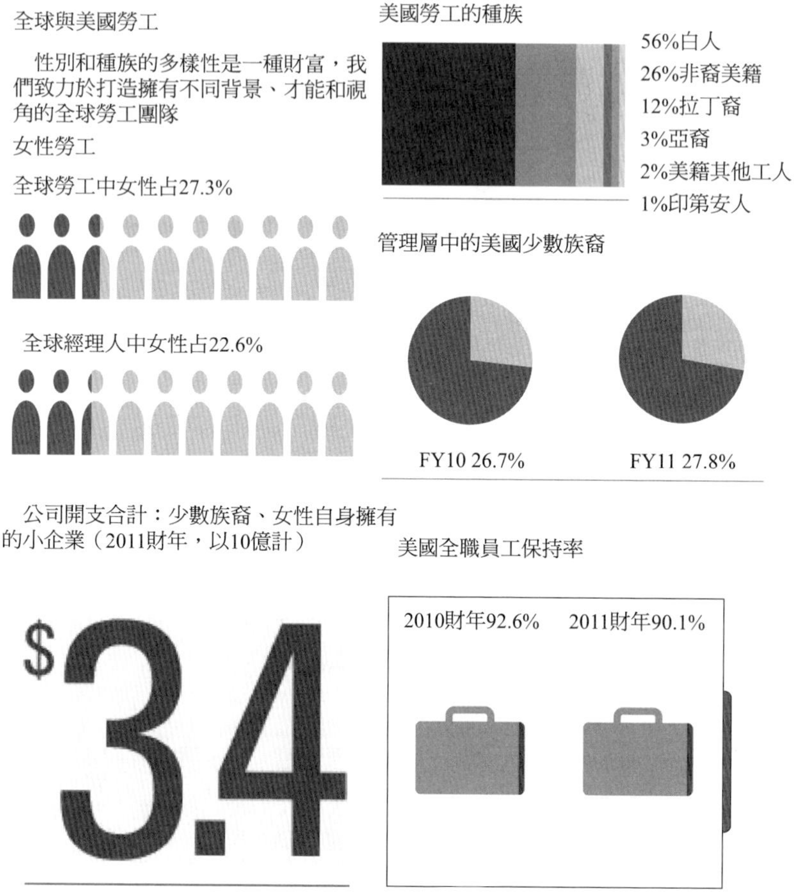
全球與美國勞工
性別和種族的多樣性是一種財富，我們致力於打造擁有不同背景、才能和視角的全球勞工團隊
女性勞工
全球勞工中女性占27.3%
全球經理人中女性占22.6%
美國勞工的種族
56%白人
26%非裔美籍
12%拉丁裔
3%亞裔
2%美籍其他工人
1%印第安人
管理層中的美國少數族裔
FY10 26.7%
FY11 27.8%
公司開支合計：少數族裔、女性自身擁有的小企業（2011財年，以10億計）
$3.4
美國全職員工保持率
2010財年92.6%
2011財年90.1%

圖 2-18　員工與工作場所

EarthSmart 計劃

其實聯邦快遞的目標很簡單：以負責的、睿智的方式來連接世界。為此，聯邦快遞已經將自己的努力付諸行動，稱之為「EarthSmart」計劃。

EarthSmart 計劃是聯邦快遞為減少對環境的影響所作的一種承諾。它旨在鼓勵創新，讓企業、工作方式及其提供的服務更加可持續地發展，做到既經濟又環保。聯邦快遞的目標是找到或者創造一種既能改善自身企業環境、又能為業界內外的其他公司導航的新途徑。

EarthSmart 是怎樣的一種創新呢？在此我們不得不提到聯邦快遞的運貨卡車（見圖 2-19）。二〇〇四年，聯邦快遞的第一輛混合動力汽車開始登台。而二〇〇八年，聯邦快遞在英國率先引入了零排放、全電氣化的卡車，大大優化了車隊。同時，聯邦快遞還找到了借助混合電動機來翻新普通載重車的方法。總而言之，聯邦快遞擁有業界最大的混合動力汽車車隊，並且這些汽車是聯邦快遞實現 EarthSmart Solutions 的第一財富。

圖 2-19　聯邦快遞的運貨卡車

具體而言，EarthSmart 計劃包括如下三個領域：企業、文化和社區。

EarthSmart Solutions

這部分內容涉及聯邦快遞的服務和實物資產，如飛機、貨車和設備。一旦「EarthSmart Solutions」的標識授予到其任何服務或實物資產中，則意味這些服務或資產已經完全符合創新和環境持續性的、可操作的嚴格標準。

EarthSmart Solutions 由聯邦快遞與 Esty Environmental Partners 聯合研發，命名標準非常嚴格。這些標準要求，無論哪種超越一般行業常規的 EarthSmart Solutions，均必須展現出明確而切實的利益點——不僅對聯邦快遞的業務，而且對環境、客戶、團隊成員及其所服務的社區。凡未能充分滿足上述各方面要求的，將無法獲得 EarthSmart Solutions 的命名標識。

EarthSmart @ Work

這項計劃主要為所有致力於公司環境可持續發展的聯邦快遞團隊成員提供一種有效途徑，不管這些成員在公司身居何位。EarthSmart @ Work 的最終目標是鼓勵其團隊成員堅持可持續發展，並協助他們為公司業務的持續發展做出重大貢獻。

EarthSmart Outreach

該項目是指聯邦快遞圍繞環境可持續發展所展開的慈善和志工活動，這些活動在戰略上與聯邦快遞的企業目標完全相符。聯邦快遞的投資重點用於在發展中國家建立可以持續的運輸解決方案、保護珍貴的生態平衡，並明確能夠平衡貿易投資和有良知的環境保護管理之間關係的一些新途徑或新方法。

創新——可持續性和效率兼顧的動力

關於可持續性，已經不再是一個新的話題，可是卻是一個永恆的話題。聯邦快遞一直為自身和世界的可持續性而不斷努力，當然可持續性與效率是需要兼顧的。

可持續性正改變很多公司的業務方式。儘管如此，許多公司首先關注的是改善環境績效，匯報自己的發展和成就，取得更高的效率，這是件好事；而願意與人分享自己的成功經驗，同樣也是很好的。但是在聯邦快遞看來，那會讓其失去兩個關鍵的東西：領導力和創新！

十年來，聯邦快遞始終堅持持久創新的精神，嘗試透過努力來減少能源消耗、增加能源效率，並充分利用那些將改變我們產業未來的先進技術。

二〇〇九年，聯邦快遞已經成為業界第一家引進波音 777F 型貨機來運輸包裹的美國本土公司。波音 777F 型貨機大大地增強聯邦快遞的運輸能力，可以運輸更多的貨物到更遠的國家，而與此同時，排放率卻減少了百分之十八。同樣，聯邦快遞開通的亞洲——美國直通航線，因減少陸地起飛次數，也降低額外的燃料消耗。聯邦快遞還用波音 757 來取代機身狹窄的波音 727 飛機，此舉可以減少二氧化碳、甲烷等導致溫室效應的氣體，減少百分之四十七的油耗。聯邦快遞計劃到二〇一四

是什麼造就了聯邦快遞發展更具可持續性？更有效率？從一開始，永遠創新的精神就注定了如此。

年擁有至少十五架波音777F型貨機，並且已經預定了另外十五架運輸飛機，將在二〇一九年前交付。憑藉波音公司先進的飛機技術，聯邦快遞相信自己可以昂首闊步地同時邁向其環境保護和經濟目標。

聯邦快遞的混合動力電力車隊則是另一種有力證明。從二〇〇〇年開始，聯邦快遞就開始探索將混合動力電力商用車用於運輸。迄今，該公司已經擁有業界最大的混合動力電力運輸車隊。這支車隊的營建，不僅得益於聯邦快遞在新型混合動力車上的大力投資，還得益於每一步都務實而具有開拓性——將傳統的運輸卡車改裝成混合動力車。當發現傳統運輸卡車的馬達垂垂老矣時，聯邦快遞就找到了一種方法來改裝這台卡車，為它安裝一個混合動力電動馬達，延長卡車的壽命，並減少它日後對有限資源的消耗。現在，聯邦快遞在協助研發一種零排放的氫燃料電池和液化石油氣驅動的車。二〇〇八年，聯邦快遞和Modec這家商用汽車製造商一起開發一款純電動卡車，並在英國國內正式使用。這些混合動力車與純電動Modec卡車成為第一批被授予EarthSmart Solutions標識的聯邦快遞資產。但是，隨著這些新產品的開發和應用，聯邦快遞的視角遠遠超越公司在環境保護方面的層次。於是，聯邦快遞抱有特定的目標，在這些科學技術上孜孜以求，試圖讓它們能夠同樣運用到其他企業和行業，能夠幫助設定新的標準。今天，這一刻就這樣來臨了：市場對商用混合動力車的需求日益上升。聯邦快遞稱：我們非常期待這種情形同樣發生在波音777F身上——那樣，我們的競爭夥伴們將跟隨我們的腳步，也開始使用更精巧、更有效的飛機。到了那一天，沒有失敗，大家都是勝利者。

聯邦快遞一直致力於將更有效的能源科技運用到更多的領域，而不僅限於其車隊。我們聯邦快遞決心減少設施營運的能耗。聯邦快遞已在加州成功建造了三個太陽能發電系統，前不久聯邦快遞在新澤西州的伍德布裡奇（Woodbridge）將光伏科技創新地運用在其設施上——安裝了美國最大的太陽能發電屋頂。聯邦快遞還計劃在德國科隆聯邦快遞中心建設同樣的太陽能發電系統。如果這五個系統同時運行，將能夠產生大約五兆瓦的能量，和去年相比，效率增加了百分之二百以上。

太陽能

上面我們對於聯邦快遞在環境和效率方面的做法有了一定感性的認識。從本部分開始我們將具體介紹聯邦快遞在環境和效率方面的所取得的具體成就。

聯邦快遞的EarthSmart計劃將幫助其實現減少排放量和提高能源效率的初期目標。聯邦快遞稱：事實上，我們希望該計劃最終能幫助我們達到我們稱為「務實的環境保護論」的理想。換而言之，我們的努力會讓我們在改變企業的同時，繼續減少對環境的負面影響。

保護能源對減少排放量和降低營運成本而言至關重要。具體到設備使用上，就意味著使用新技術和更具可持續性的能源，如太陽能。二〇〇五年八月，聯邦快遞開始開發利用這一資源，在加州奧克蘭的區域轉運中心投建了當時加州最大的企業屋頂發電系統。在八萬一千平方英尺的屋頂上，密布了超過五千七百個太陽電池板，發電能力高達九百零四千瓦。二〇〇八年春，聯邦快遞在加州惠蒂爾和豐塔那聯邦貨運中心（FedEx Freight）安裝了太陽能發電系統，發電量分別達到二百八十二千瓦和二百六十九千瓦。

受這三個成功安裝的發電系統的鼓舞，聯邦快遞計劃將太陽能發電系統投入到聯邦快遞在新澤西州伍德布里奇的聯邦快遞陸運配送中心，以及在德國科隆的聯邦快遞中歐和東歐轉運中心。其中，伍德布里奇配送中心的發電系統於二〇〇九年年底建成，是全國最大的屋頂太陽能發電系統，它由一萬二千四百個太陽電池板組成，發電量約為二．四兆瓦，即可提供的電力占該配送中心電力總需求量的百分之三十。二〇一〇年，在德國科隆——波恩機場新建的中歐轉運中心建有將近四個足球場大的太陽能電池板，所產生的電量足以供給八十個家庭一年使用，是全世界規模最大的聯邦快遞太陽能裝置。該系統可以產生近一百萬瓦的電力。當這些發電系統全部投入使用時，聯邦快遞將提供和使用到總計約五兆瓦的再生能源（詳見圖 2-20）。通過使用太陽能（科隆、加州的三處和新澤西的一處），聯邦快遞每年減少二氧化碳排放約三千九百一十八噸。

效率和排放量

聯邦快遞有一個名為「二十比二十」的計劃，

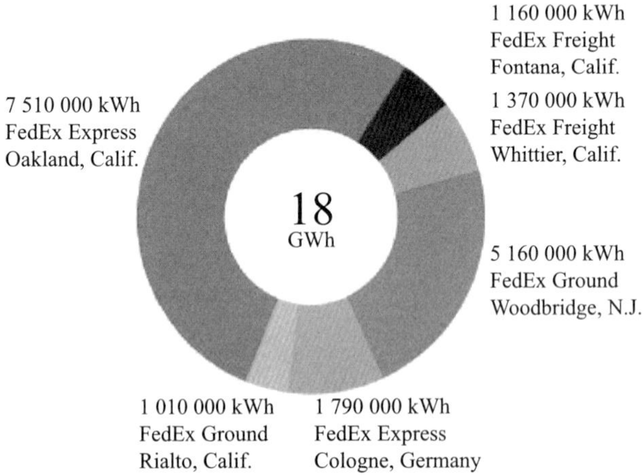

圖 2-20　太陽能設施產生的電能

該計劃的特定目標是：在二〇〇五財年基線的基礎上，到二〇二〇年年底減少百分之二十的飛機排放量和增加百分之二十的聯邦快遞車輛效率。而二〇一〇年，聯邦快遞的飛機排放量已經降低了百分之十三．五以上，車輛效率則增加了百分之十五．一。

聯邦快遞所取得的進步，得益於其採取的各種計劃、策略和革新技術。其航空營運中的「燃料識別」項目，以及混合動力卡車車隊所貫徹的「減少、替代和變革」策略，就是兩個很好的例子。

在「燃料識別」項目中，聯邦快遞公司內部三十個不同的團隊相互合作，共同探索整個航空營運系統中的減少燃油消耗的新方法。「燃料識別」還引導公司淘汰老式飛機的計劃，啟用更具燃料效率且載重量更大的飛機。例如，聯邦快遞的新波音 777F 型貨機，擁有同類飛機中較小的耗油量，而有效載重能力卻更高。用波音 757 來取代波音 727，同樣提高了其飛行效率，減少了溫室氣體的排放量。這些飛機的引入，大幅度減少了燃油消耗，同時有助於企業目標的實現。

所謂的「減少、替代和變革」策略正在改變聯邦快遞公司的運輸車隊。為貫徹這一策略，公司盡量少用燃油、努力更新現有的運輸車輛，並且積極開發新技術。今天的聯邦快遞已經擁有了七種不同類型的混合動力運輸卡車，二〇一一年全球擁有的電動汽車和混合動力電動汽車總數增至四百八十二輛，並具有用混合動力引擎來改裝傳統卡車的能力，如圖 2-21 所示。FedEx 貨運公司將試制一種零排放的氫／電混合動力 TyranoTM 系統驅動的貨車，並且聯邦快遞陸運正在研發液驅混合動力技術，以期能將燃油里程提高到百分之五十以上，並大大地減少飛機排放量

要實現經濟和環境的可持續性，不只是依靠新技術，還需要明智的選擇，為正確的使命選配正確的車輛。例如，聯邦快遞總是透過有效地規劃路線來減少需要的車輛數量。聯邦快遞正著手縮小

遠距離運輸車輛的車型，以擴大燃料經濟性，減少溫室氣體排放。並且，和大部分商業運輸公司一樣，公司卡車大多採用經濟性明顯高於其他化石燃料的柴油為燃料。聯邦快遞還為客戶提供選擇的機會，讓他們結合聯邦快遞的運輸安排來計算碳排放量。如為他們提供需要的數據，以便他們公布排放量或透過自己喜歡的機構來購買「碳補償」[3]。

森林管理委員會認證

要滿足聯邦快遞公司客戶的需求，就意味需要購買大量的紙張。對此，聯邦快遞一直試圖作出正確的選擇。

森林對保持生物多樣性，保護水質，調節地球氣候，保持多元化的經濟、社會和本土文化傳統起決定性的作用。聯邦快遞還認識到，企業的長期健康發展直接受整個地球和企業所在社區的健康的影響。

正是出於這樣的原因，聯邦快遞在公司上下設立了從負責任的環保供貨商處購買產品的行業領先標準。例如，聯邦快遞選擇從獲得森林管理委員會（FSC）認證的廠家購買影印中心需要的絕大多數影印紙。森林管理委員會認證是社會廣泛認可的證書。

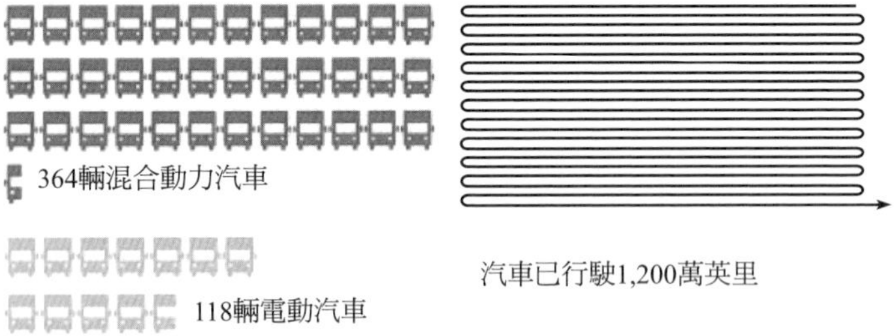

圖 2-21　電動汽車和混合動力電動汽車合計

獲得該證書，則意味其很完善地履行森林管理職責。獲得該證書的產品均來自管理有序的森林。

聯邦快遞不僅在採購紙張時作出明智選擇，而且還一直尋求減少紙張消耗的途徑。公司的計劃將有助於其在營運過程中，最大限度地減少對環境的影響，更多地使用數位產品、再生產品和纖維製品，而這些產品原料不來自森林。我們可以從圖 2-22 更加直接瞭解聯邦快遞在這方面取得的成績。

讓社區更加富足

從本部分開始，我們將具體介紹和分析聯邦快遞在社區和災後救援方面的具體成績。

將對外投資轉向那些唯有聯邦快遞才能協助其解決問題的組織或機構，是聯邦快遞全球公民計劃的一項重要內容。能夠獲得幫助，對任何組織都至關重要，而聯邦快遞將繼續努力為許多組

3 碳補償：是現代人為減緩全球變暖所作的努力之一。利用這種環保方式，人們計算自己日常活動直接或間接製造的二氧化碳排放量，並計算抵消這些二氧化碳所需的經濟成本，然後個人付款給專門企業或機構，由他們透過植樹或其他環保項目抵消大氣中相應的二氧化碳量。

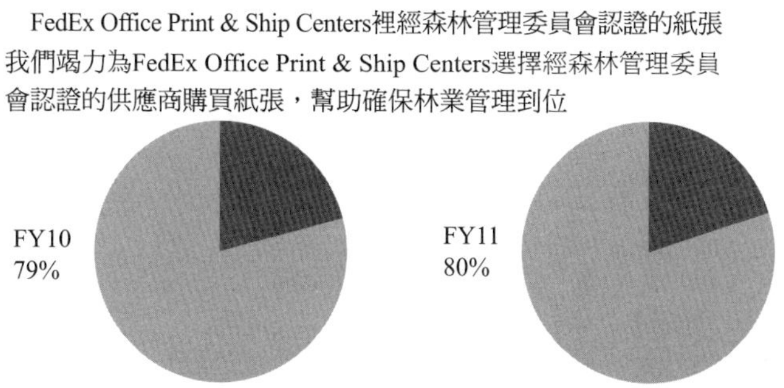
FedEx Office Print & Ship Centers裡經森林管理委員會認證的紙張
我們竭力為FedEx Office Print & Ship Centers選擇經森林管理委員會認證的供應商購買紙張，幫助確保林業管理到位
FY10
79%
FY11
80%

圖 2-22 聯邦快遞取得的成績

織做出重大的貢獻。但是，聯邦快遞堅信，只要運用其核心物流能力，就可以讓人們的生活發生重大改變。

例如，聯邦快遞和EMBARQ（一個幫助城市建設一個安全、有效、便捷的運輸網路組織）合作，讓更多的人能夠使用上公共交通工具。這個投資是EarthSmart Outreach計劃中的一項重要內容。從二〇〇二年開始，EMBARQ的墨西哥可持續性運輸中心就已經率先在墨西哥市中心建立公車捷運系統（BRT）通道。這條系統的建立可從根本上讓公車的行駛速度和火車一樣快速，公車在指定的站台上迎送乘客，沿規定的路線行使。沒有投建新的鐵軌，沒有投入巨額資金，這條捷運系統卻取得和鐵路一樣的利益。現在，它的每日載客量為四十五萬人。它不僅減少了路上行駛的車輛，每年還減少八萬噸的二氧化碳排放。

聯邦快遞和EMBARQ的合作並不僅限於減少環境污染。EMBARQ還重視改善城市的運輸品質和成本效用，以讓更多的人能夠承受當地的運輸費用。EMBARQ計劃可改善城市的公共衛生、交通安全和公共空間的品質。當一個城市變得更加健康、更加四通八達，那麼這座城市也就更具商業競爭力和吸引力。運輸深深地影響人們的生活——這是EMBARQ和聯邦快遞達成的基本共識。因為聯邦快遞與EMBARQ之間良好的合作關係，他們希望能讓這一影響變得更有意義，希望能透過為各地方、各州或聯邦政府提供諮詢、技術建議和項目規劃而讓它深遠流長。同時，聯邦快遞希望其團隊成員——他們中許多居住在EMBARQ所幫助的社區——能夠幫助優化所處社區的交通模式，減少能源消耗和廢氣排放。

向和聯邦快遞胸懷同樣理想的組織或機構提供「專家出借」服務，這對聯邦快遞來說並不是什麼新鮮事。事實上，十多年來，聯邦快遞與全球兒童安全網路（Safe Kids Worldwide）密切合作，利用自己多年的道路交通經驗，促進全世界行人的步行安全。

每天，成千上萬輛運輸卡車行駛在路上，和行人一起共享大街小巷。正因如此，聯邦快遞選擇和全球兒童安全網路合作，共同推行全球「兒童安全步行」計劃（Safe Kids Walk This Way）。該計劃旨在讓全世界的兒童都能更安全地步行。計劃中提出了一些概念，並將這些概念如學校區域（school zones）和人行橫道帶往世界各地。從二〇〇〇年起，此計劃已在巴西、加拿大、中國、印度、菲律賓、韓國、美國和越南等國五千多家學校得到推廣。

聯邦快遞努力將自己的技能和知識——尤其是對運輸和物流的深入瞭解——應用到那些能讓全世界各社區變得更為美好的項目中，例如，旨在幫助建設更好的城市交通網路「EMBARQ」項目和讓街道變得更為安全且適合兒童行走的「兒童安全步行」項目。在聯邦快遞和其他組織的幫助下，這兩個項目正在蓬勃發展。

聯邦快遞正在全球拓展新的服務領域，因而其團隊成員個個身懷絕技，蓄勢待發。一些諸如與全球兒童安全網路和 EMBARQ 的合作項目，見證了聯邦快遞是如何利用自身資源來幫助社區變得更加富足。

四川省災後重建

聯邦快遞在二百二十多個國家和地區的服務經驗讓其能夠充分理解快捷又靈活的運輸網路不僅能夠幫助人們獲得經濟機會，還使其有能力幫助社區做好災難救援的準備工作、挺過災難並開展災後重建。但是，作為全球企業公民，聯邦快遞肩負的責任並不止步於災難救援準備和災後重建，還有很多機會來幫助社區重現富足與繁榮，如圖 2-23 所示。

例如，在日本和加拿大的工作團隊已經幫助當地遭受自然災害的社區恢復農業，植樹造林。聯邦快遞最近的一個舉措是和保護國際基金會在中國開展工作。

二〇〇八年五月，中國四川省遭受了強烈的地震。聯邦快遞積極展開救助，利用其在中國的配送和團隊成員網路，為受災地區提供快速支持和急需的救援物資。然而，聯邦快遞基於其以往類似災難救援的經驗理解到，四川省需要的不僅僅是災後救援，他們更需要的是重建——這是一項長期而專業的工作。

從聯邦快遞與保護國際基金會（一家保護稀有物種、保護重要景觀和支持依賴地球自然資源而生存的小區機構）的合作，我們可以看到聯邦快遞在災難救援準備、災難救援和災後重建上的全面策略。今天，聯邦快遞在四川省的十個社區引導的重新造林項目中投入大量精力和物力。這些項目將幫助當地社區重建被地震嚴重損壞的生態系統、保護重要的淡水資源、減少大氣中的碳排放，並提高瀕臨滅絕的大熊貓的存活率。

聯邦快遞還計劃和保護國際基金會合作，為團隊成員和學生提供有關自然環境保護和植樹造林的價值方面的教育。這個合作是全球二百萬美元的基金項目中的一部分。聯邦快遞也因此進一步朝讓其團隊成員生活和工作的小區更具可持續性而努力。

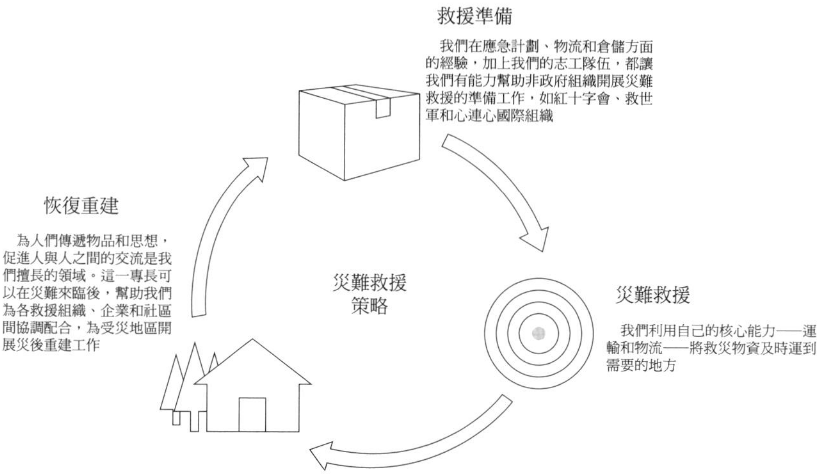

慈善捐贈	慈善運輸	機動反應和災難管理處	美國紅十字會	心連心國際組織
（現金和實物捐贈占稅前利潤的比例）① 2009財年 1.5% 2008財年 1.1%	每年，我們都預留4,000,000磅②慈善物資的運輸空	（Mobile Response and Disaster Management Units） 與救世軍、美國紅十字會、以及紅十字會與紅新月會國際聯合會合作，我們一直在為7個國家包括墨西哥、澳大利亞和英國的12家機動反應和災難管理處提供支持	聯邦快遞是美國紅十字會「年度災難捐贈計劃」（Annual Disaster Giving Program）的創始成員，目前每年通過現金和實物提供了大約1,200,000美元的救援	2009年 幫助172家組織機構運送了107噸救援物資 2008年 協助242家組織機構運送了173噸救援物資

圖 2-23　聯邦快遞的災難救援策略

①該比例不包括前面提及的減損支出產生的影響。
②1 磅＝453.59 克。
資料來源：《聯邦快遞 2009 年企業公民報告》。

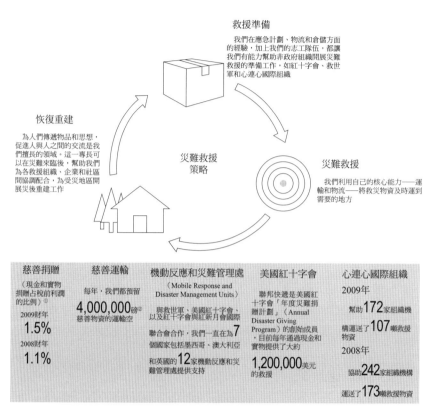

志工制度

聯邦快遞團隊成員是他們所服務社區的一分子，他們對如何滿足社區需求有寶貴的見解，還具有各種獨有的技能和素質。只要他們的見解和技能相結合，聯邦快遞的團隊成員就能夠幫助社區解決各種重大問題。正因如此，聯邦快遞正致力於制定一項適用於整個公司的戰略，即通過一種綜合方案來制定公司的戰略、計劃和履行公司戰略和計劃所必需的基礎設施，如圖 2-24 所示。

然而，要制定志工戰略，首先要做的是建立一種新的志工管理系統來認真評價其團隊成員目前所作的努力。借助「尋找志工」（VolunteerMatch）這個新平台，公司可以組織團隊成員更多地參與世界各地的志工活動。該系統對志工服務參與率、志工服務小時數和服務地點進行跟蹤記錄，使團隊成員能夠通過社交媒體來分享自己的志工經驗。公司的活動協調員可以管

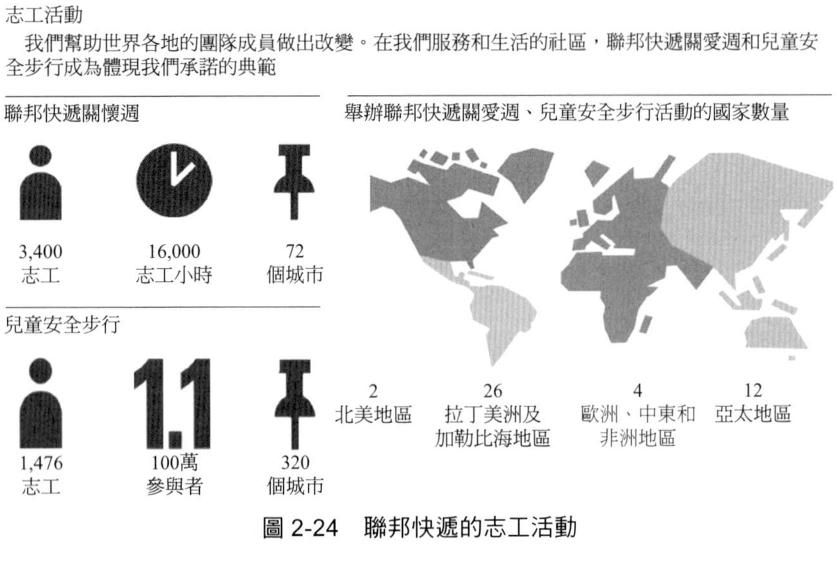

圖 2-24　聯邦快遞的志工活動

理志工機會。團隊成員則可以創建和發起志工者活動，管理志願者報名人數和志工候補名單。

二〇〇九年九月，該志工管理系統開始試行，當時「聯合捐贈活動暨聯邦快遞愛心週」（United Way giving campaign and FedEx Cares Week）正在火熱進行中。該活動為聯邦快遞的年度活動，期間，聯邦快遞世界各地的志工們獻出自己的精力和才智，為當地的愛心組織服務。二〇〇九年，僅在「聯邦快遞愛心週」期間，聯邦快遞在三十八個國家的團隊成員已經提供了兩萬多小時的志工服務。

二〇一〇年，墨西哥灣漏油事件嚴重破壞該地區的生態系統。聯邦快遞發揮自己的優勢，運輸對溫度和震動敏感的包裹，營救了逾二．五萬隻瀕臨滅絕的海龜蛋。

聯邦快遞團隊成員一直為其社區進步做改變，而聯邦快遞為其提供的支持正是聯邦快遞「把人才當客戶」精神的體現。隨公司的志工戰略的進行，以及更為周詳的團隊成員志工制度的出現，聯邦快遞所能做到的將遠不只是為他們提供支持，還將有能力延伸和深化他們所做的重要工作。

Chapter 3

第三章

內部培養打造企業領導力

數據顯示，目前聯邦快遞百分之九十一以上的高層都是從基層做起來的，充分展現出聯邦快遞領導人內部提升的特點，在接下來的介紹中我們會逐漸體會。不過弗雷德·史密斯作為聯邦快遞的創始人，相信他的傳奇歷程是每個人都關注的，我們不得不作介紹。在接下來的章節我們會介紹聯邦快遞的其他精英們。

聯邦之父：「隔夜速遞之父」

我認為，大多數時候，一個企業家要面對的最大風險是內在的。他們必須決定，這件事是他們想花畢生時間和精力去做的，而不是其他的事情，因為許多新觀點的確會遇到重大的阻力。有時阻力來自市場，有時來自資金，有時來自勁敵。但這需要狂熱的工作才能將深思熟慮的觀點一步步變為成功的現實。有許多人最初成功了，但卻不能保持下去。因此，我覺得，如果有人想成為一個企業家，他必須首先度過這個難關，這個企業家必須向靈魂自省：「我是不是日復一日、月復一月、堅持不懈地來使得這個觀點變為成功？」這不是所有人都能做到的。

——**弗雷德．史密斯**

雖然聯邦快遞的創始人弗雷德．史密斯相信團隊的力量大於個人的力量，但是其個人偉大的領導力對於聯邦快遞今日的成功可謂至關重要。如果不是他成為聯邦快遞的重要支點，這個團隊不會擁有撬動全球快遞業的能量。

作為聯邦快遞公司的創始人、董事長兼 CEO，運輸業已經融入弗雷德．史密斯的血液。他一手運作這個年收入近四百億美元的公司近四十年，將它從破產的邊緣拉回來，重新給投資者提供高回報。史密斯也不虧待自己，他名列《福布斯》美國富豪排行榜，並從一九九九年以來持續成為薪酬最高的 CEO 之一。

史密斯負責目前所有 FedEx 營運公司的戰略方向指引，包括 FedEx 服務公司、聯邦快遞、FedEx 貨運公司、FedEx 地面公司等。自一九七一年 FedEx 創立以來，史密斯一直是全球航空業制度變革、自由貨運與「開放天空協議」的積極倡導者。最近，他一直主張車輛能源效率標準和一項國家能源政策。

在過去的三十九年中，FedEx 一直持續不斷地加強其行業領導地位，FedEx 在《首席執行長》雜誌的「二〇〇八年領導者最佳公司」中位列第十三名。

史密斯曾服務於多家大型上市公司及聖猶大兒童研究醫院和梅奧基金董事會。他原為國際空運協會和美國空運協會的董事長。史密斯是商業圓桌會議、卡托研究所的成員，外交關係委員會的董事成員，能源安全領導委員會的聯合主席。他曾經擔任美中商業委員會的主席，還是美法商業委員會的現任主席。此外，史密斯曾獲得榮譽基金會國會獎章的榮譽獎、美國海軍紀念碑的獨立水手獎，被評為美法商會二〇〇六年年度人物，並在法國獲得美國商會的榮譽獎章。他是航空名人堂的成員，美國第二次世界大戰紀念項目的聯合主席，被 BARRON 雜誌評為最佳 CEO，《首席執行長》雜誌的二〇〇四年「年度 CEO」。

聯邦快遞就是史密斯，史密斯即代表聯邦快遞，這在企業內部已經成為一種共識。聯邦快遞的企業文化也是在史密斯精神的感召及其人格魅力地影響下潛移默化地形成的。

不平凡的人生

一九四四年八月十一日弗雷德．史密斯出生於密西西比州，他可謂命運多舛，四歲時父親去世，八歲的時候他患上了一種罕見的疾病，右腿發育受影響，有兩年半的時間他只能靠枴杖行走。

弗雷德．史密斯兒時在校成績優異，對飛行和經商的愛好成為了他青年時代的重要樂趣。十五歲時，他就拿到個人飛行的執照。十五歲那年他上了曼非斯大學的預科。在那裡他和兩個同學結成合作夥伴，用從父母那裡借來的五千美元開了一家錄音工作室。他喜歡結交朋友，也廣受歡迎，急於開創自己的生意。

一九六〇年史密斯報名參加海軍陸戰隊後備役軍官訓練班，他對飛行愛好就像是與生俱來的，他抓住每一個機會，把自己的愛好和興趣付諸行動，朝著自己的理想一步步前進。

一九六二年秋天史密斯進入耶魯大學，攻讀經濟學和政治科學，他的學習表現不太突出，而對社會生活更感興趣，曾經擔任校園唱片節目播音員。他對飛機的興趣在這裡更得到滿足，他憑藉自己參加海軍陸戰隊後備役軍官訓練班的經驗，後來成為了耶魯飛行俱樂部的會員，課餘還駕駛農用飛機在農田上空盤旋，好滿足他的飛行癮。

一九六五年史密斯作了一篇不到十五頁的經濟學報告，下面是其中的一部分內容：「傳統的物流運輸將無法勝任電腦化的商業社會。例如對於 IBM 來說，如果德克薩斯的一家銀行想要購買 IBM 的機器，銀行不在乎機器是在紐約還是別的什麼地方製造的，他們只關心機器何時到達，以及為了保證機器每日都正常工作，在零件壞了、需要更新時是否馬上能收到新零件。因此，IBM 需要一個專業的物流運輸隊伍，無論機器被賣到什麼地方，他們都能及時、準確地將所需的零件和配置送達到客戶手上。而為了能夠直接運輸這種非常重要、時間緊迫的貨物，也許應該有自己的飛機。」就是這篇當時被教授定為「荒謬」的論文，後來成了聯邦快遞的指導文件。

老師的否定絲毫沒有動搖史密斯的想法，恰恰相反的是，從那個時候開始，飛行運輸就成了他經常思考的問題。其實有時候，人的一生完全得之於一個點子，哪怕它極小極小。然而它彷彿是一個支點，如果運用得當，完全可以扛起整個夢想。史密斯的這個點子給了他的夢想一個支點，而這個夢想的成功給了聯邦

快遞，乃至整個快遞業一個支點。

一九六六年史密斯畢業後被海軍陸戰隊任命為中尉。一九六九年，戰爭的磨練讓史密斯雄心勃勃地回到美國，他根據對飛機的愛好，開始自己在商業領域的事業。對於史密斯來說，對運輸業的興趣可以說是他血液裡的一個因子，在社會環境的發酵中，便被蓬勃地催生出來。他的家族是從英格蘭到北美大陸的移民，祖父是個船長，在密西西比河和俄亥俄河上駕駛汽船。父親當過船員，又熱愛經銷，曾推銷過卡車，靠著勤奮工作創立迪克西巴士公司、「托德爾酒家」餐飲連鎖公司等其他產業。長輩把他們的創業愛好和精神遺傳給史密斯。

一九六九年史密斯購買阿肯色航空銷售公司的控制股權，他不僅改變公司長期虧損的狀況，而且在兩年內獲利二十五萬美元。

與此同時，史密斯設想建立一個公司，能夠連夜快遞小包裹，經過仔細的考慮，史密斯進行一次重大的賭博，投入他的全部資金八百五十萬美元。這種風險投資給予一些投資家以深刻印象，相繼也投入了四千萬美元，幾家感興趣的銀行拿出同等數目的款項，使總額達到九千六百萬美元，這是美國商業史上單項投資最多的一次。

一九七一年，二十七歲的弗雷德·史密斯開始真正實施「隔夜速遞」服務的創業夢想。因此後來，史密斯被大家稱之為「隔夜速遞之父」，更被大家贊為「創造了一個行業的人」。

一九七一年五月二十八日，史密斯在曼非斯帶著他的計劃出席家庭基金——弗裡德里克·史密斯企業公司的董事會。於是，聯邦快遞公司於一九七一年六月一日成立，並於一九七三年四月十七日開始正式營業。

聯邦快遞經營並非一帆風順，但是史密斯憑藉自己頑強拚搏的精神，在公司營運最艱難的時候從不言敗，反而在困境中總結經驗教訓，在陰暗中尋找希望的曙光，終於在一九七五年七月迎來了聯邦快遞的第一個贏利月份。一九七七年公司收入突破一億美元，一九七八年聯邦快遞上市，一九九八年 FDX 公司成立，而史密斯也由聯邦快遞的 CEO 變為聯邦快遞集團的董事長兼 CEO，一九九九年，聯邦快遞已成為世界上最大的二十四小時快遞公司，二〇〇〇年 FedEx 躋身世界企業五百強。二〇〇九年 FedEx 的營業收入為三萬七千九百五十三百萬美元，二〇一〇年一月，聯邦快遞將亞太地區運輸的飛機全部換成波音 777，且準備開展海運領域的運輸。

希臘神話中，荷米斯手持魔杖，為眾神間的信使。聯邦快遞這個奇蹟，也曾讓史密斯驕傲地說：「我們就是電腦時代的荷米斯。」

史密斯與他創造的聯邦快遞

（一）冒險家＝創新進取的企業

「冒險家」這個稱號史密斯可謂當之無愧，下面讓我們看看史密斯的「瘋狂」事跡。

1.「瘋狂」從「荒謬」開始

史密斯在耶魯大學的論文雖然被當時的教授評為「荒謬」，但是目前確實聯邦快遞的指導性文件，從這個「瘋狂」的想法開始，史密斯開始一生的傳奇。史密斯當時的想法雖然大膽，但是並不像表面上所說的那麼荒謬，史密斯的設想是基於對當時美國送貨行業的分析，「荒謬」的背後其實是戰略眼光，正是這樣的戰略眼光開創一片藍海。

2. 吸引風險投資九千六百萬美元

史密斯之所以給他的公司命名為「聯邦快遞」就是十分由信心能夠拿到當時聯邦儲備委員會的合約，所以在簽約之前他幾乎投入了自己的所有資金，並且貸款後購買飛機，雖然是意料之外，但也在情理之中，他的提議遭到拒絕。公司在接下來的營運也十分的不景氣，可是說史密斯多次瀕臨破產，但是他都堅持下來，而且用自己的執著征服風險投資家，獲得了九千六百萬美元的投資，史密斯用獲得的資金立刻購買了飛機，並使自己的業務慢慢進入了正軌。

在多次瀕臨破產時，史密斯非但沒有放棄，還能夠獲得巨額的風險投資，我們不得不說他是個冒險家。

3. 收購飛虎航空公司

史密斯冒險的性格無疑有其兩面性，但是史密斯好像沒有收斂的趨勢。這種性格可以說在收購飛虎航空公司的時候發揮到了極致。一九八〇年末，在現金流並不是很充裕之際，史密斯買下飛虎航空公司，耗費八．八億美元，再加上之前創立 ZAPMAIL 公司所欠下的三．五億美元，聯邦快遞的債務突然間提升到十四億美元。儘管之前史密斯曾用數千萬美元的存款去賭物流業的新商業模

> 在某種程度上，把企業家與賭徒等同起來，我認為是不幸的。我根本不這樣看，採取行動往往並不是最危險的道路，最危險的道路是不採取行動。
>
> ——**弗雷德．史密斯**

式，在企業即將破產之際，他坐飛機到拉斯維加斯賭場玩二十一點用數百美元贏回了二．七萬美元以支付員工工資。相比以前的「小打小鬧」，收購飛虎航空公司可能是史密斯到目前為止最大的冒險，他相信這個最新的創新觀念，會使聯邦快遞成為全世界最傑出的包裹運輸公司。事實證明，有了飛虎航空貨運公司的加入，聯邦快遞一下子獲得二十一個亞洲國家的航線權，在亞洲的業務能力迅速增加。

4. 價格戰

在史密斯的帶領下，聯邦快遞飛速成長，迅速的全球擴張使這個新興的企業成為有著百年歷史UPS的最大勁敵之一。史密斯從開始就沒有去在乎世俗的眼光，聯邦快遞好像也在挑戰人們的底線，目前在中國的多次降價，讓很多本土企業對聯邦快遞的動機產生了質疑，也讓人們懷疑聯邦快遞是否還有利潤空間，無論結果如何，我們拭目以待。

（二）偏執狂＝專一的企業

1. 瘋狂的夢想

從大學畢業到現在，史密斯一直都在追逐一個夢想——隔夜快遞，他相信飛機加上訊息管理的力量，儘管他的最初想法得不到別人的認同，在說服投資方注資時也遭受不少白眼，甚至眼看自己的積蓄在短時間內蒸發了，但是史密斯從未對當初構想的正確性和巨大價值產生過任何懷疑。他堅信只要能夠為客戶創造價值，最終就能為自己創造價值。

一九七三年聯邦快遞終於開始連續營運，但是在試運行的第一個晚上，六架飛機只運了七個包裹，當時的運作讓人們感覺就是在「燒錢」，但是史密斯從來沒有想過放棄，並且將業務擴展到二十五個城市。後來史密斯在回憶那段艱難歲月時稱：「世界上永遠沒有一個人能夠瞭解我在那年（一九七三年）所受到的煎熬，那年我承受的壓力太大了，我有那麼多事情、那麼多旅程，還要和投資銀行家開那麼多會議。事實上，我當時除了設法經營公司之外，根本記不得那段時間發生的任何事情和細節，我還記得自己的名字就很幸運了。」

偏執狂通常有兩種命運：一種是大輸，一種是大贏。史密斯沒有比爾．蓋滋、戴爾那麼幸運，從一開始就受到認可，在很短的時間內就創造出輝煌的事業。史密斯的偏執使他同時經歷了大輸和大贏。他帶領聯邦快遞，心無旁騖地跑向一個目標：在最短的時間實現隔夜快遞。聯邦快遞燒了三年的錢去培育市場、引導市場。當市場認可隔夜快遞這個服務所帶來的高附加值時，也正是聯邦快遞騰飛之際。幸好，頭兩年，市場的需求每年以百分之一千的速度增長，聯邦快遞明白只要能撐過收支平衡那個點，前途是無可限量的。在燒完了自己數千萬美元的財產後，史密斯引進了風險投資，繼續燒錢，繼續熬下去。一九七五年，聯邦快遞終於渡過黎明前的黑暗。

> 聯邦快遞早在創立之初的三四年裡，就應該倒閉五六次了，但是史密斯拒絕放棄，老天，他真是不屈不撓，他靠著純粹的雄心和勇氣，創下了奇蹟。
>
> ——**聯邦快遞前總裁阿特．巴斯**

2. 不斷擴張中的專一

雖然現在多元化的企業成功的案例並不是沒有，但是筆者認為，多元化的前提是企業的每個塊都能夠保持專業化，這樣才能夠使企業基業長青。史密斯在不斷擴大公司業務領域的同時，對自己優勢有非常客觀的評鑒。到目前為止，FedEx 的四大業務部門都是物流領域，雖然收購的金考公司是複印店，可是金考龐大的網路及其優質的複印服務無疑能夠進一步為物流服務。從此我們可以看出，偏執狂史密斯領導的 FedEx 是專一的。

3. 偏執狂的執著擁護者

如果史密斯叫聯邦快遞一萬三千位員工排在曼非斯的 Hernando deSoto 大橋上，而且說「跳」，相信百分之九十九．九的員工會跳下密西西比河的急流裡，員工對他就是這麼有信心。

——聯邦快遞客戶服務經理海因滋．亞當（Heinz Adam）

海因滋描述的是在一種虛擬情況下，員工對於史密斯發布的命令的執行情況，可能很多人會以為海因滋誇大其詞，但以下發生的真實故事證明海因滋所言非虛。聯邦快遞在創辦初期破產的陰影揮之不去，公司的現金即將告罄，在這段時間史密斯的領導魅力發揮極大的作用，員工都相信他，都不願意離開他，員工還曾把手錶拿去當掉，好幫企業還一筆短期的臨時貸款。當執行官來查扣飛機時，員工齊力把飛機藏起來。

魅力型領導者大多有一種光環，能夠激發跟隨者的熱情，驅使他們快速行動，邁向他所指向的目標。史密斯就是這樣的一種領導者，他能夠激發眾多的跟隨者相信他所預見的現實。魅力型領導者統領下的企業也是存在著高風險的，跟隨者的盲目性，難以指出和糾正領導者決策中的失誤，容易釀成悲劇；但是像聯邦快遞這種從建立時開始就要進行大規模的創新和投資的企業，這必須依靠整個組織大規模的努力。大部分創業的高風險事業要想成功，像史密斯這樣能夠驅策別人的魅力型領袖是企業走向成功的關鍵。

（三）人性領導＝人性化企業

很多人為了去聯邦快遞工作而遷居曼非斯，聯邦快遞這個「最佳僱主」的名號可謂當之無愧，作為聯邦快遞的員工是快樂的，這些不得不歸功於人性化的企業文化。

1. 員工子女名字命名公司飛機

史密斯認為海軍陸戰隊的經驗是他最寶貴的財產，因為在那段時間他認識到團隊的力量，所以他特別看重「人」的因素。他認為大部分公司並未真正理解並管理好普通員工。他身體力行，把四分之一的時間都用於處理人事問題上。史密斯對下屬關懷備至，幾乎有著一種好似女性大家長的態度，他還想出一個最受員工歡迎的好點子：聯邦快遞所有的飛機都以員工子女的名字來命名。每次有新飛機加入，公司就會抽籤決定以哪個寶寶的名字來命名飛機。可以想像當天空飛著寫上自己寶寶名字的飛機時，員工對聯邦快遞的自豪感和忠誠感油然而生。

公司是很公平的，不存在什麼歧視，只要你有能力，就可以做到很好的位置。這些都是我們能做得開心、發展得好的理由。

——聯邦快遞中國區總裁陳嘉良

2. 人員─服務─利潤

史密斯創造聯邦快遞的企業哲學「人員─服務─利潤」。更通過績效評估讓這套理念深植人心。在人員方面，考核的重點在於是否能創造出讓下屬或合作者充分發揮的環境。在服務方面，企業通過「服務品質指數」的統計模式衡量第三方對被考核人員的滿意度。在利潤方面，是根據每個單位、每個工作小組實現利潤目標的狀況進行。

3. 機動的獎勵，平等的精神

對於績效好的員工，聯邦快遞不像傳統做法那樣在年中或年末給予獎勵，它選擇了創新的「機動獎勵」，在不定時的場合，給予出其不意的獎品，讓員工深受感動。聯邦快遞幫助每個員工進行個人職業生涯發展規劃。對於表現好、有能力的員工，給予獎勵和晉陞，在聯邦快遞內部，原來從事卸貨員、快遞員、檢查員等職位提拔到管理層的員工比比皆是。這些都展現聯邦快遞內部的平等精神。

聯邦快遞的成功和創始人史密斯息息相關，近四十年過去了，史密斯仍然是企業的最高領導者以及精神領袖。任何一個聯邦快遞的員工，可能都能說出很多很多有關史密斯的故事，這就是創始人的魅力。這種魅力能支持聯邦快遞走多遠？跑多快？還要看後來者延續這種魅力的技巧。

弗雷德．史密斯成功經驗總結

聯邦快遞公司是二十世紀下半葉偉大的創業傳奇故事之一，是風險投資案例的一個奇蹟，也是企業開拓進取、敢於創新精神的代表。綜觀弗雷德．史密斯的一生，他能獲得巨大成功，主要有以下幾個重要原因。

第一，越戰培育他不屈不撓的頑強精神。「其實，我的人生轉折不在於創建 FedEx 公司，而在於越戰。」他在接受《首席執行官》雜誌採訪時說道：「因為在海軍陸戰隊三年的連隊指揮官戰爭生涯，讓我更明白社會中的勞動階層，他們是怎麼思考、怎麼對待生活的？從越戰回來後，我再也無法回到校園生活」。弗雷德．史密斯在越戰中磨練自己的意志，培育自己應付企業經營可能失敗而不屈不撓的頑強精神。越南時弗雷德．史密斯在又潮又熱、溫度高達一百二十華氏度的越南叢林中面對死亡和危險，教會他應付企業經營可能失敗的頑強精神，也教會他如何管理和激勵自己的員工。美國風險投資資本家戴維．西爾弗在《企業巨富》中指出：「在越南的經歷使弗雷德．史密斯僅憑直覺就能知道危險之所在，或許還能使他鋌而走險。」正是這種磨練頑強不屈的意志，多次戰勝企業經營中難以想像的困難。一九七八年八月，《騎士報》發表文章指出：「在艱難中仍然屹立不動搖，憑藉不屈不撓的意志與戰鬥力去抵抗阻擋在前進道路上的任何橫逆，他卓越的表現不僅是企業家的楷模，更是我們每一個人都應當倣法的。」給弗雷德．史密斯投資的風險投資家們就是看中他這種不屈不撓的精神。

第二，獨特的個人魅力。弗雷德．史密斯贏得這麼高的風險投資不僅僅是他的市場分析具有多麼大的誘惑力，也不是風險投資家想從中獲得奇蹟般的收穫，而是與他的個人魅力密切相關。許多參與投資的風險投資家說，他們投資是看中弗雷德．史密斯這個人，他一定能成為一個難得的創造神話的偉大企業家。

第三，視信譽為企業的生命。為了履行對客戶的承諾「絕對肯定地隔夜送達」，聯邦快遞公司在服務方面做到服務周到、信用可靠、精益求精、無孔不入。從公司剛剛成立的時候，他們就已經意識到服務品質的好壞是公司在激烈的市場競爭中成敗的關鍵，他們盡量簡化客戶托運貨物的手續，並以準確、快速、可靠的服務贏得客戶的信任。正像一位客戶指出的：「人們不常看到非常良好的服務，一旦看到便趨之若鶩。」聯邦快遞的種種努力提高自己的形象，人們更加喜歡這個公司，所以聯邦快遞的股價越來越高，這更導致各種資金包括風險投資基金的源源注入。

第四，目光敏銳，善於把握歷史機遇。進入二十世紀六〇年代以後，美國經濟越來越依賴服務業和高技術產業。新的產業布局造成人員和產品的分散，因而急需一種能夠保證快捷、可靠地傳送貨物的公司出現。這是時代的挑戰，更是難得的機遇。弗雷德．史密斯敏銳地發現這一機遇，並勇敢地接受挑戰，緊緊地把握住這個契機，首創「隔夜快遞」服務行業。

第五，管理——「把人才當客戶」。在弗雷德．史密斯看來，聯邦快遞的品牌管理秘訣是萬事以「人」為主。在聯邦快遞內部，無論是新來的快遞業務員還是高級的管理階層，都一律稱呼他們的董事長為弗雷德；在聯邦快遞中國公司，這一稱呼是充滿中國味道的「施偉德」。弗雷德．史密斯認為，一名成功的企業家必須做到能夠與員工順暢地交流。他說：「我可不想讓員工整天盤算著怎樣做最少的工作而又不被解雇。我希望他們想的是怎樣盡全力把工作做得最好，能達到這一目的的關鍵是溝通和回饋。員工們想知道公司對自己的期望和自己應該怎樣去做。他們必須擁有鑒定表，而且他們希望知道那裡面記載了什麼，以及那對自己意味著什麼。因此我們制定許多獎勵計劃、許多利潤分成，以及許多的內部提升。這些事情都很簡單，只是為了告訴員工他們幹得不錯。同時你也必須與你的員工溝通，並且確保他們理解他們正做的事情的意義。我們總是告訴我們的員工：你所從事的是歷史上最重要的商業，你每天在不停遞送著的物品不是沙子和瓦礫，它可能是某個心臟病患者的起搏器、治療癌症的藥品、F-18 飛機的零件，或者是決定一件案子審判結果的法律證據。」他認為完善的企業制度幫助他成為一名成功的企業家。

「我相信員工的奉獻精神，是來自機構的管理層對其下屬承擔義務的言傳身教。」弗雷德·史密斯身體力行，用四分之一的時間解決人事問題。他主要的目標是盡可能授權員工處理及決定一切事宜。他說：「當員工知道自己被公司寄予厚望、成績突出者會受到獎勵、相信公司會接納他的建議並允許將自己的想法實施於工作中的話，我相信員工的工作成果一定會是不同凡響的。」為了讓員工知道公司對他們的期望，弗雷德·史密斯倡導公司為全體員工提供培訓課程，每時每刻，聯邦快遞都有百分之三～百分之五的員工在接受培訓，它在員工培訓方面的花費每年約有一．五五億美元，成為美國在培訓方面投入最大的企業之一。

此外，弗雷德·史密斯非常重視從內部提升人才，那些自信能做好自己工作的員工通常都能成為傑出的經理。一九七六年以兼職形式加入公司的戴維·羅伯特，由於熱情肯幹、全心投入的精神而不斷被提升，至今已是美國操作部的高級副總裁。他凡事親力親為，也很清楚下屬六萬員工所做的工作範圍。他說：「我一直設身處地，這使我在做決定時能顧及員工們的感受。」

第六，不斷吸取新知，隨著世界的變化而同步前進。弗雷德·史密斯說：「創業者應該不停地學習一切和公司業務有關的知識，甚至還應該學習其他科學：從古代歷史到現代經濟學理論；包括園藝和攝影、共同基金和莫扎特，這種學習應該貫穿一生，因為你不知道這所有的知識在哪一天會突然融會貫通成為你的一個新想法，也許只要五分鐘，也許需要五年，但我肯定會有那麼一天。」

如果明白了這一點，你也許就會明白弗雷德．史密斯在耶魯大學論文的真正意義所在。

群英薈萃共建聯邦大業

所謂「單絲不成線，孤木不成林」，雖然史密斯始終是 FedEx 和聯邦快遞的靈魂人物，但是如果沒有其他的 FedEx 的精英們，相信史密斯走到今天也是十分困難的。在前文中我們已經提及過，史密斯有一群執著的追求者，在公司最困難的時候，大家一起共渡難關。本章中我們會介紹很多 FedEx 的高層領導者，但是相信有心的讀者會發現，很多目前的高階主管都是從最基層做起來的，這個特點我們在章節開始的時候也有所提及。這樣的好處大概有以下幾點：

- 第一，由於從基層一步步做起來，使得高層領導人對業務都比較熟悉，所以在管理上會比較有針對性，避免理論和現實脫節。
- 第二，高層領導者的經歷和卓越表現會使目前還處於基層的員工更加有動力，更妥善規劃自己的職業生涯，另外公司在員工這方面的發展上也有配套的政策（LEAP），之後我們會詳細介紹。
- 第三，雖然注重內部提升，但是聯邦快遞也從不忽略空降部隊，從外部引進優秀人才，空降部隊和內部精英的相輔相成，領導團隊的卓越表現大家有目共睹。

執行委員會

執行委員會負責規劃和執行集團的戰略業務活動，由五個人所組成，成員包含弗雷德・史密斯、邁克・格倫、小阿蘭・格拉夫、克麗斯汀・理查茲和羅伯・卡特。因史密斯的生平前文已提及，此處不再重覆，以下分述其餘四位委員的重要事蹟。

（一）邁克・格倫（T. Michael Glenn）

FedEx 市場發展及集團資訊的執行副總裁

邁克・格倫是 FedEx 市場發展及集團資訊的執行副總裁。邁克還擔任 FedEx 服務公司的董事長兼 CEO。在此職位上，他領導 FedEx 營運公司所有的行銷、銷售和通信，並負責聯邦快遞辦公和全球供應鏈服務業務部門。

在一九九八年 FedEx 成立之前，邁克是聯邦快遞全球行銷、客戶服務和公司資訊的高級副總裁。在當時的職位上，他負責指揮所有的行銷、客戶服務、員工溝通和公共關係活動。

邁克出生於田納西州曼非斯。他在密西西比大學獲得學士學位，在曼非斯大學獲得碩士學位。他目前擔任 Pentair 公司、Renasant 銀行和中南部聯合募捐的董事會的成員。

（二）小阿蘭・格拉夫（Alan B. Graf，Jr.）

FedEx 執行副總裁，首席財務官

小阿蘭・格拉夫是 FedEx 的執行副總裁兼首席財務官。他的職責包括 FedEx 全球財務職能的各個方面，包括財務規劃、財政、稅務、會計及控制、內部審計以及集團發展。

在 FedEx 一九九八年成立之前，小阿蘭曾擔任聯邦快遞的執行副總裁兼首席財務官。他在一九八〇年加入公司擔任高級財務分析師，並先後在整個財務部門擔任管理職務。

小阿蘭出生於印第安納州的愛文斯維爾，他在印第安納大學的凱利商學院獲得工商管理的學士學位和碩士學位，而且他是校友研究會的成員。他在 Nike 公司的董事會、美國中部公寓社區公司和衛生醫療任職。他還是凱利商學院院長諮詢委員會的一員、曼非斯大學赫夫信託基金的委託人，並擔任曼非斯大學體育獎學金基金會的會長。

（四）克麗斯汀・理查茲（Christine P. Richards）

克麗斯汀・理查茲是 FedEx 的執行副總裁、總顧問兼秘書。

克麗斯汀在二〇〇五年繼作為 FedEx 的集團副總裁兼聯邦快遞辦公的總顧問後，擔任其目前的職務。在其當前的職務上，克麗斯汀負責確保 FedEx 全球的活動符合國際、聯邦、州以及地方規章。

FedEx 執行副總裁、
總顧問兼秘書

克麗斯汀還負責集團及其子公司的國際及國內安全和政府事務，監督所有集團營運公司的法律、安全和政府事務。克麗斯汀在一九八四年加入FedEx，在一九九八年被任命為聯邦快遞業務及客戶支持的副總裁之前，曾從事法律方面的監管、訴訟和客戶支持的工作。克麗斯汀出生於紐約，在巴克內爾大學獲得學士學位，並在杜克大學獲得法學博士學位。

（五）羅伯・卡特（Robert B. Carter）

FedEx 共同首席執行官
兼首席訊息官

羅伯・卡特是FedEx共同首席執行官兼首席訊息官。羅伯負責制定技術發展方向以及集團的關鍵應用軟體和技術基礎。FedEx的應用軟體、先進的網路和數據中心為FedEx的產品系列提供全球二十四小時的支援。羅伯於一九九三年加入FedEx，並且有近三十年系統開發和實施經驗。

羅伯出生於台灣。他在佛羅里達大學獲得電腦和訊息科學學士學位，在南佛羅里達大學獲得碩士學位。羅伯的專業獎項包括：訊息週刊年度最高獎（二○○○年，二○○一年，二○○五年）；CIO雜誌的一百獎（二○○一年，二○○二年，二○○三年，二○○四年，二○○六年）；資訊天地首席技術官年度獎（二○○○年）。羅伯是Sakes公司董事會的成員，佛羅里達大學信託基金董事會的成員。他還擔任田納西州漢密爾頓大學眼科研究所資本運作的董事長，而且是曼非斯濱河發展公司和命脈基金會的成員。

營運公司的 CEO

（一）戴維．布朗澤克（David J. Bronczek）

戴維．布朗澤克是曼非斯聯邦快遞的總裁兼 CEO。他在二○○○年二月就任此職務之前，擔任集團的執行副總裁兼首席營運官。他還在 FedEx 的高級管理委員會就職。

戴維是俄亥俄州克利夫蘭的本土居民，於一九七六年畢業於州立肯特大學。他最近被美國總統任命為國家基礎建設顧問委員會（NIAC）的成員；他是國際航空運輸協會董事會的成員、國際紙業董事會的成員、曼非斯大學訪問學者委員會的副董事長、國家兒童安全運動董事會的成員。他任職於位於教堂山的北卡羅來納大學榮譽顧問委員會，並且是 Memphis Tomorrow 的一員。他在二○○○年擔任中南部聯合募捐總競選主席，在二○○六年擔任聯合募捐的亞歷克西．德．托克維爾委員會主席，並在布魯塞爾國際學校的信託基金董事會任職，而且是多倫多貿易委員會的成員。

聯邦快遞總裁兼首席執行官

戴維在一九七六開始從事業務營運，在一九八三年被任命為公司費城「自由區」總經理之前先後擔任銷售代表、業務經理及高級業務經理。戴維在一九八七年參與國際業務，並被提升為加拿大區副總裁兼總經理。在一九九三年三月，他被任命為歐洲、中東和非洲區（EMEA）高級副總裁，負責規劃公司戰略和營運區域業務。在他的領導下，聯邦快遞擴大了業務範圍，並加強了該地區的核心網路，而 EMEA 對國際業務的利潤作出很大貢獻。

（二）威廉．洛格（William J. Logue）

聯邦快遞貨運公司
總裁兼首席執行官

威廉．洛格是 FedEx 貨運公司的總裁，是北美區域和長途散貨運輸的主要提供者。

威廉接替於二〇一〇年二月二十八日退休的聯邦快遞貨運公司的總裁兼 CEO 道格拉斯．鄧肯（Douglas G. Duncan）。威廉是一位經驗豐富的領導者，他透過一九八九年飛虎航空公司的收購加入聯邦快遞。威廉在此之前擔任聯邦快遞美國區的執行副總裁、首席營運官，他當時負責聯邦快遞的空運、陸運和貨運服務，中心支持服務和國內路面運輸部門。

威廉曾在公司的業務營運領域擔任過多種管理職務，其中包括高級副總裁——美國國內地面運輸，曼非斯世界中心的副總裁，以及紐瓦克中心的管理主任。他在飛虎航空公司時，曾在銷售和營運管理方面擔任過多個職務。

威廉是馬薩諸塞州波士頓本土人，原任職於中南部聯合募捐的董事會。

（三）戴維・瑞鮑茲（David F. Rebholz）

聯邦快遞包裹地面運輸公司總裁兼首席執行官

戴維・瑞鮑茲是聯邦快遞第二大營運部門——地面包裹公司——的總裁兼首席執行官，他自二〇〇七年一月出任該職位，負責地面包裹公司的戰略指導和總體績效。戴維同時在聯邦快遞集團的戰略管理委員會任職。

在此之前，戴維任聯邦快遞公司的執行副總裁，負責營運和系統支持。他的職責包括國內航空營運、航空地面貨運服務、地面營運、客戶服務和中心支持服務。在此任上，他管理整個公司在全球超過一半的員工。

戴維一九七六年進入聯邦快遞時是一名兼職員工，一九七八年進入管理階層，一九八二年升任聯邦快遞公司西部地區的地區銷售總監，一九八八年被任命為客戶服務部的副總裁，一九九一年就任美國中部地區營運副總裁。一九九三年，戴維升任全球銷售和貿易服務高級副總裁，一九九六年再次提升，成為美國地面包裹營運副總裁。一九九九年，戴維出任聯邦快遞公司的執行副總裁，負責營運和系統支持。

戴維於二〇一二年五月份退休。聯邦快遞地面包裹公司副總裁亨利・梅爾（Henry J. Maier）接替他的職位。

國際行政人員

（一）鄧博華（Michael L. Ducker）

聯邦快遞國際市場總裁

鄧博華目前是聯邦快遞國際市場的總裁。他從一九九九年開始便擔任此職務。

在此期間，鄧博華制定公司的國際業務擴展至加拿大、拉丁美洲和加勒比地區、亞太地區、歐洲、中東、非洲和印度地區的戰略方向，他還負責公司的美國出口業務和聯邦快遞貿易網路公司，後者是FedEx的一個營運單位，而且是北美最大的海關入境申報者。

以設在田納西州曼非斯的聯邦快遞總部為基礎，鄧博華帶來了公司國際業務前所未有的兩位數的增長。

在此之前，鄧博華在聯邦快遞擔任過一系列的海外高階主管職務。他在亞太地區任職八年，包括在中國香港作為公司亞太地區的總裁。他從新加坡開始領導東南亞和中東地區。在此之前，他擔任總部設在義大利米蘭的歐洲南部的副總裁。

鄧博華從一九七五年作為公司曼非斯樞紐的包裹處理員開始了他在FedEx的職業生涯。他把自己透過職級的晉陞歸因為公司長期倡導的激人奮進的「從內部提升」的理念。

鄧博華持續將他廣泛的全球管理經驗應用於FedEx。他擔任服務行業美國聯盟和美國商會的國際政策委員會的主席。此外，他還任職於世界少年成就委員會、服務行業聯盟、美印商務委員會、美中商務委員會以及美國商會聯盟等的董事會。

鄧博華出生在田納西州的查塔努加，他在西北大學的凱洛格管理學院獲得工商管理碩士（MBA）學位。

（二）簡力行（David L. Cunningham，Jr.）

聯邦快遞亞太地區（APAC）總裁

簡力行是聯邦快遞亞太地區總裁。他以中國香港為總部，負責開發和執行亞太地區所有公司的戰略和營運。簡力行管理一萬四千多名員工，並擁有跨越三個區域的地理控制範圍，其中包括：以東京為總部的北太平洋地區，以上海為總部的中國區，以新加坡為總部的南太平洋地區。他在一九九九年十一月由區域副總裁升任現在亞太地區總裁的職務。

簡力行自一九八二年加入FedEx，並在營運及財務方面擔任過管理職務，包括在美國的全球財務計劃規劃署署長、亞太地區財務的首席財務官及副總裁。

簡力行是美國東盟商業理事會（US-ASEAN）、亞太經濟合作組織（APEC）、太平洋經濟合作理事會、太平洋地區經濟議會、美中貿易全國委員會的成員。此外，他還任職於設於中國香港的中美商會的董事會。

簡力行獲得曼非斯大學的金融學士學位和市場碩士學位。

（三）胡安．琴托（Juan N. Cento）

聯邦快遞拉丁美洲和加勒比地區（LAC）總裁

胡安．琴托是總部設在佛羅里達州邁阿密的聯邦快遞拉丁美洲和加勒比地區的總裁。他對該地區的所有事務負責，其中包括分布在五十多個國家和地區的三千四百多名員工。胡安將注意力主要放在提高聯邦快遞在整個拉丁美洲和加勒比地區的知名度，並將該地區整合到 FedEx 覆蓋二百二十多個國家和地區的全球網路中。

胡安在航空貨運及速遞運輸行業擁有三十多年的經驗。此前，他曾在飛虎航空公司工作，在一九八九年兩公司合併時轉而進入 FedEx 工作。他立即被提升為總部在巴西聖保羅的南美洲和中美洲的常務董事。在目前的職位之前，胡安曾擔任墨西哥和中美洲地區的副總裁，當時，總部設在墨西哥城。

胡安目前在 Assurant 公司的董事會任職，他還是邁阿密大學國際顧問委員會的一員。此外，胡安還是美洲自由貿易區（FTAA）董事會的一員，最近被任命為拉丁美洲速遞業聯盟（CLADEC）的董事長。

胡安積極參與各種非營利組織，他是國際兒童基金董事會的創會主席，而且他目前是美國西裔商會基金會董事會的成員。

胡安曾獲得佛羅里達的美國巴西商會的優秀獎、邁阿密的世界貿易中心頒發的佛羅里達國際成就獎，以及國際航運成就獎、佛羅里達國際發展理事會頒發的佛羅里達國際貿易獎。

胡安是阿古巴人，在邁阿密成長並接受教育。他就讀於邁阿密戴德社區學院以及佛羅里達國際大學的工商管理學院。

（四）莉薩·利桑（Lisa Lisson）

聯邦快遞加拿大地區總裁

莉薩·利桑是聯邦快遞加拿大地區的總裁。加拿大地區總部設在多倫多，目前有超過五千名員工，國內和國際快運貿易在不斷發展。

莉薩一九九二年加入聯邦快遞時是一名初級市場專員，她優異的表現得到較高的關注和很快的陞遷機會，二〇〇三年被任命為分管銷售、市場和公司溝通的副總裁。二〇〇六年，莉薩受命發展聯邦快遞在加拿大的客戶服務，並在二〇一〇年升任當前的職位，成為了第一個加拿大籍國際地區負責人。

在莉薩的領導下，聯邦快遞加拿大公司在銷售營運方面取得了長足進步，為公司創造迅速的贏利增長。同時，她也全力推動聯邦快遞加拿大公司海運和跟蹤軟體的引進，以及品牌知名度和市場占有率的提高。

自從莉薩進入管理職位後，每一年的年度內部意見調查中，她的員工對她的評分都高於整個國家的平均水準。她已經連續四年獲得象徵著聯邦快遞最高嘉獎的「五大明星獎」。

除在聯邦快遞任職外，莉薩還是加拿大的首席執行官協會委員。她擁有奎爾夫大學的經濟學學士學位，同時是領導力和貿易領域的權威專家。

（五）傑拉爾德·利里（Gerald P. Leary）

聯邦快遞歐洲、中東、印度和非洲地區（EMEA）總裁

傑拉爾德·利里是聯邦快遞歐洲、中亞、印度和非洲地區（EMEA）總裁，全面負責EMEA地區計劃和戰略執行等工作。EMEA團隊目前為當地二百二十個國家和地區中的一百二十個服務。

傑拉爾德一九七年加入聯邦快遞，當時是一名普通的快遞員。經過六年的不懈努力，他逐步升職，成了聯邦快遞貿易網路執行副總裁兼首席營運官。

二〇〇六～二〇〇九年間，傑拉爾德任聯邦快遞高級副總裁，負責全球貿易服務、國際規劃與工程。在就任現在的職務之前，傑拉爾德任聯邦快遞歐洲高級執行副總裁，負責確保聯邦快遞的服務品質滿足歐洲客戶的要求。

聯邦快遞中國區總裁陳嘉良

二十年前，一個香港青年懷揣夢想，從最基層的銷售員做起。

二十年後，這位香港青年業已成為該公司歷史上第一位華人總經理。下面讓我們來瞭解一下這位從平凡職位做起的不平凡的總裁。

陳嘉良履歷

陳嘉良一九六一年出生於香港，一九八五年獲得香港大學歷史系學士學位，一九八五年任聯邦快遞客戶主任，兩年後提升為貨運站經理，負責香港出入口貨件運作；一九九〇年被任命為區域銷售經理，管理所有香港銷售業務；一九九二年十月出任高級銷售經理；一九九四年三月升任聯邦快遞中太平洋區銷售董事總經理；一九九四年八月，陳嘉良離職，加盟英之傑貨運服務公司，出任大中華區總經理。在一九九六年，聯邦快遞決定大力開拓台灣市場時，他又重新回到聯邦快遞。

聯邦快遞中國區總裁：陳嘉良

一九九六年陳嘉良被任命為聯邦快遞台灣地區操作董事總經理，一九九八年九月出任聯邦快遞中國業務副總裁及總經理，同年擔任聯邦快遞中國區副總裁，一九九九年四月出任中國大陸及台灣地區副總裁；一九九九年十一月被任命為聯邦快遞中國及中太平洋區地區副總裁，主要負責市場的整體策略規劃、行政管理工作；二〇〇三年任聯邦快遞中國區總裁，二〇〇六年升任聯邦快遞高級副總裁及中國區總裁，同年獲得中國十大財智人物最具影響獎。

1.「幸運」進入聯邦快遞

小時候，陳嘉良的夢想是成為一名新聞工作者，在他眼裡，記者的工作很有意義：「弘揚社會上的好事、報導積極一面，同時也記錄壞事，揭露社會陰暗面。他們的工作給民眾打開一扇窗口，透過窗口，民眾能更多地瞭解、發掘社會。」

大學畢業時，陳嘉良開始對商業感興趣，剛剛離開大學校園的他對自己將來的發展方向和目標簡單而明確：一方面，家庭並不富裕的他，從實際考慮，一份穩定的收入可以保證生活；另一方面，則是他覺得在企業裡努力工作，隨著企業的發展壯大，工作成績也能得以顯現，得到社會的認可，自身價值得到展現。

陳嘉良對於第一次接觸聯邦快遞的情景記憶猶新。在大學圖書館裡，陳嘉良讀到聯邦快遞的故事：當時聯邦快遞成立十二年了，它改變美國人的商務運作習慣，此前從來沒有人想過可以在一天之內把貨品從一個地方快速遞到遙遠的另一個地方。

這家公司更是一個商業傳奇，它是美國第一家沒有透過收購，卻在短短十年內營業額超過十億美元的公司。這一切，都深深地印在陳嘉良的腦海裡。

一九八五年，陳嘉良大學畢業時，剛好碰上聯邦快遞進入香港市場。陳嘉良抱著碰碰運氣的想法去參加招聘，意料之外的是，聯邦快遞用比當時其他所有公司給大學生都高的薪水向他敞開了大門。陳嘉良說：「進入 FedEx，不是我有眼光，只能說我幸運。」

2. 從最基層開始

陳嘉良的工作在許多人眼裡也許頗為不起眼。他每天在各個樓宇中間一家挨一家地敲門，把聯邦快遞的服務介紹給客戶，可就是這個看起來微不足道的工作，陳嘉良仍幹得勁頭十足。那時的聯邦快遞香港分公司規模很小，實行的是人手帶貨，陳嘉良每天都會帶著護照上班，隨時準備帶上貨飛往美國。

我們可以從上面陳嘉良的履歷中看到他的成長歷程。數據顯示，聯邦快遞百分之九十一的高層領導都是從最基層的員工做起的，陳嘉良是眾多優秀領導中的一員，他的成功也是聯邦快遞重視員工發展，「把人才當客戶」的代表。

3. 與聯邦快遞價值觀的融合

隨著知識經濟時代的發展，一個企業的價值觀就像他的性格一樣，對員工有著非常重要的意義，反之，員工只有將自己的價值觀和企業的價值觀充分契合，才能夠促進自身和企業的雙贏發展。

陳嘉良對此有著客觀、全面的自我定位，對人生有著戰略性職業規劃。同時他又腳踏實地一步步做起，這些都是聯邦人的寶貴品質。聯邦快遞在中國快速發展，陳嘉良的業績是最好的說明。根據中國加入WTO的承諾，二〇〇五年十二月十一日起，中國將對快遞業完全放開，允許外商獨資經營物流快遞業務。對此，陳嘉良在接受《時代人物週報》專訪時，顯得信心十足：「聯邦快遞在中國的發展，在不同時期採用不同的策略以充分迎合當時的市場情況。我們仍會繼續評估政策放寬及市場拓展所帶來的各種機遇。」陳嘉良表示，聯邦快遞仍然會專注於其擅長的國際快遞業務，這是核心的業務及競爭優勢。聯邦快遞將繼續加大在中國區的投資力道。

其實聯邦快遞提倡的理念非常清晰：在現代商業社會中，你必須是第一個發明者，或者必須是最快的發展者，或者是最高附加值的提供者。圍繞這條理念，聯邦快遞在中國市場第一個與中國海關實現電子聯網；第一個獲得中美之間貨運航權；第一個在業內推出簡體中文網頁，讓中國客戶隨時透過網路查詢及追蹤貨物情況；第一個訂購空客A380作為貨運飛機。這些業績是優秀的聯邦快遞人的努力所鑄就，陳嘉良的貢獻更是不能小覷，而驅動這些業績的根本動力又是聯邦快遞「第一發明者」的價值觀使然。

4. 與聯邦快遞共同成長

所有的一切來得並不容易，陳嘉良始終沒有說自己在這個過程所經受的挫折，可他卻實踐了自己的諾言：「和公司共同成長的過程中，讓自己得到滿足感和成就感。」

二十世紀八〇年代中期到九〇年代，隨著香港進出口貿易一派繁榮，聯邦快遞業的業務在香港扶搖直上。陳嘉良處理客戶關係的能力非常值得稱讚，連續兩年成為全球表現最佳的銷售。他得到了一隻展翅欲飛的水晶鷹和在百慕達的一週假期。此後不久，陳嘉良就被提升為貨運站經理，主管香港進出口貨件運作。一九八九年，聯邦快遞收購飛虎貨運航空公司，陳嘉良是這次併購的主要負責人之一。

至今，回憶起當初公司提拔他這個完全沒有通關操作經驗的新人，陳嘉良似乎有些「心有餘悸」，那時，什麼都不太懂的他要和手下的五十多人一起管理好聯邦快遞在香港的二十四小時通關操作。很長一段時間裡，陳嘉良每天睡得很少，經常在車裡睡一覺後到公司洗個澡，接著再幹。

陳嘉良明白這一切都是不小的挑戰，除了勤奮，他沒有別的辦法：「我不懂操作，但管的人很懂。要說服他們你很懂操作，這是個壓力。」而他的哲學是：我不懂，但我願意學，可以穿著短褲和大家一塊做；只有我幹得好，在總部面前有光彩，才能為你們爭取利益。「我們公司的營運哲學是人、服務、利潤，這是一個循環」。在這裡，陳嘉良學會了怎樣管理人，如何與海關打交道，以及與政府談判的技巧，這一切也為他後來在台灣和中國大陸管理市場奠定良好基礎。

一九九六年聯邦快遞與台灣當局在建立轉運中心的談判中遭到挫折，三十四歲的陳嘉良因為與香港政府談判的成功被召回出任台灣總經理。經過不懈努力，陳嘉良最終取得成功，總結談判過程時，學歷史的陳嘉良用了一個精妙比喻：「堅持保守並不能把生意留在台灣，積極的做法是大家共同把餅做大。甲午戰爭是一個最好的例子，如果晚清早一點開放，甲午戰爭的結局也許會因此改寫。」

面對當今複雜並且日益激烈的競爭，國際公司、國內公司都是雄心勃勃的，陳嘉良一直強調：「我們最大的競爭對手是自己，聯邦快遞就要不停給自己設定更高的目標，提高並不斷完善服務。」

5. 淡然看待自己的成功

面對成功，陳嘉良謙虛地說：「其實，我從未標榜自己取得了成功，但我願意和大家分享多年工作的一份心得。首先，我對自己有一個清晰的認識，知道自己的擅長之處，能找準自己在社會上的定位。其次，我有明確的奮鬥目標，而且，一旦確立，就不輕易放棄，能吃苦和經歷挫折，我很讚賞『有志之人立長志，無志之人常立志』這句話。最後，還要學會寬容，我懂得原諒員工工作中出現的失誤，從不過多指責，這對員工的成長有利。」

在聯邦快遞裡，陳嘉良從普通員工做到管理者，其間還經歷了離開、再回來。「其中經歷一些角色的轉變：作為一名員工，事事都要自己做。當了領導者之後，很多事情就不是自己做了，而是交由手下的員工去做。但他面臨的挑戰是如何激勵、輔導員工去做好他們的工作。這是最大的轉變。

作為一名員工，他可能只看手頭要處理的最緊急的事情；作為一名領導，他必須分辨所有急需處理的事情中什麼是更重要的；作為一名員工，很多事情他可能只從自身考慮；作為一名領導，他除了考慮自身，還必須考慮他的一些決定對整個團體，甚至對社會的影響。」

在許多人眼裡，快遞行業似乎是一個簡單的，甚至是以體力勞動居多的行業，陳嘉良說：「這種認識是淺顯的，快遞工作看似簡單，其實不然，行業競爭最終落在網點、服務和品牌這三方面。」而高科技的技術也成為取勝法寶，陳嘉良說：「引進高科技提升服務水準至關重要。聯邦快遞每年在高新科技研發方面投入十六億美元。」

歲月的歷練和沉澱，讓陳嘉良在忙碌的工作之餘，也成為一個懂得生活的人。兩個女兒是他的驕傲，閒時他也有很多愛好。「比如運動，我堅持游泳。另外，我也喜歡收集琉璃、筆、手錶、畫和郵票等。看書也是我的一大愛好，無論政治類、經濟類、人物傳記還是有關紅酒及雪茄的書我都愛看，涉獵頗廣」。多年努力後，陳嘉良終於得到了他人和社會的認同，「我現在的心境，用那句詞形容很恰當——眾裡尋她千百度，驀然回首，那人卻在燈火闌珊處。」

閱讀資料

（一）向弗雷德·史密斯提問

二〇〇八年十二月九日聯邦快遞的創始人兼首席執行官回答《財富》雜誌網站讀者和我們的幾個問題——關於燃料、金融危機和他的未來。

要尋找對全球經濟的洞見，從弗雷德．史密斯那裡開始就非常好。作為總部位於曼非斯的包裹遞送巨頭聯邦快遞（FedEx）的首席執行官，他管理一支由大約二十九萬人組成的員工隊伍，這些人每天要將七百六十萬件包裹運至二百二十個國家和地區。自一九七一年開辦聯邦快遞後，史密斯打造了一個不僅龐大（營業收入三百五十億美元，《財富》美國五百強排名第六十八位），而且極受尊敬（在《財富》最受讚賞公司排行榜上排名第七位）的公司。二〇〇八年九月，聯邦快遞發布了第一季度的利潤，符合華爾街的預期，但由於全球經濟「持續下滑」，公司股票價格較去年同期下降百分之二十二。讀者透過《財富》網站向六十四歲的史密斯提問：華爾街崩盤，經濟何時走出低谷？聯邦快遞怎樣應對燃料成本的提高？如果他現在創業，打算開辦什麼樣的公司？

——布賴恩．奧基夫（Brian O'Keefe）

你認為，美國需要多長時間度過經濟危機？

尼克．維琴佐（Nick Di Vincenzo），蒙特利爾

我沒有預測的魔法。實業經濟遠比人們想像的堅韌。中國、中東和其他投資必選之地有大量的資金，不會靜靜地躺在一邊。所以我想，在經過一段時間的傷痛和調整之後，經濟會恢復。

你認為，在聯邦快遞內部，有什麼能反映總體經濟活力的最有說服力的指標？它們表現如何？

戴維．約翰遜（David Johnson），丹佛

有一個最重要的指標，我們每天都要跟蹤，它能很好地代表經濟中商品製造的一面。這就是運送量。我們每天都和數以百萬計的托運人員做一次集中統計，發現單項買賣交易次數非常多。在我們的指標庫裡還有其他指標：GDP、燃料價格、貿易總額等等。它們非常清楚地表明，工業化經濟

體發展緩慢，新興經濟體，如中國、印度，以及亞洲內陸貿易，都在很好的成長，但成長率比幾個月或幾年前大幅下降。

聯邦快遞使用大量化石燃料。你們實行了什麼更節油的計劃了嗎？

拉裡・列文（Larry Levine），密西西比州赫爾南多市

多年來，我們一直感覺必須節能，因為能源成本上升的可能性要大於下降的可能性。在設施方面，我們現在有三座大型太陽能設備已經投入運行。在車輛方面，我們與多元化製造商伊頓公司（Eaton Corp.）及環境保衛基金（Environmental Defense Fund）合作，開發出世界首款混合動力商務皮卡和送貨車。如今，我們已經擁有二百輛這樣的車。它們比柴油車節能百分之四十。問題在於成本，大約高出百分之四十～百分之五十。但隨油價上漲和環境問題日益增多，我們的努力終將獲得回報。

如果現在讓你開辦一家公司，會是什麼樣的公司？原因是什麼？

盧克・羅比泰爾（Luc Robitaille），魁北克

我可能會在改善能耗和改善環境的領域尋找機會。這些領域不會消亡，而且市場龐大。

四年前，你花了二十四億美元收購金考公司（Kinko's）。不久前，你將「聯邦快遞金考」（FedEx Kinko's）更名為「聯邦快遞辦公」（FedEx Office），你的戰略有效果嗎？

彼得・巴茲諾蒂（Peter Bazzinotti），馬薩諸塞州圖克斯伯里市

我們覺得，（金考的）零售經歷將帶給我們一個完全無可比擬的人際網路，可以接受我們快遞（Express）和陸運（Ground）的包裹。如今，透過這一管道的運送額每年超過十億美元，比我們總

運量的增長要快。聯邦快遞辦公還提供數位列印及複印方面的額外服務。這項業務受到其他行業衰退的影響，比如按揭服務業。結果是，這個部門在一個方面取得了巨大成功，但在另一方面，表現不如我們希望得那樣出色。

中國業務增長較預期如何？

里克・普利亞姆（Rick Pulliam），迭戈加西亞

我們在中國急速增長。中國有十三億人。中國將是亞洲最大的題材，就因為它的規模。越南也是非常重要的新興市場。我們剛剛拓展了那裡的服務。我們給河內和胡志明市配了寬體飛機。最初幾天，機上的貨物都裝得滿滿的。

為什麼你反對工會？你怎麼看卡車司機聯合會（Teamsters）要在聯邦快遞內組織工會？

卡車司機聯合會支持者（Teamsters Supporter），拉斯維加斯

聯邦快遞絕不反對工會。卡車司機聯合會想做工人代理人，並從他們那裡收取費用。三十五年來，他們一直試圖做聯邦快遞員工的代理人。聯合會沒有成功，不是因為我們反對它，而是因為我們一直對員工非常好。

MBA 學生通常會學到，「團隊」是建設一家企業最重要的因素。你的團隊建設思想是如何演變的？

詹姆斯・塞曼斯基（James Symanski），加利福尼亞州蒙特里市

我一直努力在做的是，得到擁有與我本人完全不同的技能的人，並給予他們權威，依靠他們掌控部分局面。每個人都有個人才幹和弱點。懂得在何時使用何種人才，實在是首席執行官工作中的

一門藝術，或許有人會稱之為科學。

你有退休計劃嗎？

馬克（Mark，未透露姓氏），舊金山

我沒有。我今年六十四歲，做過開胸的心臟手術。但現在我的身體狀況很好。我喜歡和我的團隊成員共事。只要他們對我的工作滿意，董事會對我的工作滿意，我就不打算馬上退休。

《財富》提問……

據說你上了約翰．麥凱恩（John McCain）的副總統候選人名單。如果他當選，你有沒有興趣像當今財政部長那樣在政府任職？

我在管理聯邦快遞時非常快樂。那些傳聞出現之後，我盡我所能地發表絕不參政的聲明，但是沒有效果。顯然，美國總統說了什麼你都相信。但我沒有激情做這件事。我很久以前就為政府服務過了（指曾作為海軍陸戰隊隊員到過越南）。

你的電影公司 Alcon 製作了大量影片。最新的一部片子是《牛仔褲的夏天之二》（The Sisterhood of the Traveling Pants 2），你想以當電影大亨為副業嗎？

我為 Alcon 娛樂公司（Alcon Entertainment）提供資金。公司由兩個非常聰明的傢伙管理：安德魯．科索夫（Andrew Kosove）和布羅德里克．約翰遜（Broderick Johnson）。我不參與日常業務，也絕不認為我本人要去當電影大亨。

你是華盛頓紅人隊（Washington Redskins）的老闆之一。你兒子加農（Cannon）剛成為邁阿密大學的四分衛，你每個週末都看比賽嗎？

我兒子阿瑟也在北卡羅來納大學打球。他是紅人隊的助理教練。我常打網球。我的女兒們一直參與運動。所以，沒錯，我花很多時間觀看或參加體育賽事。

（二）《經理人》對陳嘉良的一篇採訪（二〇〇九年十二月）

陳嘉良：凝聚人心

一旦經濟回暖，要立即跟員工分享成果。

金融危機爆發，外貿從正增長百分之二十多，突然降到二〇〇八年第四季度的負增長百分之二十多。作為國際快遞巨頭，聯邦快遞感受到寒暑驟變的冷暖。經濟大落之後，中國經濟復甦，全球經濟探底回暖，後危機時代，又給聯邦快遞提供了彎道超越的機會。根據最新的財務報告顯示，聯邦快遞已經走出了危機的陰影，受益於國際業務的反彈，二〇〇九年將扭虧為盈，實現每股贏利〇．五八美元。

在過山車式的經濟起伏中，聯邦快遞是如何創新業務模式與管理模式，以適應不斷變化的市場？《經理人》與聯邦快遞中國區總裁陳嘉良先生展開了高峰對話。

迎戰內需市場

《經理人》：物流快遞是強週期的行業，對經濟變化特別敏感。面對衝擊，聯邦快遞如何應對？

陳　嘉　良：面對危機，行業裡的很多公司都有自己的策略，我們也做了一定布局，比如盡量地降低營運成本。第一方面，我們的客戶需求沒有那麼多的時候，可能我們不需要那麼多的航班來服務全球的客戶，我們會把一些飛機停在沙漠中。

第二方面，我們做的事情是：審視我們的網路，看哪一些路線需要作出改變，特別是一些航班運量沒有那麼好的時候，我們會對航班作出一定的調整。第三方面，我們看哪些費用可以減免，比如差旅費用，進而面對金融危機。

《經理人》：降成本是防守，進攻方面呢？

陳嘉良：經濟危機後，需求也在變。我們的策略，首先是在服務提升方面追加投資，滿足客戶對更快捷更可靠服務的需求。今年二月六日，從菲律賓的蘇比克灣搬遷到廣州新白雲機場的聯邦快遞亞太區轉運中心正式啟用，使我們能更及時地回應客戶，更有彈性地滿足客戶的需求，我們取件的時間能做到更晚，送件的時間實現更早，把更多的時間還給客戶。

另一個有效的策略是：我們用不同的產品去滿足客戶不同需求。現在客戶對服務要求的差異更多，有一些貨物要求送抵的時間越早越好，有一些的運貨時間就不那麼緊湊，但希望運費能夠便宜點。二〇〇八年一月聯邦快遞就在亞太地區推出了國際經濟快遞，並在今年八月將國際經濟快遞業務擴展到全球九十多個國家和地區，將國際經濟快遞重貨服務擴展到五十多個國家和地區，側重為客戶提供非緊急貨件的國際經濟快遞服務，與專為遞送緊急貨件而設的國際優先快遞服務相比，在遞送時間上會延長一到二日，不過價錢也更低，以適應價格敏感性客戶的需要。

《經理人》：中國經濟率先復甦，聯邦快遞如何抓住後危機時代商機？

陳　嘉　良：我們的國際業務已經非常理想，但是下一個增長點在哪裡？就是中國本地的市場。無論是總公司還是我本人，都非常看好中國市場。聯邦快遞一九八四年就進入了中國，經過二十五年的發展，我們在中國服務的城市已經超過二百二十個，員工超過六千人。我也相信中國復甦的情況比其他地區來得更快。國家的經濟刺激方案，為運輸行業提供了很好的基礎。當我們認識到單靠出口不足以拉動經濟的發展，就要通過內需市場，因此我們加快布局二三線市場。

長期投資於「人」

《經理人》：聯邦快遞從一九七一年成立到現在不到四十年，卻超越老牌快遞公司迅速成為全球三大巨頭之一。高速可持續發展的秘訣是什麼？

陳　嘉　良：有很多人問過我這個問題，聯邦快遞成功的秘訣是什麼？是不是在全球有很大網路？確實，我們在全球二百二十個國家和地區提供服務。是不是財力雄厚，有很多飛機？我們有六百多架飛機。但是我覺得，這些東西都是有錢有資源就可以得到的，不一定是我們成功的秘訣。

我認為，我們的成功在於我們的企業文化——把人才當客戶。怎麼樣去理解其中的含義？如果聯邦快遞善待員工，為員工創造一個很靈活的發展空間，給員工很多的栽培，凝聚人心，員工對公司的「向心力」就非常大，在很多重要的關頭，員工就會多走一步，為公司和客戶爭取最大的利益。當更多的客戶用聯邦快遞服務的時候，我們贏利就更大了。但是，我們贏利大了之後，不是把錢分給股東那麼簡單，更重要的是，錢要投資在改善員工的福利、改善員工的工作環境上。我們公司離職率比很多公司都低，這對提升服務有很大的幫助。

《經理人》：「把人才當客戶」怎樣落實到選人、用人方面？

陳嘉良：我們是用三個英文字「P-S-P」，也就是「People-Service-Profit」來表示聯邦快遞的企業文化，這三個詞不是一個直線，而是一個循環，就是剛才談到的運作過程。在公司中，如果有更高的職務空缺，我們首先做的不是在外面找人，而是看公司內部有沒有合適的人選。我們現在很多的主管，都是從基層做起來的。

以我個人為例，我在一九八五年香港大學畢業就進入聯邦快遞，當時的職務是銷售代表。我的老闆，亞太區的總裁簡力行，加入聯邦快遞從分揀員做起。我們國際業務的總裁鄧博華，是從包裹處理員起步。雖然現在中國區還沒有員工能做到這麼高的位置，但是我們確實在落實這項政策。

《經理人》：在育人留人方面呢？

陳嘉良：人才是公司最重要的資產。在金融危機時，我們不僅不減少反而加強員工的培訓力度，僅僅是一個投遞員，課堂培訓的時間就達到四十個小時，而客服代表的培訓時間更是長達一個月。我們的培訓也是系統化的，課程不單單提供給員工，也跟員工的主管綁定在一起。我們中國區的高階主管，都是公司中層經理人的導師。我現在是三個經理人的教練，每星期都會花一個小時跟他們溝通，談工作的需求、面臨的挑戰、對經濟形勢的看法，以及他們家裡的情況。

公平是「把人才當客戶」的靈魂

《經理人》：得到很好的發展固然重要，然而，職位有限，對大多數可能不身居高位的員工，怎樣展現把人才當客戶的理念？

陳嘉良：就是要讓每一個員工都能在公司得到公平的對待。在聯邦快遞，有一個特別的制度，如果員工認為受到不公平的處分，最高可以申訴到由亞太區總裁、亞太人力資源部總裁和中國區總裁三人組成的「法庭」，並得到書面的解決意見。

《經理人》：在中國，下屬除非做好走人或被刁難的準備，否則是不敢投訴上司的。你們如何能推動此項制度？

陳嘉良：確實很多人懷疑在中國能否做到。這裡面有三個關鍵，一是要真心誠意地讓員工知道，公司確實希望公平對待每一個人；二是跟員工講清楚這個制度如何去運用；第三也是最重要的，我們利用這個制度瞭解哪些事情對員工不公平。我曾經推翻副總裁的決定，恢復被開除員工的工作。

《經理人》：這樣做，會否影響副總裁的威信？

陳嘉良：威信是建立在「公平、公正、透明」的基礎上，而不是建立在職位有多高、權力有多大基礎上，更不是建立在維護一個錯誤的決定的基礎上。

「肥上面、瘦下面」不可取

《經理人》：經濟下滑給很多世界五百大企業帶來嚴重衝擊，被迫進行組織調整。在全球企業界裁人、減薪的風暴中，聯邦快遞如何堅守「把人才當客戶」？

陳嘉良：「把人才當客戶」的公司文化，不因為金融危機而變化。只是環境變化，採取的做法不同而已。在中國，我們的員工大部分是七年級生，年輕人過去都是看到中國發展好的一面，不知道怎樣面對金融危機。因此，我們處理危機的方法，跟對待香港的員工不一樣，做了一些修改。香港員工經過一九九七年亞洲金融危機、二〇〇〇年網路泡沫，知道公司做開源節流事情的重要性。

《經理人》：如何修改？

陳嘉良：我們的做法，首先，面對危機，一定要對員工坦白。很多企業高階主管面對危機，只講些漂亮的話，選擇躲避，不願意去碰。我們不同，會去不同地方，去跟第一線的員工溝通做法背後的考慮，並聽取他們的意見。其次，面對困難，不能「肥上面、瘦下面」。在很多企業，危機來臨時，往往是一線員工承擔更多壓力，「瘦下面的，肥上面的」。聯邦快遞相反，面對危機，高階主管除了減薪外，所有分紅都沒有了。對高階主管來說，分紅占薪酬很大比例，因此受影響更大。甚至喝咖啡，我也把過去喝很好的咖啡，改成了喝便宜的即溶咖啡，這實際上省不了多少錢。但這些小的做法，是給員工的感受，是高階主管在以身作則，同舟共濟。

最後也是最重要的，面對未來，要提出發展藍圖，企業經營有改善時，要立即跟員工分享成功的成果。而不是喊口號，喊口號一次兩次可以，多了沒有實在的，是不行的。

溝通要坦白直接

《經理人》：不少外資企業中國區跟亞太區、全球總部溝通總是不順暢，尤其是市場不好的時候。您如何克服這些問題？

陳嘉良：作為中國區總裁，我是跟亞太區、美國總部溝通的橋樑，一定要去做很好的溝通。有幾點心得：第一，好與不好，都要去跟總部坦白溝通。很多高階主管，只跟總部溝通好的一面。在中國市場很煩的一面，不去跟總部溝通。第二，要多溝通。我家裡裝有會議視頻系統，時差關係，這樣確保在夜裡我也能與美國總部面對面溝通，這總比電話溝通效果好。第三，採用多種溝通方法。比如，亞太轉運中心放在廣州。大家都問，為什麼不放在別的地方？跟他們抽象解釋，可能很費力。不如請外國同事來看，從廣州坐車回香港，一路兩三個小時，讓他們看到一路的工廠，自然就認可了。同時，中國由一二三線不同的市場組成，請國外同事來中國，不僅讓他們看好的一面，也要讓他們看到不好的一面，讓他們知道有些地方沒有高速公路，有很多的關卡。讓他們體驗過，總比我告訴他們困難有多大要來得好。

《經理人》：但很多時候，如果跟總部沒有建立足夠的信任、熟悉，中國區往往不敢讓其知道不好的一面，怎麼辦？

陳嘉良：信任其實是建立在溝通過程中。他相信你，你反過來不把該匯報的事情匯報於他，信任很快就會拿回去。如果跟總部不熟，怎樣有效建立信任？要坦白、直接，這樣效果最好。就好比婚姻，結婚前，把很好的一面拿給太太看，壞的一面不說。結婚後太太發現不好的一面，效果可能更不好，還不如結婚前就坦白。

資料來源：《經理人》，作者：馬建勳、周建華。

LEAP：內部提升計劃

聯邦快遞常自豪於它的「紫色血液」，因為它的管理者百分之九十一都是內部提升的，當然這樣的內部提升也離不開聯邦快遞的「P-S-P」經營哲學（後文會有詳細敘述），從一個簡單的角度來看P-S-P經營理念，就是：我們關心我們的員工，為員工創造良好的工作環境，在工作中給予員工最大的支持與幫助，激發他們工作的積極性，讓他們在工作中取得成績。這樣員工就能為客戶提供高品質的服務，而滿意度高的客戶就能帶給我們更多的業務，從而給公司帶來效益。這份效益又惠及員工，形成一個良性的循環。這可以說是內部提升的理念支撐。當然一件事情能夠成功光靠理念是遠遠不夠的，所以本節我們還會詳細介紹聯邦快遞內部的提升制度。

員工是資本而非成本

二〇〇〇年聯邦快遞公司在中國只有一百多名員工，今天已有二千七百多名員工；那時聯邦快遞在中國只在幾十個城市有業務，目前服務覆蓋範圍早已經超過了二百二十個城市。亞太地區是聯邦快遞國際業務發展最快的地區，尤其是中國這個重要市場。而這一切，都取決於聯邦快遞對於一個重要管理概念的辨析：員工是公司的資產還是成本？

對於這個問題，不同的公司有不同的回答。如果將員工定位於成本，那麼企業要盡一切可能降低關於員工的福利或其他收入以壓縮成本。而聯邦快遞把員工定位成公司的資產，投資就可以升值。這種投資是多方面的，不僅展現在薪水和福利上，還展現在溝通上、培訓上、為員工提供發展機會上等，這些「投資」組合起來使員工從「生產成本」變成了「生產產出」。

聯邦快遞將成本控制重點放在生產流程改善、貨物中轉方式效率提高等方面。通過引入最新技術協助、不斷研究最具效率的工作方式，以此達到降低工作成本的目的，而聯邦快遞三十多年的發展證明了這種成本控制的有效性。

如何讓資產產生高效益

聯邦快遞規定，無論是新入職的員工還是管理層都需要接受公司系統的培訓，每個人每年至少有五十小時的培訓時間。公司員工每一年都有機會向公司申請讀書。只要是和提升自身能力、素質有關的學習，員工都能得到公司支持，他們還因此可以申請相關「學費補助」，每個員工每一年最多可以從公司申請到二千五百美元。如今聯邦快遞有很多 MBA，都是通過這個「學費資助」計劃產生的。聯邦快遞對於員工的「學費資助」是沒有任何附帶條件的，不會要求員工再簽續約或加長工作年限的合同。不過，絕大多數接受過「學費資助」的員工都留了下來。聯邦快遞希望員工的心留在聯邦快遞。真正做到了，不止「留身」，還要「留智」，更要「留心」，而留下來的員工會用其提升的能力和智慧不斷為公司創造更高的效益，可見聯邦快遞的做法不僅是人性化的，更是聰明的。

這個時候我們很容易就會想到一個問題，如果員工一直不能夠融入聯邦快遞的文化怎麼辦？對此，聯邦快遞中國區執行董事鍾國儀是這樣解釋的：我們招聘每一個員工之初，為他定下的目標是「讓他成功」，所以公司的政策偏向於讓員工成功。在招聘中找到合適人才，這個人才就是公司的一部分資產了。要充分發展這個資產，需要投資去增加他們的價值。沒有員工進入公司時會要求自己做「不好的員工」，員工都有「做好」的想法，而公司要配合這種想法，讓他成功。有時候也會碰見我們不願意看見的事情，有些員工確實不能達到我們的要求。一旦發現員工沒有辦法達到我們的指標時，我們的管理層首要的任務是透過培訓給予充分的支持，提高他的能力，使其達到公司的指標。如果培訓後該員工仍不勝任這個崗位，那麼他勉強在這個崗位上努力，對他來說不公平，也會對周圍團隊產生影響，我們會從另外的角度考察公司是否還有別的崗位適合他，將其轉到其他部門。如果至此仍沒能解決其問題，我們會結束這種僱用關係。

內部提升的經典案例

其實經過上面文章的介紹，我們可以看出，聯邦快遞內部提升的經典案例比比皆是。聯邦快遞中國區總裁陳嘉良就是一個很好的例子。一九八五年畢業於香港大學歷史系的陳嘉良，第一份工作就是進入聯邦快遞做了二年銷售員，然後又做了三年操作部經理，後來又分別擔任了銷售部經理、銷售部高級經理、銷售部總經理、台灣區總經理、中國區總經理、中太平洋區地區副總裁，直到現在的中國區總裁。

而亞太區總裁的老闆最早是一個遞送員。據瞭解，聯邦快遞目前在中國有一個名為「卓越領導力發展計劃」的經理培訓計劃，它面向所有普通員工，是一個內部選拔、培訓及進階計劃。為期十二個月，參加者直接由高級經理一對一輔導、提供在職培訓和實踐，對他們將來被提拔為經理有很大的幫助。

領導力評估和認可程序（Leadership Evaluation and Awareness Process，LEAP）

上面我們更多地介紹了一些聯邦快遞內部提升的理念，現在讓我們具體看看其技術根本。LEAP就是一個非常經典的制度。該程序用於改善領導效率及FedEx內部保留。LEAP是每位想要申請公司內部管理職位的員工的必須課程。LEAP的目的在於評價申請者的領導潛力，以確保申請者個人仔細考慮過其對於領導的興趣及資質。

為了通過LEAP，申請者必須完成以下過程：

- 「管理適合我嗎？」：為期一天的課程是申請者熟悉管理的職責。
- 員工領導力側面描述：員工檔案是成功完成LEAP程序所需領導特質的很好說明。
- 經理的重要意見：申請者的經理會出示一份書面報告，來支持或反對申請者的領導力。該報告通常在經理對員工進行三～六個月培訓和評估後完成。

- 同事評價：申請者的經理會挑選三～十名候選人的同事對其評估。同事提供他們針對申請者的領導能力的意見。
- LEAP 小組評估：該評估是由 LEAP 評估中，一個由中層管理者組成的小組進行的面試。LEAP 候選人出具書面或口頭的支持其領導能力的具體事件。在做決定時，小組會考慮同事的評價，經理的重要意見以及員工的領導力側面描述。如果某申請者通過，他將有資格申請管理職位，如果沒有通過，該員工必須在重試之前等待六個月。

FedEx 管理課程 GOLD（Grouth Opportunity Leadership Development）（成長、機會、領能力與開發）計劃。通過關注領導能力／管理概念和技能的結構化過程，為員工提供發展和成長為管理職位的機會。

Chapter 4

第四章 技術研發：速度制勝、訊息即時、品質保證

早在一九七八年，聯邦快遞的創始人弗雷德・史密斯就曾說過「包裹的訊息與包裹本身同樣重要」。可以說這個思想是 FedEx 至今不斷創新的動力和意義所在。所以聯邦快遞這些年技術方面的不斷創新，無論是在公司本身對於貨物整體訊息的瞭解方面，還是方便客戶對於其貨物訊息的瞭解方面，都有了極大的進步。

包裹的訊息與包裹本身同樣重要。（The information about the package is just as important as the package itself.）

——**弗雷德・史密斯**

基於客戶價值的創新 DNA

談到聯邦快遞的技術，就不得不談到聯邦快遞的創新，聯邦快遞的發展史，也是一個不斷創新的過程。

FedEx 是建立在創新的基礎之上，並且創新將一直成為 FedEx 文化和商業戰略的重要組成部分。FedEx 的承諾是：以創新推動能使客戶在全球各地發展業務的發展思路、產品和服務。

在 FedEx 為客戶提供隔夜準時速遞服務開始，史密斯就創立一個新的和獨特的市場。從其創立開始，史密斯先生對於公司的願景就一直集中在創新上。

一九七八年，史密斯就曾經說過這樣重要的話：「包裹的訊息和包裹本身同樣重要。」今天，聯邦快遞為客戶提供的幾乎為包裹的及時訊息，這使新的供應鏈模式和效率優先成為可能。這一前所未有獲取訊息的途徑，將世界各地的客戶與經濟市場和社區聯繫起來。

創新是 FedEx DNA 的一部分，無論是通過網路服務、替代性能源的使用，還是高科技的發展，聯邦快遞視創新為需要持續加強的戰略業務。

創新歷史

FedEx 有著豐富的創新的歷史，並且是建立在一系列的「第一」的基礎之上的，具體如下：

- 在運載工具中安裝電腦，為企業郵件提供尖端的自動化服務，並開發跟蹤功能和軟體。

- 在一九九四年，FedEx 是第一家為改善客戶服務而通過 fedex.com 提供包裹狀態跟蹤的公司。
- 為改善客戶服務，透過 fedex.com 提供航運服務。
- 在二十五年前通過數字輔助派送系統（DAYS）的引進，成為無線技術應用的先驅者。

創新的基點——客戶價值

聯邦快遞被廣為讚譽，是因它創造的一種創新文化和因此取得來自美國和其他國家的獎項，而獲得這些讚譽的原因是因為聯邦快遞始終把客戶的價值放在第一位，作為創新的基點。如果說創新是推動聯邦快遞不斷進步的動力，那麼客戶的需求就是其不斷創新的動力。因為當聯邦快遞諮詢客戶需要些什麼時，客戶說他們期望聯邦快遞幫助他們發展，與他們配合，而且擴大他們的市場。聯邦快遞的創新幫助客戶的業務發展。這是真正的客戶驅動的創新。當你的客戶發展的同時，你也發展了。這是聯邦快遞百折不撓履行的基礎原則。

聯邦快遞認識到客戶戰爭點（customer touch points）無處不在，並答應要確認每個聯邦快遞的體驗都是精彩的。這是每個聯邦快遞人的箴言。將客戶視為主動的創新配合者，聯邦快遞會在開始策劃每個新的戰略之初，就要懂得客戶的看法。盡量讓客戶早期參與，就可以盡早地發掘客戶的需要，並策劃出相應的戰略來實現這些需要。

當今物流及運輸公司面臨的真正挑戰，正是來自於 IT 方面，即怎樣將 IT 部門與其他機構整合在一起，怎樣將原本只是一種支持性服務的 IT 轉變為公司業務的戰略組成部分？因為技術本身就是也被作為一種戰略性的商業工具來對待。

物流組織模式的變革——「輪軸—輪輻」模式

隔夜快遞服務是快遞行業的一次重要變革。在聯邦快遞剛剛誕生時，運輸系統意味著一條條斷斷續續的航線，貨運似乎是一種邊緣行業，本土卡車貨運公司在本地市場之外也沒有任何網路。聯邦快遞發起的對快遞市場的整合需要一種新的物流組織技術，而這種新的技術便是「輪輻—輪軸」模式，如圖 4-1 所示。

「輪軸—輪輻」模式實際上在很多活動中都用過，例如，銀行票據清算中心很早就已經使用該模式。但弗雷德·史密斯被公認為是個創新者，他巧妙地將這個模式應用到實際中。「輪軸—輪輻」模式現在看起來似乎沒什麼，因為這種模式已經被其他同行廣泛推廣使用。但是在聯邦快遞使用之前，快遞行業中從沒有人能預測到使用這種模式的巨大效益和廣闊前景。

將這項新技術應用到實際中需要大量的投資，因為「輪軸—輪輻」模式中活動的部分被控制起來。這要求整合新設備和流程系統，以實現速度和可靠性目標。採用「輪軸—輪

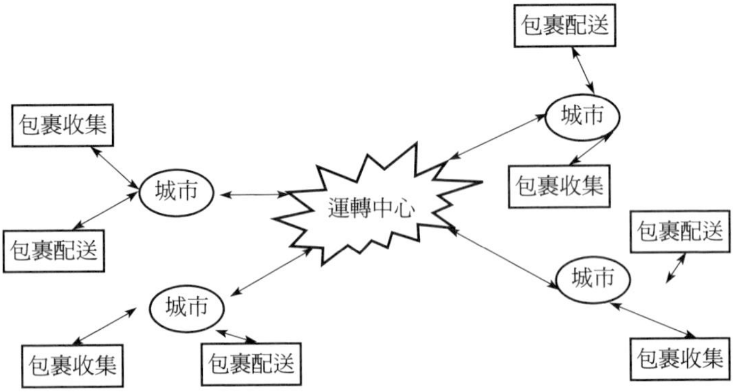

圖 4-1 「輪軸 - 輪輻」模式

輻」模式跟發明一項新的電子設備一樣，都是技術革新的例子。

FedEx 的技術創新

聯邦快遞是最早認識到技術重要性的快遞公司。一九七八年，就是在聯邦快遞連續營運的第五個年頭，該公司率先推出了第一個自動化的客戶服務中心。

為了實現每件貨物的及時追蹤，FedEx 使用世界上最大的電腦和電信網路之一。該公司的派送員使用 SuperTrackerR 的手提電腦，通過 FedEx 的綜合網路記錄貨物的運載。

聯邦快遞技術的應用聚焦於客戶，而不是僅僅為了保持其競爭優勢。透過 FedEx，企業可以及時確定其貨物運輸沿途的狀態。客戶可以通過三種方式追蹤包裹：

(1) 透過 FedEx 的網站，http://www.fedex.com/us/。

(2) 透過 fed.com 的貨物管理。

(3) FedEx WorldTM 貨運軟體。

為了提供讓客戶可以信賴的限時服務，FedEx 持續不斷地開發新技術。下面的例子說明為什麼聯邦快遞能夠一直保持快遞貨運業的佼佼者的位置。

（一）COSMOSR：及時貨物追蹤系統

COSMOS（Customer Operations Service Master On-line System）又稱客戶服務線上作業系統，是一個電腦化的包裹跟蹤系統，可以監控聯邦快遞每一個運送週期的環節。FedEx 的員工通常可以用多種途徑將訊息輸入到 COSMOS 中。

客戶服務代表通過計算機終端將貨物訊息輸入至 COSMOS，提醒靠近取件或運送區域的調度員。調度員透過 DAYS 將取件和運送訊息發送給派送員，DAYS 是所有派送車中均配有的小的數位電腦輔助調度系統。

被稱為 SuperTrackers 的小手提電腦，是用來掃瞄包裹的進程的，一般從取件到送達要平均掃瞄五次。在運送的過程中，派送員只需透過 SuperTracker 掃瞄每個運貨單的條碼。在取件，到達初始站以及最後一站，包裹放置在派送車上以及派送路途中均需掃瞄。SuperTracker 保留並傳輸諸如目的地、路線指示和服務類型的訊息。

一旦派送員返回至貨車，訊息已經由 SuperTracker 下載至 DAYS，DAYS 可以更新 COSMOS 系統中包裹的位置訊息。因此，無論客戶是致電客服，還是自己在 FedEx 網站中追蹤，或使用 FedEx 程序包，他們都可以隨時準確瞭解包裹的確切位置以及預期送達的時間。

持續的追蹤使聯邦快遞保持對貨物每個運送步驟的控制。如此完備的一個系統，使 FedEx 有勇氣承諾所有包裹均可以在承諾交付時間的一分鐘內到達，否則客戶不需支付任何費用。該公司還提供另外一個獨一無二的承諾：如果在客戶諮詢的三十分鐘內，不能準確告知客戶其包裹的確切位置，FedEx 將支付包裹的運輸費用。

從 COSMOS 和追蹤，到服務保證，聯邦快遞的網路能夠達到百分之一百的客戶滿意度。

（二）指揮和控制系統：任何天氣條件均能「使命必達」

指揮和控制系統（Command and Control）是地面操作衛星系統，其以曼非斯超級轉運中心為基礎，在任何天氣情況下，都能夠使 FedEx 以最快、最安全、最可靠的路線運送包裹。這是一個協調 FedEx 全球包裹的關係型數據庫。實際上，指揮和控制是商界採用的最大的 UNIX（一種多用戶的計算機操作系統）。該系統使用衛星和計算機通信技術來監控及時路線和交通訊息，就像一個天氣管理工具。

當天氣干擾準時送達時，FedEx 使用美國宇航局（NASA）的氣象資料和人工智慧重新設計路線。該系統為一件貨物提供了三個可供選擇的最好的路線，以使公司選擇最快、最好和最經濟有效的路線。

透過連接全世界七百五十多個客戶服務工作站、五百多架飛機和轉運中心，指揮和控制系統保證了飛機出入境和數以千計的運載工具的順利協調。

雖然看不到客戶的眼睛，指揮和控制系統是公司最重要的技術之一，其使 FedE 每一次都能夠準時送達，真正做到「使命必達」。

（三）APEC 關稅數據庫

一九九七年五月，FedEx 推出了 APEC 關稅數據庫——一個新的、基於互聯網的海關和貿易的數據庫，旨在加速全球商業往來。該關稅數據庫的互聯網的網址為 www.apectariff.org，由聯邦快遞應美國商務部的要求開發，一周七天、一天二十四小時對能夠訪問互聯網的人開放。

該關稅數據庫項目由澳大利亞／大洋洲海關服務中心在一九九四年響應貿易部長會議的需求發起，是為了建立一個能夠解釋各國海關規定和關稅的共同訊息來源。但是，一九九五年，APEC關稅數據庫小組表示，為了獲得數據資料，該訊息應建立在全球資訊網上。

APEC關稅數據庫是亞太經合組織十八個成員經濟體綜合關稅和海關相關訊息的唯一來源。這是一個跨政府組織和私營部門合作的典範，對亞太經合組織的貿易自由化有著極大的促進作用。

在加拿大亞太年，亞太經合組織海關與產業研討會期間，APEC關稅數據庫在蒙特利爾宣布建立。

（四）FedEx呼叫中心技術

FedEx有四十六個呼叫中心，全球每天要處理五十多萬個日常電話。俄羅斯FedEx的網站是另一個技術的進步，促進客戶的方便，並減少電話的需求。客戶可選擇自己方便的方式跟蹤包裹並獲得相關訊息。雖然這些技術的發展使聯邦快遞可以提供及時便捷的服務，但更喜歡「個人接觸」客戶，或者需要更深入訊息的客戶，仍然可以向呼叫中心的客服代表尋求答案。

針對客戶需求，提供準確、便捷的服務是快遞運輸業成功的關鍵。為了延續其不斷提高客戶便利和滿意度的傳統，FedEx將不斷尋求改善呼叫中心的技術。

（五）創新無止境

目前聯邦快遞正在全球範圍內致力於開發一系列著眼於長遠發展的新興技術。例如，在重要貨件中植入傳感器，讓客戶瞭解貨件的即時溫度、震動狀態和其他動態訊息。聯邦快遞正在一些高價值的貨件上試運行此項技術。公司持續不斷的研發工作（如聯邦快遞創新實驗室）在三到五年的規劃時間內肩負著開發先進光學掃瞄、機器人以及普適計算處理等未來技術的重任。

創新的場所

下面我們將具體介紹創新的場所。

（一）聯邦創新實驗室

- FedEx致力於追求新技術的發展，為顧客提供先進的解決方案和服務，FedEx開發聯邦創新實驗室（FedEx Innovation Lab），這是一個訊息技術項目，旨在創造一個圍繞諸如先進的光學掃瞄、機器人技術、普及運算、社交網路等關鍵技術共同思考的氛圍。
- 聯邦創新實驗室擁有一個研究和開發團隊，其任務為尋找未來三到五年發展藍圖的技術。
- 聯邦創新實驗室是FedEx正在進行的研發工作持續不斷的供給力量。該實驗室遠離集團總部，位於密西西比河沿岸的曼非斯市中心，和當地一個創新技術的搖籃——Emerge Memphis——共用一個辦公室，此辦公室是用一九〇〇年一個傢俱倉庫翻新的。
- 聯邦創新實驗室創新與掃瞄技術的主管米利．安斯沃思（Miley Ainsworth）曾說過這樣一句

> 在對話開始之前，我們就已經開始尋找新的答案了，這就是聯邦創新實驗室成立的目的。（Even before a conversation starts，we』re looking ahead for new answers.FedEx Innovation Lab was created for this purpose.）
>
> ——米利．安斯沃思

話，在對話開始之前，我們就已經開始尋找新的答案了，這就是聯邦創新實驗室成立的目的。

- 米利．安斯沃思還說過，我們的工作就是持續改變可能的失誤。這意味著用想像力滿足他人無法預料的，或從來沒想過能過實現的需求。FedEx 是建立在這個能力之上的，我們成立該實驗室通過探索未來兩年或更長的時間內可能應用於任何領域的新技術和想法以支持創新。

（二）FedEx 技術研究所

- FedEx 技術研究所成立於二〇〇三年，位於曼非斯大學。該研究所從事科學、商業和工業交叉的前端研究。多功能、高技術的設施，使該中心成為智囊團會議、集團務慮會、培訓和全國會議的理想地方。該研究所象徵著工業、政府和社會組織進入曼非斯大學尋求合作、創新和創業的前端。
- FedEx 研究所是從事諸如人工智慧、生物技術、空間地理分析、多媒體藝術和奈米技術等前端研究小組之家。這也有助於與曼非斯大學研究人員的業務合作。總之，該研究所是一百五十名教師、研究人員和行政人員之家。
- FedEx 技術研究所正在改變醫療保健、教育、娛樂、商業、政府和藝術的面目，鼓舞著其能觸及的行業中新思維的產生。
- FedEx 研究所是研究催化劑，吸引跨學科合作的研究隊伍推動創新、商業技術的實現和企業的夥伴關係。
- 研究所的主要目標為：①促進曼非斯大學更好地融入地區和國家的經濟發展；②透過技術轉

移辦公室（Office of Technology Transfer）商業化曼非斯大學的創新；③擴大曼非斯大學的研究基礎；④加強校園內的合作，以促進研究、行業合作夥伴和新的優秀中心的建立；⑤透過曼非斯大學促進研究和教育項目的創業。

「輪軸—輪輻」模式的轉運中心

在第一節的開端我們已經介紹過聯邦快遞首創的「輪軸—輪輻」模式，這個模式的重要性似乎不是特別容易理解，關於這個問題我們可以做如下簡單的設想：當初史密斯的設想之所以被不能被人們認可，我們可以用一個形象的例子進行說明，假如我從想把貨物從A地運至B地，A與B之間的距離不過幾千公里，可是需要把貨物先從A地運至美國曼非斯，分揀後再運至B地，這樣是資源的極大浪費，也是限制國際性快遞公司發展的一大障礙，所以聯邦快遞一個成功的關鍵就在於在全世界各地建立了轉運中心，使便捷迅速的貨運成為可能，如圖4-2所示。

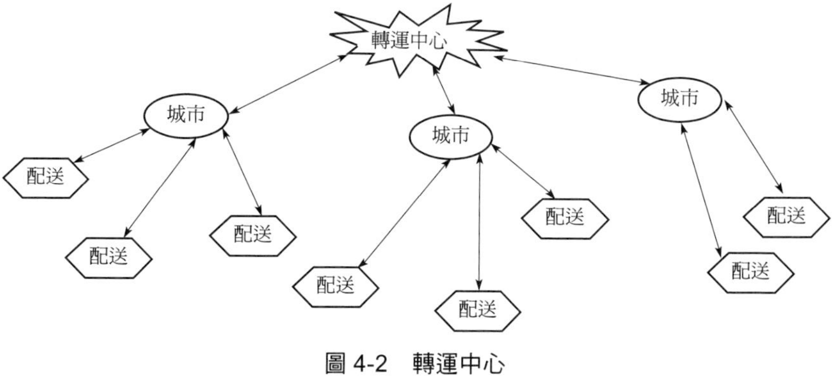

圖 4-2　轉運中心

下面我們介紹幾個具有代表性的轉運中心。

美國本土轉運中心

（一）聯邦快遞田納西州曼非斯超級轉運中心

曼非斯超級中樞是聯邦快遞網路中最早、規模最大的。該中樞在戰略上靠近美國大陸的心臟地帶，為整個國家和許多重要的國際市場提供通宵服務。該轉運中心連接了六大洲二百二十多個國家和地區的客戶，所以聯邦快遞使得曼非斯國際機場變成全球最繁忙的貨運機場。

概述

開始營運：一九七三年四月十七日，在其運行的第一晚上，聯邦快遞使用十四架小型飛機運送了一百八十六個包裹至美國的二十五個城市。

員工：一萬五千多名。

場所：約五百畝的曼非斯國際機場。

業務營運：一天二十四小時，一周七天，一年三百六十五天，全年無休。

業務量：每個月有超過五千次航班透過曼非斯超級轉運中心，連接 FedEx 服務的每一個市場。通過各種設施，每天五次分揀，約能處理一百五十萬個包裹。

關鍵事實與數字

- FedEx 在曼非斯的超級轉運中心促進了國內及全球的貿易：

➤聯邦快遞曼非斯的超級轉運中心在戰略上靠近美國大陸的心臟地帶，為整個國家和許多重要的國際市場提供通宵服務。

➤聯邦快遞曼非斯的超級轉運中心連接了六大洲二百二十多個國家和地區的客戶，所以聯邦快遞使得曼非斯國際機場變成全球最繁忙的貨運機場。

➤在二十四～四十八小時的基礎之上，聯邦快遞服務於全球經濟的百分之九十五，曼非斯超級轉運中心連接了聯邦快遞服務的每一個國際市場。

● 曼非斯超級轉運中心擁有超過三百英里的傳送帶，建立了一個最先進的自動化包裝、分揀系統網路，每小時能處理約五十萬個包裹。

下面是聯邦快遞中國區總裁陳嘉良先生對曼非斯轉運中心的評價：如今，聯邦快遞位於曼非斯國際機場的超級轉運中心向全球二百二十個國家和地區提供服務。由於聯邦快遞將近百分之九十四的貨物都要在這一機場進行處理，因此自一九九二年以來，曼非斯國際機場一直是全世界最繁忙的貨運機場。一般來說，一架DC-10飛機完成卸貨需要五十一分鐘。接著貨件通過轉運中心和航線網路系統進行處理操作，曼非斯機場是率先嘗試使用轉運中心和航線網路系統的機場，而該系統也使得聯邦快遞可以透過其位於世界各地的轉運中心迅速而有效地處理貨物。聯邦快遞在曼非斯國際機場的發展給當地社會帶來極大的收益。二〇〇四年，機場為當地經濟帶來約二百零八億美元資金，為曼非斯提供了四分之一的工作機會，聯邦快遞超級轉運中心在當地經濟和創造工作機會的重要程度可見一斑。一項一九九八年的研究表明，聯邦快遞在曼非斯超級轉運中心的員工約二萬五千人，另外聯邦快遞還間接創造了六萬六千個工作崗位，大部分都是與貨運相關的領域。

（二）聯邦快遞阿拉斯加州安克雷奇轉運中心

隨著空運戰略逐漸接近北美、歐洲和亞洲，聯邦快遞在安克雷奇的樞紐連接全球超過二百二十個國家和地區的客戶，包括人口密集的芝加哥、洛杉磯、紐約、倫敦、巴黎、法蘭克福、東京、香港以及新興市場包括北京、上海、深圳和許多其他的亞洲城市。安克雷奇距離百分之九十的工業化國家九．五小時（飛行時間）。

概述

開始營運：一九九〇年。

員工：超過一千三百五十名聯邦快遞員工，以及一百五十名專業管理人員。

場所：安克雷奇國際機場內五十萬平方英尺的面積。

業務營運：一天二十四小時，一周七天，一年三百六十五天，全年無休。

業務量：每月超過五百次航班連接 FedEx 服務的每個國際市場，通過各種設施，每天兩次分揀，約能處理六萬個包裹。

關鍵事實與數字

- 安克雷奇轉運中心是 FedEx 服務和解決方案全球網路的重要組成部分。
  - 分揀和通關過程是高效率和迅速的。超過百分之九十的貨物在抵達前會預先在美國海關通關。

➢由於戰略時區的選擇，安克雷奇業務的關鍵包裹可以在二十四小時內輕鬆運至北美、歐洲、和亞洲的關鍵地區。

➢在其方便地連通至全球市場的推動下，聯邦快遞在安克雷奇的轉運中心在過去的十年中增長率超過百分之三十。

- 安克雷奇的轉運中心擁有最先進的自動化包裹分揀系統，每小時能夠處理一萬五千件包裹。
- 安克雷奇轉運中心擁有先進的自動化系統，在包裹無論多小或形狀多麼不尋常的情況下，都能夠保證準確的包裹掃瞄。

（三）聯邦快遞德克薩斯州阿萊恩斯轉運中心

阿萊恩斯轉運中心位於阿萊恩斯的沃斯堡機場。這是美國第一家為像 FedEx 這樣的企業設計的機場。該中心目前透過快速增長的達拉斯沃斯堡機場連接西海岸至東海岸。達拉斯沃斯堡機場位於紐約、洛杉磯、芝加哥、墨西哥城四大商業中心的地理中心。

概述

開始營運：一九九七年九月。

員工：超過八百名聯邦快遞的員工。

場所：沃斯堡機場內六十萬平方英尺的面積。

業務營運：一天二十四小時，一周七天，一年三百六十五天，全年無休。

業務量：每月超過六百五十次航班使得該樞紐與全球連通，透過各種設施，每天兩次分揀，約能處理十萬個包裹。

關鍵事實與數字

● 聯邦快遞位於沃斯堡的轉運中心有助於促進美國和全球的交易。

➢ 該轉運中心直接與美國十八個市場相連。

➢ 每天美國前十二大城市之中的六個城市的航班和卡車抵達至此。

● 為適應增長，沃斯堡持續為北德州經濟提供方便。

（四）聯邦快遞印第安納州印第安納波利斯轉運中心

該轉運中心擁有美國大陸的核心戰略位置，連接了全球二百二十多個國家和地區的客戶。

概述

開始營運：一九八八年。

員工：四千多名聯邦快遞的員工。

場所：印第安納波利斯國際機場近二百萬平方英尺的設施。

業務營運：一天二十四小時，一周七天，一年三百六十五天，全年無休。

業務量：每月六百五十多個航班連接 FedEx 服務的眾多國內和國際市場。每天兩次分揀，能處理約五萬個包裹。

關鍵事實與數字

● FedEx 印第安納波利斯的轉運中心是聯邦快遞網路的重要組成部分。地理位置位於美國大陸的中心地帶，印第安納波利斯國際機場的聯邦快遞轉運中心為美國和國際市場提供頻繁和方便的連結。

● 印第安納波利斯的轉運中心一天內會送貨至超過百分之七十的美國主要商業中心。

● 作為聯邦快遞在美國的第二大轉運中心，聯邦快遞的本地業務促使印第安納波利斯國際機場成為美國十大和全球前二十五大最繁忙的航空貨運機場之一。

（五）聯邦快遞新澤西州紐瓦克轉運中心

位於紐瓦克自由國際機場的聯邦快遞轉運中心，在連接市場至遍及國內和國際市場的其他商務中心的同時，為進入美國城市地區提供了戰略連接。

概述

開始營運：一九八六年，在二〇〇〇年有過一次大的擴張。

員工：二千五百多名聯邦快遞的員工。

場所：在紐瓦克自由國際機場約二百萬平方英尺內，三座大的建築物。

業務營運：一天二十四小時，一周七天，一年三百六十五天，全年無休。

業務量：每月一千二百多個航班，通過 FedEx 網路連接了國內和國際市場。

關鍵事實與數字

● 紐瓦克轉運中心位於大紐約大都會／新澤西州北部地區的中心地帶，像「分配中心」那樣服務於聯邦快遞的東北走廊。

- 紐瓦克的聯邦快遞轉運中心，提供了往來於加拿大與歐洲以及美國其他市場之間的貨運交通的直接連接。
- 紐瓦克轉運中心的位置毗鄰兩個港口——紐瓦克港和伊麗莎白海事碼頭，後者是美國最大的集裝箱港口之一。

（六）聯邦快遞奧克蘭超級轉運中心

聯邦快遞在奧克蘭轉運中心的戰略位置，方便隨時為美國西部、加拿大、安克雷奇和檀香山市場提供服務。二〇〇四年，聯邦快遞建成了最大奧克蘭國際機場頂級的企業太陽能系統。九百零四千瓦的太陽能電池陣列滿足了約百分之八九用電高峰的需要，並為奧克蘭市增加了一個近零污染的兆瓦發電能力。

概述

開始營運：一九八八年。

員工：一千四百多名聯邦快遞員工。

場所：奧克蘭國際機場內近六十多公畝[1]。

業務營運：一天二十四小時，一周七天，一年三百六十五天，全年無休。

業務量：每月二百多個航班透過奧克蘭轉運中心。每天五次分揀，約能處理二十五萬多個包裹。

關鍵事實與數字

- 奧克蘭的 FedEx 轉運中心透過連接亞太市場以及美國西海岸，有助於促進國內和國際的貿易。

➢ 奧克蘭轉運中心的戰略位置還連接了亞洲西海岸、澳大利亞和新西蘭。

● 除了奧克蘭轉運中心外，聯邦快遞在舊金山、聖何塞、薩克拉門托機場營運活動梯。

亞太轉運中心——廣州白雲機場

二〇〇九年二月，籌備五年多的白雲國際機場聯邦快遞亞太轉運中心正式投產營運。此後每週將有十六條聯邦快遞的國際貨運航線，一百三十六班貨機在廣州白雲國際機場起降，往返於聯邦快遞所服務的全球二百二十多個國家和地區。

據權威機構研究，該中心到二〇二〇年將為華南地區帶來七百四十億美元年產值和六十一萬個就業機會。

（一）開先河：為快遞公司專設機坪控制塔

聯邦快遞亞太轉運中心項目是廣州白雲國際機場擴建工程的核心項目之一，位於白雲機場東跑道東側、整個機場的東北部。該項目是按照滿足二〇二〇年日均快遞吞吐量十七．九萬件、日均分揀量十二．五萬件的需求設計的，高峰每小時分揀能力可達到二．七萬件。主要建設項目包括四十．八萬平方公尺的停機坪與平行滑行道，可停放三十架飛機，還包括六萬零四百四十九平方公尺的分揀中心及專用加油管線等。

1. 1公畝＝100平方公尺。

白雲機場聯邦快遞亞太轉運中心的一大特點是擁有自己的機坪控制塔，對於一家國際航空快遞運輸公司而言，這在全中國也是首開先河。

（二）通全球：貨機飛向二百二十多個國家和地區

白雲機場聯邦快遞亞太轉運中心項目於二〇〇六年一月開工建設，二〇〇八年七月完成。二〇〇八年十二月十七日起進入試營運行階段。經過近兩個月的試營運磨合，聯邦快遞公司於二〇〇八年二月正式將其亞太區轉運中心的業務操作從菲律賓的蘇比克灣轉移至廣州白雲國際機場全新的亞太區轉運中心。聯邦快遞未來會逐步將菲律賓轉運中心的業務向廣州轉移，並適時關閉位於菲律賓蘇比克灣的轉運中心。

廣州市有關部門表示，白雲機場聯邦快遞亞太轉運中心正式投產營運影響巨大。美國曼非斯機場憑藉聯邦快遞公司總部的優勢，由一個不起眼的機場發展成為全球貨運量最大的機場，曼非斯則逐步發展成為田納西州最大城市。白雲機場聯邦快遞亞太轉運中心投產初期，將使白雲機場年貨郵吞吐量增加四十萬～五十萬噸，對白雲機場中樞戰略的實施產生巨大影響。

（三）聯邦快遞為何選擇廣州

白雲機場聯邦快遞亞太轉運中心，是廣州市政府、廣東省機場集團與美國聯邦快遞公司合作共建的世界頂級物流樞紐項目。從項目簽約到工程正式投產，廣州僅僅用了二年七個月的時間；而從最初的接洽到引進該項目落戶白雲機場，廣州與聯邦快遞公司方面先後經歷了二十三輪談判，廣州擊敗多個強勁對手。

白雲機場當時並非聯邦快遞的唯一選擇。世界知名的航空樞紐香港機場、得南航貨運基地優勢的深圳機場、坐擁長三角經濟優勢的上海機場、菲律賓克拉克機場等都各具優勢。但廣州新白雲機場的優勢是其他所有機場無可替代的——它是中國首個按照中樞理念規劃建設的機場，地理條件十分優越，去亞洲的主要城市飛行時間都不超過四個半小時。而且白雲機場身處經濟高速增長的珠三角，貨運總量與長三角三省一市相差無幾，如果加上泛珠地區，周邊龐大的貨運潛力令人驚歎。

二〇〇三年，因位於菲律賓蘇比克灣的亞太轉運中心規模已不能滿足發展需要，美國聯邦快遞公司開始尋找新的合作夥伴。

二〇〇三年十二月，廣州與聯邦快遞簽訂《合作設立亞太快件轉運中心框架協議書》。

二〇〇五年七月十三日，廣州擊敗菲律賓及國內香港、深圳、上海等多個城市，正式簽約將項目引進廣州白雲國際機場。

二〇〇六年一月十六日，白雲機場聯邦快遞亞太轉運中心工程項目開建。

二〇〇八年七月，白雲機場聯邦快遞亞太轉運中心項目通過竣工驗收。

二〇〇八年十二月十七日，白雲機場聯邦快遞亞太轉運中心開始試營運。

二〇〇九年二月六日，白雲機場聯邦快遞亞太轉運中心正式投產營運。未來三十年內，它將發展成為美國聯邦快遞在亞太地區業務的樞紐中心。

（四）聯邦快遞將帶來什麼

1. 白雲機場

亞太轉運中心投產初期，將使白雲機場年貨郵吞吐量增加四十萬～五十萬噸。轉運中心正式投產營運後，預計將使白雲機場的貨郵吞吐量翻一番。

2. 廣州經濟

有利於促進空港指向性強的產業集群快速形成。廣州市政府已在白雲機場周邊規劃了一百平方公里的空港經濟區。其中，轉運中心周邊區域規劃建設配套產業園區將實現「三級跳」。首期規劃六．六平方公里，預測實現產值將達到三百三十億元，提供就業機會六．六萬個；二期規劃十四平方公里，實現產值一千一百九十五億元；遠期規劃二十平方公里，預測實現生產總值二千八百七十六億元，提供就業機會不少於二十八．七萬個。

3. 華南地區

到二〇一〇年給華南地區帶來一百三十一億美元的年產值和十一．三萬人的就業機會；到二〇二〇年，則帶來七百四十億美元的年產值和六十一萬人的就業。

亞太轉運中心分析

以下為國金證券對聯邦快遞廣州白雲機場轉運中心的分析。

（一）短期對利潤貢獻不大

二〇〇九年二月六日，白雲機場聯邦快遞亞太轉運中心正式啟用，白雲機場取代菲律賓蘇比克灣成為聯邦快遞新的亞太轉運中心。目前，聯邦快遞使用 MD11 和 A310 機型營運，在白雲機場每週執行六十八個航班共一百三十六個起降架次，未來聯邦快遞根據市場情況逐漸加大航班投入、增加起降架次以及調換更大機型（如 A380 機型）。

根據投放機型、起降架次、收費標準、航班載運率和預計折扣等變量，可以測算出來聯邦快遞亞太轉運中心啟用當年就能給白雲機場帶來四十五萬噸貨郵吞吐量（按十一個月計算），而白雲機場二〇〇八年貨郵吞吐量僅六十八．六萬噸。

目前聯邦快遞亞太轉運中心僅投入航班八～十二架，且聯邦快遞可以享受起降費和安檢費較大幅度的折扣優惠，因此短期內聯邦快遞亞太轉運中心對白雲機場的利潤貢獻並不大，二〇〇九～二〇一一年增加白雲機場 EPS 分別為〇．〇一三元、〇．〇一九元和〇．〇二四元。

聯邦快遞亞太轉運中心項目是廣州白雲國際機場擴建工程的核心項目之一，主體工程共徵地約二千四百四十八畝，按照滿足二〇二〇年日均快件吞吐量十七．九萬件、日均分揀量十二．五萬件的需求進行設計，高峰小時的分揀能力為二萬七千件，未來發展如表 4-1 所示。

（二）長期帶來巨大產值和就業機會

國內外權威機構研究顯示，到二〇一〇年，聯邦快遞亞太轉運中心將給華南地區帶來一百三十一億美元的年產值和十一．三萬人的就業機會；到二〇二〇年，則將給華南地區帶來七百四十億美

表 4-1　聯邦快遞亞太轉運中心未來發展預測

	2009 年	2010 年	2011 年	2012 年	2013 年	2014 年	2015 年
假設前期 MD11 和 A310 營運							
假設 MD11 營運數量	8	10	12	14	16	18	20
假設 A310 營運數量	2	4	6	8	10	12	14
MD11 每周航班	56	70	84	98	112	126	140
A310 每周航班	14	28	42	56	70	64	96
MD11 年起降架次	2,912	3,640	4,368	5,096	5,824	6,552	7,280
A310 年起降架次	728	1,456	2,184	2,912	3,640	4,368	5,096
MD11 最大起飛權重（噸）	286	286	286	286	286	286	286
A310 最大起飛權重（噸）	153	153	153	153	153	153	153
單架 MD11 起降費（元）	13,416	13,416	13,416	13,416	13,416	13,416	13,416
單架 A310 起降費（元）	6,532	6,532	6,532	6,532	6,532	6,532	6,532
MD11 年起降 用（元）	39,067,392	48,834,240	58,601,088	65,367,936	78,134,784	87,901,632	97,668,480
A310 年起降費用（元）	4,755,296	9,510,592	14,265,888	19,021,184	23,776,480	23,531,776	33,287,072
年起降費用合計（元）	43,822,688	58,344,832	72,866,976	37,389,120	101,911,264	116,433,408	130,955,552
MD11 最大業載（噸）	75	75	75	75	75	75	75

	2009 年	2010 年	2011 年	2012 年	2013 年	2014 年	2015 年
A310 最大業載（噸）	34	34	34	34		34	34
假設快件載運率	80%	80%	80%	80%	80%	80%	80%
年快件出港量（噸）	194,522	258,003	321,485	384,966	44S,448	511,930	575,411
假設普貨載運率	20%	20%	20%	20%	20%	20%	20%
年普貨出港量（噸）	48,630	64,501	80,371	96,242	112,112	127,982	143,853
年貨郵出港量（噸）	243,152	322,504	401,856	481,208	560,560	639,912	719,264
年貨郵吞吐量（噸）	486,304	645,008	803,712	962,416	1,121,120	1,279,824	1,438,528
每噸安檢費（元）	70	70	70	70	70	70	70
年安檢費用（元）	17,020,640	22,575,280	28,129,920	33,684,560	39,239,200	44,793,840	50,348,480
收入合計（元）	60,843,328	80,920,112	100,996,896	121,073,680	141,150,464	161,227,248	131,304,032
假設折扣率	60%	60%	60%	60%	60%	60%	60%
貢獻收入（元）	33,463,830	48,552,067	60,598,138	72,544,208	84,69D,278	96,736,349	108,782,419
假設毛利率（夜間使用）	75%	75%	75%	75%	75%	75%	75%
假設銷售利潤率	60%	60%	60%	60%	60%	60%	60%
所得稅率	25%	25%	25%	25%	25%	25%	25%
貢獻淨利潤（元）	15,058,724	2,138,430	27,269,162	32,689,894	38,110,625	43,531,357	48,952,089
貢獻 EPS（元）	0.013	0.019	0.024	0.028	0.033	0.038	0.043

資料來源：國金證券研究所。

元的年產值和六十一萬人的就業機會。

正因為聯邦快遞亞太轉運中心對廣州地區經濟和就業的貢獻，廣州市政府和廣州省機場集團才同意給予聯邦快遞在白雲機場的起降費和安檢費較大幅度的優惠。因為收費標準嚴格保密，我們預計聯邦快遞可以享受民航局規定的外航收費標準基礎上打六折，相當於內航外線的收費標準。

（三）構建國際航線網路和彌補貨運短板

目前聯邦快遞有十六條國際貨運航線、一百三十六架貨機進出這個新轉運中心，往返於聯邦快遞所提供服務的二百二十多個國家和地區。未來隨著聯邦快遞亞太轉運中心的高速發展，白雲機場的國際航線和通航國家將進一步增加。

白雲機場的貨運業務一直受香港機場和深圳機場的擠壓，增速長期低於國內其他上市機場。聯邦快遞亞太轉運中心的投入營運將翻開白雲機場貨運業務的新里程。二〇〇九～二〇一一年白雲機場貨運業務同比增速分別為百分之六十六、百分之二十一．八和百分之十五．七，而二〇〇六～二〇〇八年白雲機場貨運業務同比增速分別為百分之八．八、百分之六．四和百分之負一．三，如表4-2所示。

表 4-2　國內上市機場貨郵吞吐量增速對比

	貨郵吞吐量（萬噸）											
	白雲機場	首都機場	浦東機場	虹橋機場	深圳機場	廈門機場	白雲增速（%）	首都增速（%）	浦東增速（%）	虹橋增速（%）	深圳增速（%）	廈門增速（%）
2001 年	45.63	59.12	35.25	45.19	21.16	7.80						
2002 年	49.69	62.90	63.50	43.99	28.06	11.00	8.9	6.4	80.1	-2.7	36.4	41.0
2003 年	45.37	66.27	118.93	20.05	35.36	12.06	-8.7	5.4	87.3	-52.6	22.5	9.6
2004 年	50.70	66.87	164.22	29.40	42.33	14.17	11.7	0.9	38.1	41.0	19.7	17.5
2005 年	60.06	70.21	185.71	35.96	46.65	15.87	18.5	17.0	13.1	22.3	10.2	12.1
2006 年	65.33	120.18	216.81	36.36	55.92	17.50	8.8	53.7	16.7	1.1	19.9	10.3
2007 年	69.51	141.65	255.92	38.09	61.62	19.36	6.4	17.9	18.0	7.0	10.2	10.6
2008 年	68.61	137.00	263.57	41.16	59.80	19.47	-1.3	-3.3	3.0	5.8	-3.0	0.5

資料來源：公司數據、國金證券研究所。

（四）生產預測和收入預測（見表 4-3、表 4-4）

表 4-3　2008 年白雲機場月度生產數據

	旅客吞吐量（萬人次）	貨郵吞吐量（噸）	航班起降架次（架次）	旅客吞吐量增速（%）	貨郵吞吐量增速（%）	航班起降架次增速（%）
2008-02	282.90	41,036	23,602	17.88	-2.80	11.00
2008-03	300.00	64,570	23,876	12.99	11.60	10.27
2008-04	289.22	63,469	23,783	9.59	4.58	6.81
2008-05	268.25	57,365	23,296	6.79	1.37	8.18
2008-06	246.24	52,810	21,098	4.25	-5.32	4.73
2008-07	285.66	53,186	23,837	7.80	-6.38	8.96
2008-08	261.32	51,481	23,272	-3.29	-16.59	6.03
2008-09	263.19	58,601	22,058	3.99	-13.76	3.33
2008-10	299.10	53,025	24,692	5.84	-7.37	7.06
2008-11	292.3	51,643	23,060	6.28	-15.00	3.36
2008-12	273.5	52,913	23,164	3.30	-15.36	5.60
	3,343.72	685,955	279,037	8.00	-1.30	7.50

資料來源：公司數據、國金證券研究所。

表 4-4　白雲機場年度生產數據預測

	航班起降架次（萬架次）	航班起降架次增速（%）	旅客吞吐量（萬人次）	旅客吞吐量增速（%）	貨郵吞吐量（萬噸）	貨郵吞吐量增速（%）
2001 年	13.74		1,382.93		45.63	
2002 年	14.77	7.51	1,601.44	15.80	49.69	8.90
2003 年	14.23	-3.65	1,501.27	-6.25	45.37	-8.68
2004 年	18.28	28.46	2,032.61	35.39	50.70	11.74
2005 年	21.13	15.61	2,355.83	15.90	60.06	18.47
2006 年	23.24	9.98	2,622.20	11.31	65.33	8.77
2007 年	26.08	12.23	3,095.85	18.06	69.51	6.40
2008 年	28.03	7.47	3,343.52	8.00	68.61	-1.30
2009 年	29.71	6.00	3,577.56	7.00	113.87	65.98
2010 年	31.79	7.00	3,863.77	8.00	138.64	21.76
2011 年	34.34	8.00	4,211.5.1	9.00	160.44	15.73

資料來源：公司數據、國金證券研究所。

中國區轉運中心——杭州蕭山機場

二〇〇七年三月二十日上午，聯邦快遞中國區轉運中心落戶杭州，美國聯邦快遞公司與杭州蕭山國際機場有限公司簽訂租賃營運協議，宣布其中國區轉運中心正式落戶杭州。

聯邦快遞中國區轉運中心位於杭州蕭山國際機場，該中心總建築面積約九千三百平方公尺，擁有九個停機位，設專業進、出口分揀系統，倉儲區和操作部，每小時最高可以處理九千個包裹。聯邦快遞將在中國推出國內快遞服務，採用以杭州蕭山國際機場為核心的轉運中心及航線系統運輸模式。中國國內的奧凱航空有限公司將為聯邦快遞提供國內航空運輸服務。奧凱航空將安排三架波音737貨機，計劃執行北方和南方航線，並透過杭州機場進行中轉，覆蓋杭州、北京、瀋陽、天津、青島、廈門、廣州等地。聯邦快遞將為十九個城市提供次日限時快遞服務，以及為全國二百多個城市提供次日和隔日送達服務。

下面為聯邦快遞中國區總裁陳嘉良對於杭州蕭山機場的評價。杭州在上海以南一百八十公里，是沿海省份浙江省的省會。自從二十世紀七〇年代末鄧小平提出改革開放政策以來，杭州對這一地區的發展達到重要作用。如今，在所有中國城市中，杭州擁有最繁榮的非公有制經濟，也是企業家進行創業活動的中心城市，在杭州的知名企業包括 B2B 電子商務大鱷「阿里巴巴」、飲料大亨「娃哈哈」、電信產品製造商「UT 斯達康」，以及其他數不勝數的不同規模企業，聯邦快遞迅速意識到杭州對物流支持服務的需求。同樣，當地政府也迫切希望吸引資金和人才來推動國內物流的發展。為吸引聯邦快遞轉運中心落戶，蕭山國際機場在基礎設施方面投入了約二千六百萬元人民幣。儘管曼非斯和杭州在許多方面都存在著差異，但毫無疑問，在杭州新建的聯邦快遞中國區轉運中心必將對當地的經濟發展達到重要的積極作用，而這將在其所創造的就業機會數量和為中國新興小企業所提供的服務上集中表現出來。聯邦快遞對中國來說並不陌生，自從一九八四年以來，聯邦快遞的中國業務創造了許多行業「第一」：首家使用自有飛機直接服務於整個國家的快遞公司（一九九六年），首家提供中國與歐洲之間直航的快遞公司（二〇〇五年三月），首家提供中國—印度次日達航班的快遞公司（二〇〇五年九月），首家與中國海關聯網的速遞運輸公司。聯邦快遞在中國區轉運中心投資的四百萬美元是公司秉承對中國承諾的具體體現。作為聯邦快遞國內限時服務的關鍵，杭州的設施將幫助我們實現向客戶作出的國內限時服務承諾。聯邦快遞傳承世界級的專業經驗，輔以準時送達保證、高額運輸保險和貨件追蹤查詢服務的支持，為中國的個人和企業展現了無以倫比的價值水平。由於聯邦快遞的國內限時服務為聯邦快遞客戶提供更強大的國內運輸能力，並幫助他們與國內二、三級城市建立起更多的聯繫，新建的聯邦快遞中國區轉運中心將為當地和全國範圍內的企業創造出更多的機會。

中國區最大操作站

二〇一一年，聯邦快遞在上海增設中國區最大的操作站，以適應包裹量的不斷增長，滿足客戶需求。新操作站位於上海浦東三林地區，占地五千一百四十平方公尺，主要負責為黃浦區、靜安區、南滙區、奉賢區以及浦東新區的部分客戶提供國際快遞攬收和投遞服務。

操作站目前擁有九十多名員工和近七十台車輛，配備先進的進出口貨件分揀系統，每小時最高可分揀三千五百件貨件。所有貨件透過位於上海浦東國際機場的國際快遞口岸操作中心，進入聯邦快遞覆蓋二百二十個國家和地區的全球網路。

二〇一一年六月，聯邦快遞與上海機場集團簽署戰略合作備忘錄，將擴大在上海浦東國際機場內的貨運和其他操作設施。目前，聯邦快遞在上海擁有一個位於浦東國際機場的國際快遞口岸操作中心、五個國際快遞地面操作站、一個國內服務集散中心和兩個國內服務地面操作站。

二〇一二年十月二十五日，聯邦快遞和上海機場有限公司宣布，聯邦快遞將在上海浦東國際機場建設全新的上海國際快遞和貨運中心。聯邦快遞在該項目上投資將超過一億美元，其將是聯邦快遞在亞太區的重要設施之一，為華東地區來往歐洲以及美國之間的貨物提供更大的便利性以及連通性。聯邦快遞將在目前每週六十八架次航班進出浦東機場的基礎上，逐步擴大在浦東機場的航班規模和貨運吞吐量。全新的上海國際快遞和貨運中心總占地面積約為十三．四萬平方公尺，是浦東國際機場中最大的同類型設施，它最高每小時可以分揀三．六萬個包裹和文件，預計於二〇一七年投入使用。

作為中國金融中心，上海經濟持續快速發展，其中對外貿易發揮了重要作用，因此，在上海建立新操作站對於聯邦快遞整體戰略規劃來說至關重要。

聯邦快遞配送中心的設計與建設

(1)聯邦快遞配送中心規劃與設計的原則。根據系統的概念、運用系統分析的方法求得整體優化。同時也要把定性分析、定量分析和個人經驗結合起來。以流動的觀點作為設施規劃的出發點，並貫穿在設施規劃的始終，因為公司的有效運行依賴於人流、快遞、訊息流的合理化。配送中心的設計是從宏觀到微觀、又從微觀到宏觀的過程。例如布置設計，要先進行總體布置，再進行詳細布置。而詳細布置方案又要回饋到總體布置方案中去評價，再加以修正甚至可能從頭做起。減少或消除不必要的作業流程，這是提高公司生產率和減少消耗最有效的方法之一：只有在時間上縮短作業週期，空間上少占有面積，物料上減少停留、搬運和庫存，才能保證投入的資金最少、生產成本最低。重視人的因素，作業地點的設計，實際是人機環境的綜合設計，要考慮創造一個良好、舒適的工作環境。

(2)聯邦快遞配送中心的規模設計。根據市場總容量、發展趨勢以及該領域競爭對手的狀況，確定目標份額，進而決定該快遞配送中心的規模設計。規模設計中應該注意兩方面：第一是要充分瞭解社會經濟發展的大趨勢，第二是要充分瞭解競爭對手的狀況，包括生產能力、市場占有率、經營特點、發展規劃等。因為市場總容量是相對固定的，不能正確地分析競爭形勢就不能正確地估計出自身能占有的市場量。如果預測發生大的偏差，將導致設計規模過大或過小。在對快遞配送中心各功能項進行逐個分析的基礎上，再突出重點，統一協調，對現代企業配送中心的總體規模進行設計和決策。一般來說，規模設計和實施步驟沒有必然的關係，可以一步到位，也可以分步實施，要根據資金、市場等具體條件決定。

(3) 聯邦快遞配送中心設備系統的規劃與設計。一般來說，快遞配送中心軟硬體設備系統的水準常常被看成是快遞配送中心先進性的標誌。快遞配送中心必須合理配備配送設施設備，以適用的簡單設備、適當的投資，實現預定的配送活動功能。根據中國的現實狀況，對於快遞配送中心的建設，應貫徹軟體先行、硬體適度的原則，就是要加強電腦訊息管理系統、管理與控制軟體的開發，要瞄準國際先進水準；而機械設備等硬體設施則要在滿足作業要求的前提下，更多選用一般機械化、半機械化的裝備。例如倉庫機械化，可以使用叉車或者與貨架相配合的高位叉車；在作業面積受到限制、一般倉庫不能滿足使用要求的情況下，也可以考慮建設高架自動倉庫。

(4) 聯邦快遞配送中心的合理布局。快遞配送中心要統一規劃，統一運籌，重視環境保護，實現外部網點和內部區域的合理布局。發展現代化的快遞配送中心應以現有快遞公司為基礎，逐步將大型快遞中心與區域性快遞配送中心相結合，建立起多功能化、訊息化、優質服務的快遞配送中心。

貨物追蹤系統的開創鼻祖

隨著互聯網的應用日益廣泛，無論是選擇哪一家快遞公司運送貨物，人們幾乎都可以在網路上追蹤貨物的狀態，而貨物跟蹤理念及其技術的創始者就是聯邦快遞。

一九七八年，史密斯就提出「包裹的遞送訊息和包裹遞送服務本身同樣重要」。勤勞奮進的聯邦人也透過自己的努力，實現戰略與業務的完美結合。下面讓我們瞭解提供包裹遞送訊息的貨物追蹤系統。

COSMOS

COSMOS（Customer Operations Service Master Online System）又稱客戶服務線上作業系統，是一個電腦化的包裹跟蹤系統，可以監控聯邦快遞每一個運送週期的環節。FedEx 的員工通常可以用多種途徑將訊息輸入到 COSMOS 中。

客戶服務代表透過電腦終端將貨物訊息輸入至 COSMOS，提醒靠近取件或運送區域的調度員。調度員透過 DAYS 將取件和運送訊息發送給派送員，DAYS 是所有派送車中均配有的小的數碼電腦輔助調度系統。

被稱為 SuperTrackers 的小手提電腦，是用來掃描包裹進程的，一般從取件到送達要掃描平均五次。在運送的過程中，派送員只需透過 SuperTrackers 掃描每個運貨單的條碼。在取件、到達初始站以及最後一站，包裹放置在派送車上以及派送路途中均需掃描。SuperTracker 保留並傳輸諸如目的地、路線指示和服務類型的訊息。

一旦派送員返回至貨車，訊息已經由 SuperTracker 下載至 DAYS，DAYS 可以更新 COSMOS 系統中包裹的位置訊息。因此，無論客戶致電客服，或自己在 FedEx 網站中追蹤，或使用 FedEx 程序包，他們都可以隨時準確瞭解包裹的確切位置以及預期送達的時間。

持續的追蹤使聯邦快遞保持對貨物每個運送步驟的控制。如此完備的一個系統，使 FedEx 有勇氣承諾所有包裹均可以在承諾交付時間的一分鐘內到達，否則客戶不需支付任何費用。該公司還提供了另外一個獨一無二的承諾：如果在客戶諮詢的三十分鐘內，不能準確告知客戶其包裹的確切位置，FedEx 將支付包裹的運輸費用。

從 COSMOS 和追蹤，到服務保證，聯邦快遞的網路能夠達到百分之一百的客戶滿意度。

數位輔助派件系統

早在一九七八年，聯邦快遞就將無線技術應用到遞送服務當中，在遞送車輛上安裝只用於遞送員語音通信的電台設備。可是隨著業務量的大幅度增長，該系統很快就不能夠滿足日益激增的服務需求。聰明的聯邦人從此開始考慮並著手建立自己的專用通信管道。

一九八〇年，聯邦快遞建立自己的專用無線電台網路——數位輔助派件系統（DAYS），這個網路覆蓋了整個北美，使聯邦快遞成為全球第一個擁有範圍覆蓋整個國家的數據網路的貨運公司，也使聯邦快遞的包裹物流漸漸發展到現在的規模。聯邦快遞的遞送員使用一種類似 PDA 的設備，掃瞄一下包裹上的條碼，就能獲取包裹的訊息。包裹的訊息透過廣域網（WAN）或者遞送卡車上的無線通信設備傳送到客戶服務與管理操作系統（FedEx COSMOS），即聯邦快遞的包裹追蹤系統，確保聯邦快遞公司和客戶雙方都可以立即得到包裹的有關訊息。

二十世紀八〇年代，隨著服務網路不斷擴展，聯邦快遞的業務範圍拓展到亞太區，在此階段使用電話傳呼機派件，以及進行客戶、調度員和遞送員之間的溝通。

從一九九〇年起，聯邦快遞開始在亞太區應用數位輔助派件系統（DAYS）和聯邦快遞移動終端（FMT）等無線系統，使客戶方接單的調度員和在取派件途中的遞送員之間可以互相傳遞訊息。

公司網站

聯邦快遞公司網站（www.fedex.com）在一九九五年成立。其一九九八年度提交股東的報告頁面如圖 4-3 所示，以「FDX= 新的領先者品牌」為題，自豪地宣稱：FedEx 開創了快遞產業中的「基地源泉」，史無前例地將智慧化系統引入該行業中。

FedEx 主推「服務、技術、與顧客協同拓展市場」

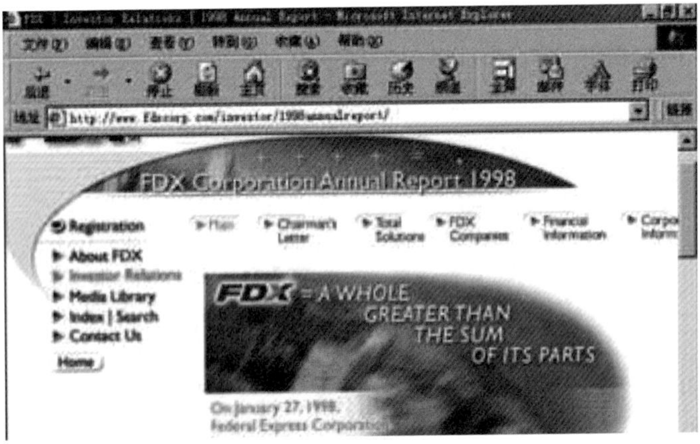

圖 4-3　FDX 1998 年度公司報告起始頁

的營業理念，成為在當今快速、競爭、全球一體化市場上，唯一能向顧客提供其需要的「綜合性物資調運解決方案」的企業。

可見，雖然同是快遞行業，FedEx 將其賣點建立在智慧化服務體繫上，深度介入客戶的物資調運業務，提供能與之協同運作的「整體解決方案」，讓客戶與股東皆大歡喜，就能在強大的對手面前領先一步而發展壯大。

在網站上有多種追蹤方式可以選擇。

1. 用追蹤號碼追蹤

圖 4-4 為網頁上用追蹤號碼追蹤貨物的視窗，我們可以看到，窗口設計簡潔，這個技術現在已經在各大快遞運輸公司使用，但是其先驅者卻是聯邦快遞。

2. 用備註訊息追蹤

圖 4-5 為用備註訊息追蹤的窗口。

3. 用電子郵件追蹤

客戶還可以透過 track@fedex.com 發送郵件，在郵件中客戶可以追蹤追蹤號碼或者編號，進而獲得自己貨物的訊息。

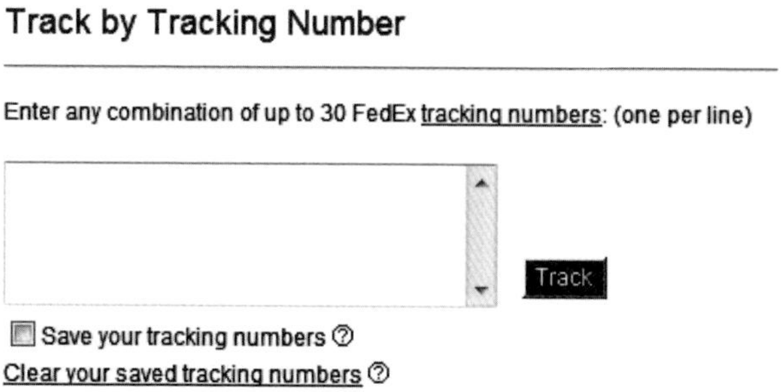

圖 4-4　使用追蹤號碼追蹤貨物

另外客戶也可以下載 FedEx 桌面，輕鬆獲得自身包裹的狀態，當然如果客戶喜歡個人交流，也可以通過致電客服中心獲得包裹的狀態。

今天，客戶可以登錄 www.fedex.com 網站查詢他們的貨物每個階段的遞送狀態訊息。在該網站啟用的十多年中，客戶已經在網站上追蹤了超過十億件貨物（二○○五年統計）。目前，客戶透過網站進行的電子交易貨物量占聯邦快遞每天總遞送量的三分之二。網站的服務使客戶能夠更容易地進行貨物發送，進而更好地控制自己的業務進度，更好地與他們自己的客戶或者合作夥伴進行溝通。

目前，fedex.com 也得到了進一步的優化。該網站現在可以提供更加簡化的網站導航，客戶可以從公司主頁直接獲得工具和解決方案。「FedEx Ship Manager」在線

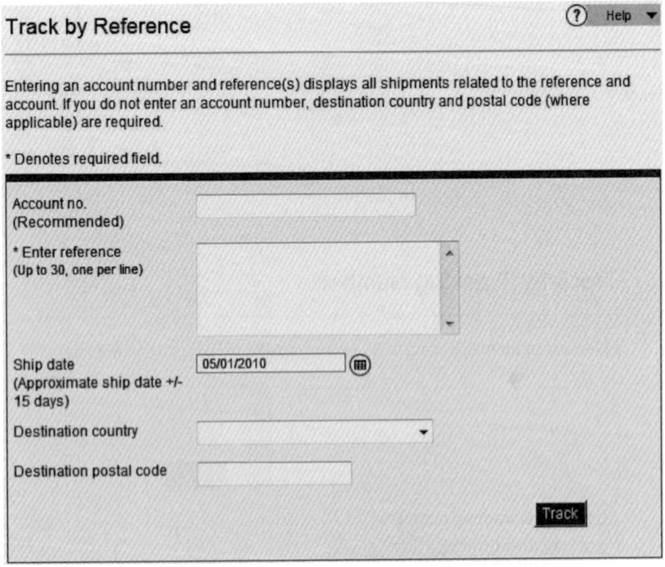

圖 4-5　用備註訊息追蹤貨物

工具也被重新設計，簡化了運單準備、追蹤和安排快遞員取件流程。同時也精簡了在單一貨件流程表上所需填寫的運輸訊息。客戶還可以在網站上直接訪問微軟 Outlook 郵件系統地址簿，並使用聯想輸入功能。

聯邦快遞亞太地區 CIO 蓮達・柏勤（Linda Briganc）表示：「聯邦快遞致力於在 fedex.com 成功的基礎上為客戶提供更優質的服務。fedex.com 於一九九四年推出，其引人關注之處在於它是首批為客戶提供及時在線功能的網站。它可以對包裹狀態進行全面追蹤，在這一點上要遠遠早於亞馬遜，乃至直接競爭對手。由於我們堅信包裹訊息和包裹本身同樣重要，所以我們格外重視客戶關係管理（CRM）系統建設，確保為客戶提供正確的訊息，幫助他們更具競爭力。」

不斷應用新技術

在公司的發展歷程中，聯邦快遞不斷實行技術創新，為客戶提供更好的服務，為公司的日常工作提供更強有力的支持。

（一）掌上寶

二〇〇四年七月，聯邦快遞全面啟動了基於通信無線分組業務（GPRS）技術的全球性服務升級計劃，推出「掌上寶」—無線掌上快遞訊息處理系統，用於追蹤包裹遞送狀態。無線掌上快遞訊息處理系統是由聯邦快遞和 Intermec 合作開發的，聯邦快遞負責開發客戶端的軟體，Intermec 負責設計和生產硬體。該系統包括為速遞員提供的一體化的無線連接的手持電腦及相關的軟體，其軟體為

GPRS Tracker3.0，硬體採用 400MHz 的英特爾 X-ScaleTM 處理器，320×240 像素的彩色九十七公釐大螢幕，透過 GPRS 系統實現移動傳送訊息。

「掌上寶」集成了安全控制、將訊息上傳下載至聯邦快遞訊息庫的多項功能，訊息中心能夠及時監控每一個快遞的處理過程。通過無線傳輸，能夠保證及時掃瞄並上傳訊息。此設備攜帶方便，並且由於網路覆蓋廣泛，可取代車載電台、尋呼和手機簡訊。「掌上寶」不僅可以傳輸遞送訊息，還能夠增強聯邦快遞取送及查詢的服務能力。它的使用使聯邦快遞成為業內首家可以滿足客戶及時運送訊息查詢需求的公司。

除了可以通過 GPRS 廣域網實現包裹訊息及時交流之外，遞送員使用的新的掌上電腦可以兼容藍牙技術，可以在十～三十英尺的距離內實現數據互換，使遞送員免於重複性工作。例如，聯邦快遞個人數據助理設備 PowerPad，可以掛在遞送員的腰帶上，與聯邦快遞的 ASTRA 打印機進行數據交換，自動打印出包裹的條碼。

（二）透過無線通信技術及時獲取訊息

遞送員是聯邦快遞業務的基礎。透過移動通信技術，全球員工在任何時候都能夠與公司的網路相連，並與聯邦快遞不同的系統以及數據庫間保持及時的訊息交換，進而實現了包裹派發和遞送訊息的及時更新。包裹的運輸訊息在掃瞄後和每道處理工序完成的時候立即上傳到中央數據系統，這樣透過在貨物運輸流程中約十八次掃瞄檢查，客戶可以隨時追蹤到自己包裹的訊息。在有些情況下，比如包裹內是急需的藥品或醫療用品、需要簽字蓋章的合約、高價值高技術含量的電子產品，甚至是將婚紗遞送到新娘手中的時候，這種及時獲取訊息的能力顯得尤其重要。

透過使用及時通信技術，業務員所獲得的原始訊息得到有效的利用，聯邦快遞的貨物處理能力得到提升。當客戶致電要求取件的時候，響應速度和取件速度也大大加快。

貨物的及時追蹤不僅要依靠業務員的數據採集設備，各操作站擁有順暢運行的「流水線」對此也同樣重要，以保證每個包裹都被正確掃瞄、準時送到操作站，進而準時到達客戶手中。

在北美，FedEx Express 和 FedEx Ground 公司的所有分揀站和轉運中心都使用無線區域網（WLAN，應用 802.11 和 802.11b 相結合的局域網技術）。聯邦快遞目前擁有約七千個接入點，同時為五萬台無線設備提供服務。這項技術在大部分亞太地區也已經投入使用。

無線區域網為員工提供了很大的靈活性，他們無需用線路接線連接網路，就可以使用無線掃瞄儀、個人電腦等設備。例如，利用分揀中心和操作站的指環式掃瞄儀，操作人員無需將包裹抬到固定掃瞄儀找準角度去掃瞄條碼。

聯邦快遞使用綜合進口控制系統（CINCS）制訂計劃，以提高轉運中心的工作效率。裝有 FedEx 地面公司的集裝箱透過無線掌上設備進行識別後在各個轉運中心間被時刻追蹤，聯邦快遞可以隨時掌握集裝箱的位置，知道它什麼時候裝上飛機。這樣，當最後一個集裝箱到達裝卸平台的時候，一輛牽引車會同時被派出，這樣就可以保證飛機及時起飛。

（三）無線射頻識別技術

另一項提高包裹可視化程度的方法是採用無線射頻識別技術（RFID）系統。聯邦快遞在北美的五十四個地面操作站都配備了此項技術，與所有 FedEx Ground 公司的卡車、拖車、平板車上安裝的 Amtech AT5510 運輸標籤結合從而及時獲取訊息。當卡車、拖車進入或離開 FedEx Ground 操作中心時，RFID 系統對其進行掃瞄，並更新車內所有包裹的追蹤訊息。此訊息被卡車系統操作人員用於計劃和安排地面運輸的路徑。

（四）移動狀態追蹤設備

二〇〇九年十二月聯邦快遞公司為幫助用戶追查快遞移動狀態，推出了一款小型查詢設備。這款設備隨包裹寄送，它內置 GPS 接收器（定位位置）、加速度器（測量物體下落速度）、移動發射器和一個小型傳感器（檢測包裹是非被打開、接觸陽光），會隨時通過網路將包裹訊息傳送上網，直到對方收到包裹為止。如果包裹送達、被打開、遺失，這些訊息都會立刻反映出來，用戶隨時可以查到。這項產品目前僅在美國出售和使用，服務費用為每月一百二十美元。二〇一〇年，聯邦快遞公司將會把這項新技術應用到醫療設備快遞服務當中。

技術但求最好，不求最新

物流作為無線等新技術應用的熱門行業，如何不失時機地應用新興技術提高服務水準已經成為競爭的關鍵，這也是聯邦快遞不得不面對的問題。一九九九年，無線網路技術剛面世不久，聯邦快遞公司就進行了應用部署，但是對於哪些技術可以大規模引入，聯邦快遞公司仍然相當審慎。

「我們希望引入那些已經成熟而且商品化的新技術，」聯邦快遞亞太區訊息技術部副總裁蓮達·

柏勤說，「例如剛剛在中國和中國香港成功實施的 GPRS 技術。」在有了這兩地成功實施的經驗後，GPRS 技術將被聯邦快遞公司推廣到新加坡、澳大利亞、日本等地方。而對於一些尚有風險的項目，如無線射頻識別（RFID）技術，即使在競爭對手 TNT 集團已經建成了全球第一條投入實際使用的 RFID 運輸線路的情況下，聯邦快遞公司仍然持謹慎態度。雖然聯邦快遞公司在美國已經對一些集裝箱的跟蹤進行了小規模的 RFID 部署，但大規模部署尚未展開。

聯邦快遞公司目前重點推出的還是網上查詢、電子郵件通知等看上去不那麼新鮮刺激的服務。柏勤解釋說：「我們一直試圖從客戶的角度去考慮他們希望以何種形式得到服務，而不是追求最新的技術。」

Chapter 5

第五章 強化「最佳客戶體驗價值」的市場與產品管理

市場策略：精細化服務的持續升級

任何大的企業都是從小企業慢慢做起來的，雖然聯邦快遞一開始就有很高遠的眼光，但是這並不代表聯邦快遞好高騖遠。從創立初期一直到現在，聯邦快遞的發展可謂是一步一個腳印，下面讓我們具體感受一下。

創立初期——簡約而不簡單

聯邦快遞創立初期，提供的唯一服務就是隔夜速遞，而且當時主要針對一些高科技公司，因為這些公司對於時間的要求很精準，對於貨物時間的準確性把握，聯邦快遞在當時絕對是首創，所以很快吸引了大量客戶。

聯邦快遞從創立開始就一直不斷擴大自己的市場，但是聯邦快遞並不是為擴大市場而擴大市場，無論公司處於哪個階段，聯邦快遞一直將客戶的需求放在第一位，透過客戶的需求提升自己的需求和服務，這樣自然而然就可搶占市場。客戶的需求是第一位，準確把握市場動向，把握客戶的需求，並盡可能滿足，接下來的問題便會容易很多。

在二十世紀七〇年代，聯邦快遞推出很多的新服務，這些服務都是在隔夜速遞的基礎上，更好滿足客戶需求而產生的。這些服務包括：一九七五年開始設置包裹投遞箱，為了滿足客戶文件快遞的要求，提供速遞員 pak 信封；一九七七年推出了速遞員 pak 箱和速遞員 pak 管。這些都是為了滿足客戶遞送更大的文件、報告或建築作品，同時還能給予更好保護的要求。這些新服務伴隨著聯邦快遞的設備更新和國內市場占有率的擴張而逐漸進入市場。

發展時期——井然有序的多樣化

隨著一九七八年聯邦快遞上市，從二十世紀八〇年代開始，是聯邦快遞服務激增的時期。一個關鍵的里程碑是在一九八一年，當時聯邦快遞正集中開拓文件運輸市場。聯邦快遞建立優先隔夜快遞系統，包括隔夜快遞信件、隔夜快遞箱和隔夜速遞員 pak。隔夜信件服務將聯邦快遞由客戶的倉庫變成前端的辦公室。在一九八一年年底，隔夜快遞的信件達到二萬七千件。

此後不久，聯邦快遞就把目光放在提供新的運輸時間表上，以滿足客戶的不同需要和成本控制。一九八二年，隔夜快遞承諾送達的時間由第二個工作日中午提前到早上十點三十分。這個承諾還包括一個遲到退款保證。聯邦快遞是快遞行業第一個提出此類保證的企業。一九八二年，聯邦快遞將原先只提供給極少數大客戶的兩日送達的快遞服務發展到可以提供給所有的客戶。一九八九年，聯邦快遞的兩日運輸和隔夜運輸服務面世。所有這些新服務都要求聯邦快遞的物流組織進行大量的調整。

但是並非所有的服務的推出都是一帆風順的，在這段時間內，聯邦快遞開始嘗試提供新形式的服務——Zapmail，一個在一九八四年開始推出的文件傳真快遞系統。但傳真機的市場滲透使Zapmail 遭遇失敗，這種服務不到兩年就取消了。

但是無論如何，服務的不斷豐富和多樣化，在這個時期仍然一直井然有序地進行著，並且也使聯邦快遞的業務量有了迅猛的增長（見表 5-1）。而且在二十世紀八〇年代的後半期，聯邦快遞不止是服務量的增長，其市場的覆蓋範圍也進軍到歐洲和亞洲。

擴張期——訊息化見證神行魔法

二十世紀九〇年代，聯邦快遞服務項目進一步擴展，為客戶提供更多的服務項目選擇。在一九八八年的客戶調查中，客戶希望能夠有更低價位的隔日下午送達服務項目，基於此，聯邦快遞於一九九一年提出了標準隔夜快遞。一年後，聯邦快遞開始向特殊客戶提供更低價位的經濟快遞，並在一九九七年將這種優惠擴展到零售市場。聯邦快遞在壓縮信封快遞時間這方面的進步更大，並於一九九五年推出新的服務項目：聯邦快遞同日快遞和聯邦快遞第一隔夜快遞，後者承諾的是在五千個郵政編碼地區內的次工作日早晨八點前到達。一九九八年，星期日快遞也被列為可選擇的範圍，但是後來這種服務又被取消了。

表 5-1 聯邦快遞主要服務的推出時間[1]

服務類型	起始年份
國內服務	
包裹	
1. 隔夜快遞	1973
2. 兩日快遞	1976
3. 隔夜快遞信件、隔夜速遞員 pak	1981
4. 標準隔夜快遞	1991
5. 經濟快遞	1992
6. 同日快遞	1995
7. 第一隔夜快遞貨運	1995
貨運	
8. 隔夜運輸	1989
9. 兩日運輸	1959
10. 節約運輸	1996
國際服務	
包裹	
11. 聯邦快遞國際優先快遞	1988
12. 聯邦快遞國際優先遞送	1991
13. 聯邦快遞國際優先超標快遞	1992
14. 聯邦快遞國際郵件服務	1992
15. 聯邦快遞國際經濟快遞（加拿大）	1992
16. 聯邦快遞國際經濟快遞（其他國家）	1995
17. 聯邦快遞國際第一快遞貨運	1996
貨運	
18. 聯邦快遞國際快速貨運	1989
19. 聯邦快遞國際空港對空港	1989
20. 聯邦快遞國際優先貨運	1994
21. 聯邦快遞國際經濟貨運	1996
選擇性服務	
22. 星期六服務	1984
23. 呼叫同日收件	1985
24. 遲到退款保證	1985
25. 交件付款（COD）	1990
26. 國際經紀人選擇	1992
27. 星期日服務	1998（後來取消）

1. 謝常實．使命必達（聯邦快遞的管理真經）〔M〕．北京：人民郵電出版社，2005：37-38.

一九九六年，聯邦快遞推出節約運輸，這使得聯邦快遞成為第一家提供時間定製運輸服務的快遞公司。

重要的是，在二十世紀九〇年代，聯邦快遞為客戶開發了一系列的「科技服務」——產品運輸操作和報告服務，下面將把它們作為技術創新。另外，聯邦快遞還於一九九四年建立網站，開發交互網路服務，又一次開了行業的先河。聯邦快遞不斷地提高與客戶溝通的能力，提高監控貨物運輸及與客戶互動的能力。

一九九九年聯邦快遞與SPA聯盟，共同打造了「一站式」整合供應鏈服務，包括規劃、管理和實施。聯邦快遞還開發了聯邦快遞市場，提供一個讓消費者從與聯邦快遞聯機的商家（例如，L.L.Bean和惠普）購買商品的平台。另外，聯邦快遞還推出電子商務平台，通過互聯網幫助中小規模的企業建立和管理網路商店。如果嫌這些新服務不夠的話，聯邦快遞還開發全球存貨可視系統（Global Inventory Visibility System，GIVS）。這個虛擬倉庫解決方案可以幫助一些經過挑選的客戶通過互聯網及時地監控他們的庫存。

一九九八年，併購Caliber公司不但幫助聯邦快遞把服務範圍擴展到陸地，而且加速推動了供應鏈服務的發展。此後，透過收購組建的FedEx貨運公司公司（FedEx Freight）滿足了某些地區的零散貨運，組建的聯邦快遞貿易網路公司（FedEx Trade Networks）提供了電子高效報關和促進貨物通關的解決方案。二〇〇〇年三月，FedEx地面公司地面運輸公司（FedEx Ground）推出聯邦快遞家庭快遞，以滿足因電子商務發展不斷增加的商家到客戶（Business-to-Customers，B to C）的貨物運輸市場要求。

總之，聯邦快遞由為客戶提供一些核心的重要服務起家，接著在其營運的第一個二十五年裡，不斷地開發新的服務。一些服務為客戶提供了遞送時間和成本的更多選擇，一些服務滿足了客戶的特別運輸要求，還有一些服務則透過引進新技術全面滿足客戶的物流需求和目標，如表 5-2 所示。

FedEx 國際優先快遞服務

（一）IP 簡介

上面我們介紹很多聯邦快遞的產品和服務，這些服務都是基於時代發展和客戶需求而不斷發展的，下面我們來看看 FedEx 的主要業務，即國際優先快遞服務（IP）。

IP 提供快速的通關、門到門的貨物遞送服務至世界各地（包括非美國的郵政專用信箱）。IP 的貨件是跨國界的。客戶信任聯邦快遞完整的 IP，該服務使世界各地的航運變得簡單。IP 及其相關特點描述如下。

- 取件、配送和通關，這三項服務免費，週一至週五為所有包裹提供這三項服務，部分地區提供週六的遞送服務。這三項服務是聯邦快遞標榜的免費服務，其實從中並不難看出聯邦快遞的聰明之處，因為雖然聯邦快遞已經非常迅速便捷了，但是客戶的需求總是隨時變化，所以總會有心急的客戶自己配送或取件。另外，還有由於不同地方的通關問題，會有一些企業自己找代理通關。由於取件、配送和通關都是標榜免費的，所以即使客戶自己完成這三個環節，收費還是不變的。

表 5-2 聯邦快遞產品推出里程碑[2]

年份	產　品
1973	聯邦快遞推出隔夜快遞服務，專注於遞送高科技公司的高附加值、時間緊迫和要求運輸可靠的產品，比如電腦、電子產品、醫藥等。包裹在隔天的中午之前到達地點
1975	聯邦快遞配置了第一個包裹投放箱。當時，聯邦快遞在超過 40,000 個地點配置了包裹投遞箱
1976	聯邦快遞推出標準航空服務
1976	聯邦快遞將速遞員 pak 信封用於文件傳輸，比如電腦輸出文件和報告等的運輸
1977	聯邦快遞用速遞員 pak 箱／管來盛放更大的報告、文件和管狀的建築圖紙，更好地保護圖紙
1981	聯邦快遞推出隔夜快遞，包括隔夜快遞信件、隔夜快遞箱和隔夜速遞員 pak 箱／管（隨著美國郵局規劃的調整，允許私營公司提供法律文件、藍圖和其他文件的快遞服務）
1982	聯邦快遞將隔夜快遞的承諾升級到第二個工作日早上 10：30 到達目的地，並提出遲到退款保證，均開創行業先河
1983	聯邦快遞正式針對所有客戶提供兩日快遞服務。這項服務以前只向一些特定的大客戶提供
1984	聯邦快遞推出星期六快遞，開創行業先河
1984	聯邦快遞開發了 Zapmail，人造衛星接收、傳真文件，門到門運輸。這個實驗在兩年內失敗了，因為低成本的傳真機在市場上湧現
1984	聯邦快遞開發了第一個基於個人電腦的自動運輸系統（後來被命名為聯邦快遞 Powership）
1988	聯邦快遞加急通關運輸公司（FedEx Custom Critical）提供 White Glove 服務，滿足客戶的特殊操作要求。這項服務在 1989 年被擴展到歐洲
1988	聯邦快遞國際優先快遞服務項目出台
1989	聯邦快遞推出國際快遞貨運—IXF
1989	聯邦快遞推出兩日貨運和隔夜貨運
1991	在 1988 年的客戶調查中，客戶們希望以更低的價格得到下午的貨運選擇，聯邦快遞基於此標準推出了隔夜快遞

2. 謝常實．使命必達（聯邦快遞的管理真經）〔M〕．北京：人民郵電出版社，2005：41-43.

（續）

年份	產　　品
1991	聯邦快遞加急通關運輸公司推出航空租賃
1995	聯邦快遞推出同日快遞和第一隔夜快遞。後者的服務標準是在 5,000 個郵政編碼地區內的次工作日早晨 8：00 前到達
1996	聯邦快遞推出快遞節約貨運、提供時間定制貨運、三日送達三項服務。聯邦快遞是第一個提供時間定制服務的快遞公司
1998	聯邦快遞推出星期日快遞，開創行業先河
1999	1999 年 9 月，聯邦快遞和 SPA 公司形成聯盟，共同開發「一站式」整合供應鏈服務，包裹規劃、管理和實施
1999	聯邦快遞市場服務提供了一個讓消費者與聯邦快遞聯機的商家（例如，L.L.Bean 和惠普）購買商品的平台。通過這裡，客戶可以進入聯邦快遞提供配送的電子商務網站購物，例如 L.L.Bean 和惠普購物部落
2000	3 月，聯邦快遞陸運推出聯邦快遞家庭快遞，以滿足因電子商務發展不斷增加的商家到客戶（B to C）的貨物運輸市場要求
2000	7 月，聯邦快遞推出了電子商務平台服務，通過互聯網幫助中小規模的企業建立和管理網路商店
2000	8 月，聯邦快遞推出新一代電子運輸服務。透過 FedEx Ship ManagerTM 套餐，客戶可以方便地選擇聯邦快遞集團下的幾個子公司所提供的服務
2010	7 月，推出手機客戶端，客戶可以線上下單

● 包裹追蹤：COSMOS 是聯邦快遞的電子追蹤系統。在整個系統的重要地點，所有包裹的條碼由追蹤器讀取。

● 電子通關：在貨物到達目的地之前，聯邦快遞的海關通關程序使用電子數據交換、圖像處理和傳真技術來啟動和加速通關活動。通過海關工作人員和代理商盡早開始通關相關文書的工作，該項服務使國際貨運在較少延遲的情況下更快捷地送至目的地。

● 交付憑證（POD）：聯邦快遞在 IP 發貨時提供口頭或書面的配送確認。這些訊息包括交貨日期、時間、簽字發貨人員的名字。

● 退款政策：在法律允許範圍內，如果在規定的交付時間後交貨，聯邦快遞將進行退款，或信貸運費及／或接受丟失／損壞的索賠。退款不包括貨物的關稅和稅費，或者以下貨物：

◆ 由於海關延遲
◆ 標記了錯誤的地址
◆ 代理商通關
◆ 被收件人而非聯邦快遞拒絕
◆ 包括危險物品（DG）
◆ 由於非人為因素延遲（颶風、洪水、地震等）
◆ 由於飛機事故延遲

註：以上這些並不是適用於所有的目的地。

● 折扣（可能有局部地區限制）：基於客戶的總貨運量，可允許數量上的折扣。

- 危險物品：聯邦快遞接受國際空運協會（IATA）規定的危險物品的運輸。該項服務適用於所有美國站點，及其他特定的國家和城市。
- 到站自取（HAL）：客戶可以在許多聯邦快遞站點自提貨物。
- 擴展服務領域（ESA）：貨物可以運送至聯邦快遞非直接服務的地區，運用區域貨物代理運送至擴展服務領域。
- 服務細節
  - ◆ 遞送：通常為一、二或三個工作日，運輸的時間根據目的地不同而不同。
  - ◆ 重量：對於許多國家而言，每件貨物的重量上限是六十八公斤，對於貨物的總重量沒有限制。重量上限根據目的地不同而不同。
  - ◆ 大小：包裹的長度上限是二百七十四公分。包裹的長度上限與周長之和是三百三十公分。大小上限根據目的地不同而不同。
  - ◆ 多重貨物裝運：每次貨運多達十種不同的商品。
  - ◆ 多種包裹服務：每次貨運多達九千九百九十九個包裹。

（二）IP 的作業方案

FedEx 是快遞界首屈一指的全球領導者，結合空運、陸運及 IT 網路，提供最佳的物流及配送解決方案。很多人好奇 FedEx 是如何做到如此迅速準時的，下面以 IP 為例，簡述 FedEx 的作業方式。

1. 客戶呼叫客服代表取件（客服電話為 800-988-1888）。

2. 迅速透過 PowerPad 終端派遣快遞員。
3. 快遞員取件。
4. 返回中轉站。
5. 目的地網關分揀包裹。
6. 短途投遞包裹至就近的地點即起點網關。
7. 成集裝箱並登機。
8. 運至轉運中心。
9. 分揀至目的地網關。
10. 在目的地網關進行通關。
11. 分揀至目的地中轉站。
12. 運送至客戶。

品質＝生產力（Quality=Productivity）

聯邦快遞的服務承諾，是要確保在每項交易結束後，都使公司增加了一個滿意的顧客。要讓客戶認識到，聯邦快遞會以百分之百的服務標準，實現百分之百的顧客滿意度。為實現這個目標，聯邦快遞堅持不懈地努力，加強服務品質，以提高生產力。

這個要求可以用 Q=P 來表示。它代表著聯邦快遞的承諾要實現百分之百的顧客滿意度和百分之百的服務水準，與此同時，繼續堅持「P-S-P」（員工—服務—利潤）的經營哲學。

這裡必須強調，品質是對顧客多要求的標注的實現程度。高品質的快遞服務，就是要百分之百按照承諾的時間將包裹送達。

生產力高的工作意味著要高效率利用所有資源，包括所有員工的知識和創意。聯邦快遞的工作成果就是要以優質且價錢合適的產品或服務來吸引客戶。

聯邦快遞要求公司的每一位員工都應懂得「品質＝生產力」（Q=P）的道理，並在工作中身體力行。聯邦快遞要求員工必須不斷地問自己，怎樣才能更加有效地進行工作；還必須鼓勵同事，在「P–S–P」哲學的總框架中，去尋求更佳的工作方法，以舒解工作壓力，改善服務和降低成本。簡而言之，員工必須從一開始就正確工作。

要達到上述目標，就必須在發生問題時，對其進行追蹤和辨別，藉以改進程序和方法。聯邦快遞還特別訓練出一些品質行動小組（Quality Action Teams），以支持品質的全面改進。必須透過細緻分析、採用創新方法來尋求具有創意的解決方法。

「使命必達」：全球性品牌的統一建設

以下為聯邦快遞中國區市場部董事總經理陸文娟對於聯邦快遞建立全球性品牌的分析。

一九九八年，美國廣告聯盟做了一項調查，調查結果顯示，絕大多數企業管理人員將廣告視為促進銷售、財務增長和競爭優勢的長期投資，但他們仍然認為廣告的戰略重要性較低。在此次調查中，參與調查的十名管理人員中，只有四名認為在未來廣告的重要性會得到增強，但是，大多數人認為市場部是未來最具變革性的領域之一。這種對於廣告所持有的觀點，也隨著企業的品牌價值和無形資產逐步成為企業總資產的重要組成部分而發生變化。如今，商界人士已經認識到企業的可持續發展與其品牌形象和企業聲譽息息相關。

在新型態經濟背景下，品牌定位和企業聲譽建設比以前更加全球化。透過創新技術，穿越國界的溝通已經變成現實，並且在全球範圍內對那些可以推動消費行為和購買抉擇的趨勢產生直接影響。媒體在製造和散布訊息的同時也變得更加迅速而複雜化。世界各地的新聞、訊息可以在幾秒鐘內被各種新聞機構捕捉到，進而變為眾多分析人士獲取各種與商業運作有關的重要訊息的來源。企業管理、社會和環境責任、市場策略和其他各種行為要素全部都可以歸結成為一個主體：企業的無形資產。

同時，傳播管道在全球的覆蓋範圍依然在不斷拓展，為各個企業提供了一個可以在全球範圍內使用廣告策略的機會。隨著技術的發展，以及互聯網、光纖和數位電視在全球範圍內尤其是在東歐、亞洲和拉丁美洲等地的不斷普及，快速擴展的國際通信網路也在持續加速。另一方面，由於一則廣告或許可以被全世界的觀眾看到，導致空前數量的法律訴訟案件的發生，尤其是在國際稅款、消費者權益以及專利權等方面，所以，凡是涉及這些方面的內容在表達時都必須格外謹慎，而且都要經過世界各國政府機構的嚴格審核。

毫無疑問，對廣告創意和媒體購買進行集中式的管理，可以降低廣告的製作成本並提高總體的媒體購買力。隨著網上互動式媒體的湧現——其本質就是全球化的廣告客戶，並且無論大小，都會立即成為全球網上廣告用戶。然而，企業在決定透過全球統一的訊息和媒體管道來與顧客進行接觸時，必須對新型的市場環境進行深入瞭解，而不僅僅只是從規模經濟的角度考慮問題。在決策過程中，一定不能忽略想傳達的訊息與當地市場的關聯性，同時要對所傳達訊息進行確認。

想要建立一個全球性品牌並不容易。作為第一步，必須創建一個統一的聲音，並以此來搭載所想傳達的品牌價值的共同訊息，並且，這個統一的聲音需要能夠順暢地被世界各地不同的文化所認同。全球性的廣告客戶需要透過情感上的感染力來觸動消費者的內心和意識，進而構建一種超越地理和語言限制的對其品牌的統一認知。例如，當世界各地的萬事達信用卡（MasterCard）辦事處在將其全球廣告——無價——推向各地客戶時，他們必須確保廣告的內容最能反映其品牌本質的價值，從友情、信仰到對種族、生活方式的尊重等。

聯邦快遞在啟動其「幕後」廣告時，向全世界範圍內的企業展示了其形象：致力於提供最佳客戶體驗，在全球市場範圍內為客戶提供更廣泛的連通性，並幫助客戶取得成功和發展。使用多種語言投放的平面媒體廣告為聯邦快遞的 www.experiencefedex.com 網站帶來了巨大的流量。聯邦快遞透過自己的網站，將許多關於全球市場、提供服務的訊息和關於企業、員工和客戶的成功故事以及新聞報道進行本地化，同當地市場有效地結合在一起。

對於那些有志於將自己的企業打造成為擁有全球性傑出品牌的知名企業來說，它們正面臨著一個新紀元。在當今的經濟環境中，對品牌採取保守、狹義管理方式的企業是沒有立足之地的，而那些能夠完美無瑕地執行其全球策略的企業則能在其長期的可持續發展方針中，依靠其非常強大的差異化競爭力而走向成功的彼岸。

聰明的「可信賴」行銷

（一）廣告樹立形象

二〇〇五年熱播的一則聯邦快遞電視廣告至今還讓觀眾記憶猶新。

一名 FedEx 速遞員被困橋上，交通嚴重阻塞，進退兩難。怎麼辦？他只好打電話請求支持。「被困橋上，無法突圍，緊急呼叫 FedEx 團隊！」

下一個鏡頭：速遞員手中拿著 FedEx 包裹，踏在水面上，如履平地。速遞員在水面上行走！奇蹟般到達了河對岸，包裹絲毫無損。

「這怎麼可能呢？難道發生了奇蹟？」

這時速遞員回頭望去才發現，FedEx 團隊排成一行站在水中支撐起他，使他可以勇往直前，完成使命。

這個廣告片長三十秒，以幽默誇張的手法，表現聯邦快遞想要表達的所有品牌訴求：使命必達、團隊、速度、安全以及強大的背景。實際上，這則由紐約 BBDO 廣告公司策劃的廣告在全球各國播放，而且反應不俗，倍受讚譽。新傳媒電視集團的「廣告追蹤」對二〇〇五年八～九月期間的每月廣告回憶調查中，聯邦快遞公司的這一電視片廣告以百分之八十二的回憶率被選為觀眾回憶度最高的廣告。

雖然廣告只是行銷的一部分，但可以看出聯邦快遞在行銷上的功夫。

由於 FedEx 旗下有若干子公司，有不同目標客戶群，針對中小企業和家庭等分散的中小客戶，聯邦快遞計劃推出以「輕鬆」為主題的系列廣告，在突出快遞準確性與可靠性的同時，讓客戶相信不管他們需要什麼，通過聯邦快遞都可以不費吹灰之力，輕鬆搞定。

為此，聯邦快遞公司在二〇〇六年拉開了新廣告運動的序幕，以「Relax，Its FedEx.」為廣告詞在電視、印刷品、電台和在線廣告各種媒體上大做文章。同樣由 BBDO 打造的這些廣告以幽默風趣的視角襯托出聯邦快遞在空運、陸運、貨運和國際轉遞方面的綜合實力，而且傳遞這樣的訊息：企業無論大小，對其遞送方面的問題都能「兵來將擋，水來土掩」，輕鬆化解。

「這些廣告真實展現聯邦快遞品牌所蘊含的核心特質——無憂送達」，聯邦快遞美國市場副總裁 Brian Philips 說，「這代表了我們邁出的重要一步，我們所期望的是對聯邦快遞給予全視角的展現。不僅僅是 FedEx Express 與 FedEx Ground 這些傳統大宗運輸服務，我們還有 FedEx Freight 與 FedEx Home Delivery 等面向中小用戶的服務。」

聯邦快遞加速在亞洲的擴張同樣以廣告先聲奪人。

二〇〇六年七月，FedEx 集團旗下最具規模的速遞運輸公司 FedEx Express 也在亞太地區推出兩則全新的電視廣告，以中國農村和城市為背景，描述聯邦快遞的速遞員如何展露身手，不但能抬起貨車，更可從升降機槽中滑繩而下，過程有驚無險，以高超技藝完成任務，彰顯聯邦快遞團結、靈活變通、勇敢、精益求精的態度。

聯邦快遞亞太地區營銷副總裁馬爾科姆・沙利文（Malcolm Sullivan）說：「這兩則全新的廣告，繼續發揚聯邦快遞『使命必達』的精神，以引人入勝、幽默有趣的手法，展示我們的員工如何攜手合作，確保包裹準時送達。簡單來說，要運送貨件往返中國，聯邦快遞就是最值得信賴的選擇。」

（二）結緣體育賽事——成為「最值得信賴的選手」

在利用廣告宣傳打造聯邦快遞「使命必達」可靠性的同時，聯邦快遞還積極贊助各種盛大體育賽事，進一步展現其高度可靠的品牌形象，成為「最值得信賴的選手」。

早在二〇〇四年結束對 Kinko's 的併購後，聯邦快遞的市場官們便立即著手尋找一切機會讓聯邦快遞這個名字出現在核心客戶（主要是二十五～五十五歲之間的男性）經常光顧的地方。這就是聯邦快遞決定贊助美國橄欖球聯盟（NFL）和美巡賽等多項體育賽事的原因。

1. 美國橄欖球聯盟——彰顯共同優秀品質

美國橄欖球聯盟是全美五大體育聯盟中最贏利的組織，因為它擁有最能代表美國文化和體育精神的運動——美式橄欖球。每年九月至次年一月，有一．六億忠實的球迷和觀眾擠在電視機前和運動場裡觀看比賽。

聯邦快遞成為 NFL 冠軍賽超級碗和明星賽的官方遞送服務贊助商。這項合作展現了聯邦快遞與美國橄欖球聯盟共同的優秀品質：領導力、卓越、速度、精確、可靠與合作精神。在美國橄欖球聯盟中，成功源自領先一步的精準射門；同樣，聯邦快遞為今天的快節奏世界提供了可靠、精確的服務。

2. 美巡賽——可靠性保證

與美國橄欖球聯盟的合作使聯邦快遞的品牌更加深入人心。為了強化人們心目中的品牌形象，更進一步展現其速度、準確的特質，聯邦快遞還把眼光投向高爾夫。自公司最早建立起，可靠性便已成為聯邦快遞品牌的一個關鍵品質。客戶評價分析反映，可靠性是客戶追求的最重要的品質，而這也恰恰符合高爾夫選手的特徵。由此，我們也可以看出聯邦快遞所有的發展都基於客戶的需求。

二〇〇四年，新生代贊助與比賽營銷代理商 Velocity Sports & Entertainment 公司為聯邦快遞策劃了「最值得信賴的選手」活動。此次活動的目的是以「信賴高於一切」為主題，利用 Velocity 與美巡賽的關係增強聯邦快遞可靠精準的品牌形象。

美巡賽是世界上規模最大、影響最廣、獎金額最高的高爾夫巡迴賽，它代表職業高爾夫的最高水準，是世界各國職業高爾夫選手最嚮往的巡迴賽事。

「最值得信賴的選手」活動將美巡賽最有實力的選手聯繫在了一起，並在美巡賽每週和季末的電視報導期間，播放有關聯邦快遞品牌的節目。在比賽期間還隨附雜誌發送頂尖職業高手有關打高爾夫球竅門的小冊子。此外，商業人士可與美巡賽職業選手進行職業／業餘選手混合賽和巡迴賽。聯邦快遞的此次努力獲得了二〇〇四年最佳贊助獎。

同時，為了吸引眾多的高爾夫愛好者，Velocity 還特別策劃「聯邦快遞信賴地帶」的活動。Velocity 調查他們的興趣和需要，發現普通的高爾夫球手有時也會打得很好，但不同的是高手具備超越常人的「可靠性」。於是，Velocity 在巡迴賽中找出「可靠性」最高的球員，並對他的各項數據進行分析，以此來引導普通的愛好者成為高爾夫球高手。

聯邦快遞公司積極響應此想法，並贊助播出「聯邦快遞信賴地帶」節目。其最吸引人之處是採用最先進的技術，突出職業選手精準的球技，在巡迴賽期間利用網路播出方式推出聯邦快遞「隨心而動」的品牌形象宣傳。還在《高爾夫雜誌》中加入巡迴賽的資料，宣傳「聯邦快遞就是可靠性」。在賽季之結局篇的網路專訪中，還特別企劃老虎伍茲的節目，再一次強調其可靠性就意味著勝利。「最值得信賴的選手」這一主題恰恰展現聯邦快遞的精髓。這一活動受到業界人士的稱道，獨樹一幟。全球營銷協會也將其納入四個全球最佳贊助商之列。

3. NBA——將品牌形象推向全球

為將其值得信賴的品牌形象進一步推向全球，聯邦快遞還與深受世界球迷喜愛的 NBA 進行合作。二〇〇六年，聯邦快遞與分別來自加拿大、法國、塞黑、澳大利亞和西班牙的五名 NBA 超級巨星簽約，將這些球員任命為「聯邦的全球領袖」，其中包括最有價值球員——菲尼克斯太陽隊的史蒂夫・納什。在《今日美國》刊登全頁廣告，並在 NBA.fedex.com 網站上舉行在線國際貨運促銷活動。這些球星還將與其他 NBA 國際球星一起在聯邦全球村舉行 NBA 全明星與球迷互動狂歡節，在嘉年華會上主持籃球訓練營。

在這次「與聯邦一起走遍全球」的活動中，這些球星的國際化背景為聯邦快遞國際貨運能力的宣傳做了很好的鋪墊。就像這些球員在場上是「最值得信賴」的球員一樣，聯邦快遞希望人們記住：在快遞業，聯邦快遞也同樣是他們的最佳之選。

4. 中國羽毛球隊——健康形象深入人心

聯邦快遞與中國國家羽毛球隊在二〇〇七年一月二十一日舉行的第二屆中國體育明星形象代言年度評選中榮膺「年度最佳合作夥伴」及「年度最佳代言集體」。

自從二〇〇五年十二月，聯邦快遞攜手中國國家羽毛球隊，成為其二〇〇六～二〇〇八年首席合作夥伴以來，雙方共同舉辦多次市場推廣活動，彼此的合作不僅活躍在賽場內，更在社會公益事業上共同努力。中國羽毛球隊健康向上的良好形象和廣泛的知名度給聯邦快遞帶來更好的品牌形象和企業知名度；同時，聯邦快遞也通過大規模的廣告、全面的公關推廣和市場活動，讓更多的人能夠經常看到中國羽毛球隊的健康形象，進而加深對他們的瞭解，也使更多的人喜愛羽毛球運動。這次的評選結果也充分證明彼此之間的合作是成功的，是雙贏的。

聯邦快遞中國區總裁陳嘉良說：「我們很高興能和這支世界一流的團隊繼續合作。我們相信，注重速度、精準性、領導力和團隊精神是雙方共有的價值理念。我們期待在未來的日子裡，在持續深入的合作中取得更多的雙贏佳績。」

中國國家羽毛球隊總教練李永波表示：「聯邦快遞是我們的長期合作夥伴，國羽隊非常感謝他們對我們的付出，以及聯邦快遞公司在支持國羽隊做到出類拔萃而作出的努力。聯邦快遞和廣大的球迷朋友一直激勵著我們志在必勝。」

客戶關係管理戰略：讓您「知情」

經過前面的敘述，我想我們心中都有這樣一種概念，聯邦快遞的每一次變革，其出發點都是為了更好地滿足客戶需要，聯邦快遞始終將客戶放在第一位。這樣的觀念之所以深深植入每一個聯邦快遞員工的心中，是因為聯邦快遞的創始人弗雷德．史密斯有一句名言：「想稱霸市場，首先要讓客戶的心跟著你走，然後讓客戶的腰包跟著你走。」由於競爭者很容易採用降價策略參與競爭，聯邦快遞認為提高服務水準才是長久維持客戶關係的關鍵。

下面讓我們具體感受這個物流巨人是如何透過各個細節的完善來更好地為客戶服務的，相信您會領略到「巨人」也有如此「細緻」的一面。

客戶服務是戰略

眾所周知，客戶關係管理即 Customer Relationship Management，簡稱為 CRM，而聯邦快遞將其客戶關係管理稱為 ECRM，即 Enterprise Customer Relationship Management，又稱為企業客戶關係管理。這不僅是一個小小的語言變化，聯邦快遞中國區市場總監陸文娟解釋：「我們之所以稱 CRM 為 ECRM，是強調客戶關係管理不僅僅是客戶服務部門專用的方法，也不僅僅是簡單的跨部門小組協作（CFT），而是依靠公司的整體合作來服務於客戶的一種方法。」

由此可見，聯邦快遞的客戶關係管理是涉及公司整體戰略層面、自上而下的一種策略。

聯邦快遞客戶服務的五項方針和兩條主線

聯邦快遞實施 CRM 的五項方針是員工、客戶、流程、技術和項目。我們可以看出，聯邦快遞將人放在了第一位，可能這裡會出現一個疑問，為什麼員工是第一位？說到這裡我們不得不談及聯邦快遞的「P-S-P」經營哲學。

所謂 **P-S-P** 即「員工（People）、服務（Service）、利潤（Profit）」。從一個簡單的角度來看 **P-S-P** 經營理念，就是：聯邦關心他們的員工，為員工創造良好的工作環境，在工作中給予員工最大的支持與幫助，激發他們工作的積極性，讓他們在工作中取得成績；這樣員工就能為客戶提供高品質的服務，而滿意度高的客戶就能帶給聯邦更多的業務，進而給公司帶來效益。這份效益又惠及員工，形成一個良性的循環。

聯邦快遞創始人弗雷德·史密斯曾說過：「聯邦快遞的經營哲學是人、服務、利潤，而不是利潤、服務、人。」聯邦快遞自始至終都把「人」放在第一位，這個「人」不但包括客戶，而且包括員工，並且員工是第一位的。

由此我們可以看出聯邦快遞客戶關係管理的兩條主線：只有優秀的員工才會為客戶提供優秀的服務，針對不同的客戶需求提供不同的客戶服務。

員工理念在客戶服務中的作用

在任何領域，觀念的轉變都是最偉大的，良好的客戶關係絕對不是單靠技術就能實現的，技術是為理念而服務的。在本章開始的時候我們談到了史密斯對於抓住客戶的理念，可是我們必須透過有效的傳遞系統將該理念傳達給其執行者即員工，所以員工的主觀能動性的重要性怎麼強調也不過分。

聯邦快遞在這方面有三個具體方案：

（一）建立客服中心，傾聽顧客的聲音

提到客服中心，大家都不陌生，在此，我們以聯邦快遞的台灣分公司為例，聯邦快遞台灣分公司有七百名員工，其中八十人在客服中心工作，主要任務除了接聽成千上萬的電話外，還要主動打出電話與客戶聯繫，收集客戶訊息。客服中心中的員工是絕大多數顧客接觸聯邦快遞的第一個媒介，因此他們的服務品質很重要。

客服中心的員工要先經過一個月的課堂培訓，然後接受兩個月的操作訓練，學習與顧客打交道的技巧，考核合格後，才能正式接聽顧客來電。聯邦快遞台灣分公司為了瞭解顧客需求，有效控制客服中心服務品質，每月都會從每個接聽電話員工負責的顧客中抽取五人，打電話詢問他們對服務品質的評價，瞭解其潛在需求和建議。

（二）提高第一線員工的素質

為了使與顧客密切接觸的運務員符合企業形象和服務要求，在招收新員工時，聯邦快遞是台灣少數做心理和性格測驗的公司。對新進員工的入門培訓強調企業文化的灌輸，先接受兩週的課堂訓練，接下是服務站的訓練，然後讓正式的運務員帶半個月，最後才獨立作業。

（三）運用獎勵制度

聯邦快遞最主要的管理理念是：只有善待員工，才能讓員工熱愛工作，不僅做好自己的工作，而且主動提供服務。例如聯邦快遞台灣分公司每年會向員工提供最高二千五百美元的經費，讓員工學習自己感興趣的新事物，如語言、訊息技術、演講等，只要對工作有益即可。

另外，在聯邦快遞，當公司利潤達到預定指標後，會加發紅利，這筆錢甚至可達到年薪的百分之十。值得注意的是，為避免各區域主管的本位主義，各區域主管不參加這種分紅。各層主管的分紅以整個集團是否達到預定計劃為根據，以增強他們的全局觀念。

聯邦快遞「真心大使」計劃

二〇〇三年九月，聯邦快遞開始推行「真心大使」計劃。這個計劃借助客戶對聯邦快遞服務所給予的意見，表揚有突出表現的一線員工，進而鼓勵他們提供更高水準的服務。這個計劃不僅加強了前線員工和客戶之間的聯繫，而且讓員工獲得了一種受尊重的感覺，進而促使他們為客戶提供更優質的服務。

客戶關係管理與流程

作為一個服務性的企業，從客戶開始和聯邦快遞接觸的那一刻起，客戶服務管理就體現出來了。

當客戶打電話給聯邦快遞的時候，只要報出發件人的姓名和公司的名稱，該客戶的一些基本資料和以往的交易記錄就會顯示出來。當客戶提出寄送某種類型的物品時，聯邦快遞會根據物品性質向客戶提醒寄達地海關的一些規定和要求，並提醒客戶準備必要的文件。在售前階段聯邦快遞就已經為客戶提供了一些必要的訊息，以減少服務過程中的障礙。

聯邦快遞的速遞員上門收貨時，採用手提追蹤器（SuperTracker）掃瞄貨件上的條碼，而這些條碼是從 FedEx PowerShip 自動付運系統生成或 FedEx Ship 軟體編製，說明服務類別、送貨時間及地點。所有包裹在物流管理的週期內，至少在貨件分類點掃瞄六次，而每次掃瞄後的資料將傳送到曼非斯總部的中央主機系統。客戶或客戶服務人員可利用 PowerShip 自動化系統及 FedEx Ship 軟體發出電子郵件或查看互聯網上聯邦快遞的網頁，即時得到有關貨件的行蹤資料。這項技術不僅方便了公司的內部管理，而且大大提升了客戶滿意度和忠誠度。

售後服務主要包括兩部分，一方面解決客戶遇到的問題，一方面調查客戶的滿意度，尋找內部改進的辦法，「真心大使」就是生動的例子。值得指出的是，售前、售中、售後服務這三個階段不是截然分開的，在對客戶服務過程中，這三者是一個不斷往復的環節。

多部門合作實現「無縫互動」

客戶關係管理不僅貫穿到服務的每一個流程環節和公司內部的大多數部門，並且展現在員工的績效考核指標中。在聯邦快遞，直接和客戶打交道的人是快遞員，但在整個服務過程中，客戶服務人員、通關部文件人員、銷售部門和市場部門的活動也會在很大程度影響客戶的滿意度。

「配合服務」是聯邦快遞內部協作的一條準則，每一個環節的工作人員都承擔著瞭解並滿足客戶需求的任務，這種多管道的客戶關係管理策略被稱之為「無縫互動」。當這一切都配合得非常完好的時候，客戶關係管理已經開始發揮效力。在此基礎上的客戶關係管理軟體只是在技術上推動大規模的客戶關係管理高效運行。

另外聯邦快遞的大多數部門的績效考核指標都分為兩類：一類是反映運行效率的內部指標，一類是反映客戶滿意度的外部指標。以市場部門為例，與客戶滿意度有關的指標在績效考核中間的比重超過了百分之五十。可以說，聯邦快遞的客戶關係管理已經展現在它的組織制度和人力資源政策方面。客戶關係管理提升了客戶的滿意度和忠誠度，並帶來了豐厚的利潤。此外，客戶關係管理對於公司的品牌推廣也有一個積極的推動作用。

客戶服務訊息系統——無處不在的便利

聯邦快遞的客戶服務訊息系統主要有兩個：一是一系列自動運送軟體，如 FedEx Powership、FedEx ship 和 Fedex InterNetShip；二是客戶服務線上作業系統（Customer Operations Service Master On-line System，COSMOS），即 COSMOS 訊息系統。

（一）自動運送軟體協助顧客上網

聯邦快遞向顧客提供了自動運送軟體，有三個版本：DOS 版的 FedEx PowerShip、視窗版的 FedEx Ship 和網路版的 FedEx interNetShip。利用這套系統，客戶可以方便地安排取貨日程、追蹤和確認運送路線、列印條碼、建立並維護寄送清單、追蹤寄送記錄。而聯邦快遞則透過這套系統瞭解顧客打算寄送的貨物，預先得到的訊息有助於運送流程的整合、貨艙機位、航班的調派等。

(二) 聯邦快遞的 COSMOS 訊息系統

聯邦快遞素來就知道透過技術為客戶提供服務的力量。COSMOS 訊息系統可追溯到二十世紀六〇年代，當時航空業所用的電腦定位系統備受矚目，聯邦快遞受到啟發，從 IBM、Avis 租車公司和美國航空等處組織專家，成立自動化研發小組，開發 COSMOS 訊息系統。一九八〇年，系統增加主動跟蹤、狀態訊息顯示等重要功能。一九九七年，聯邦快遞又推出網路業務系統 VirtualOrder。

COSMOS 訊息系統一直處理緊急的客戶跟蹤包裹。在過去幾年，公司開始把 COSMOS 與全球資訊網連接起來。www.fedex.com 在一九九四年年底創建時，只有兩頁，第一頁有一個可以輸入跟蹤號碼的方框，第二頁顯示客戶的包裹在什麼地方。今天，這個網站有八千多頁，FedEx InterNetShip 程序使客戶不用拿起電話就能處理他們所有的運輸需要，該程序甚至讓客戶可以從最近的任何網路瀏覽器上列印運輸標籤。

—閱讀資料—

FedEX 如何控制快遞成本

為了有效地進行快遞成本控制，FedEx 遵循以下幾點原則：

(一) 經濟原則

所謂經濟原則就是對人力、物力和財力的節省，是快遞成本控制的重中之重，經濟原則是要提高經濟效益的核心。因此，經濟原則是快遞成本控制的最基本原則，也是聯邦快遞公司的核心原則之一。

（二）全面原則

所謂全面原則，有以下幾個方面的含義：

1. 全過程控制

快遞成本控制不限於生產過程，而是從生產向前延伸到投資、設計，向後延伸到用戶服務成本的全過程。

2. 全方位控制

快遞成本控制不僅對各項費用發生的數額進行控制，而且還對費用發生的時間和用途加以控制，講究快遞成本開支的經濟性、合理性和合法性。

3. 全員控制

快遞成本控制不僅要有專職快遞成本管理機構的人員參與，而且還要發揮廣大員工在快遞成本中的重要作用，使快遞成本控制更加深入和有效。

（三）責權利相結合原則

只有切實貫徹責、權、利相結合的原則，快遞成本控制才能真正發揮其效益。顯然，企業高層管理者要求企業內部各部門和單位完成快遞成本控制指責的同時，必須賦予其在規定的範圍內有決定某項費用是否可以開支的權力。如果沒有這種權力，也就無法進行快遞成本的控制，此外，還必須定期對快遞成本績效進行評估，據此實行獎懲，以充分調動各單位和員工進行快遞成本控制的積極性和主動性。

（四）目標控制原則

所謂目標控制原則，就是企業高層管理者以既定的目標作為管理人力、物力、財力和各項重要經濟指標的基礎。快遞成本控制是目標控制的一項重要內容，即以目標快遞成本為依據，對企業經濟活動進行約束和指導，力求以最小的快遞成本獲取最大的利潤。

（五）重點控制原則

所謂重點控制原則，就是要求管理人員不要把精力和時間分散在全部成本差異上平均使用力量，而應該突出重點，把注意力集中在那些屬於不正常的不符合常規的關鍵性的差異上。企業日常出現的快遞成本差異往往成千上萬、頭緒繁雜，管理人員對異常差異實行重點控制，有利於提高快遞成本控制的工作效率。重點控制原則是企業進行日常控制所採用的一種專門方法，盛行於西方國家，特別是在對快遞成本指標的日常控制方面應用得更為廣泛。

聯邦快遞的四個行銷組合

聯邦快遞具有一般產品市場行銷的一些特徵，然而，由於聯邦快遞所具有的特點，要求聯邦快遞行銷組合與有形產品以及其他的服務產品的營銷有著不同的特點。4C（customer，cost，convenience，communication）的核心是從顧客的角度出發進行逆向思考，透過研究顧客的需要、購買慾望及他們願意為此付出的成本，進行多角度、全方位的策劃，以達到雙向溝通並提供購買方便性，進而使聯邦快遞實現良好的經濟效益。

(1)顧客需求。聯邦快遞首先要瞭解、研究、分析顧客的需求與慾望，而不是先考慮聯邦快遞能提供什麼樣的快遞服務。成功的聯邦快遞不是盲目地興建快遞中心、分揀中心，而是要致力於快遞市場的分析與開發，爭取做到有的放矢。近年來，許多從事國際貿易的企業對為它們提供服務的快遞企業提出更高的要求，它們已經不再僅僅滿足於傳統的船貨代理和海運方式，它們更希望快遞企業能對其產品提供包括原材料採購、製造、分銷、配送、訊息等各個環節的全方位的快遞解決方案。市場需求使得一些大型國有企業由從事運輸、船貨運代理、倉儲等傳統業務積極向現代快遞企業轉型。如二〇〇二年一月八日，中遠集團全資子公司中國遠洋快遞公司成立，拉開國有快遞企業進軍第三方快遞市場的序幕。

(2)顧客願意支付的成本。聯邦快遞服務的價格與顧客支付意願密切相關，當顧客對聯邦快遞的費用支付只肯出低價時，即使聯邦快遞能為其提供的快遞服務非常實惠，但由於高於顧客的支付意願，聯邦快遞與顧客之間的交易也無法實現。這就要求聯邦快遞首先要瞭解快遞需求主體滿足快遞需要而願意付出多少成本，而不是先給自己的快遞服務定價。聯邦快遞只有在分析目標顧客需求的基礎上，為目標顧客量體裁衣，制定個性的快遞方案，才能為顧客所接受，如中遠集團季節不同、運價不同，強勢航線運價高、弱勢航線運價低的定價策略基本採用了市場導向定價的方法。

(3) 顧客的便利性。顧客的便利性是指聯邦快遞要始終從顧客的角度出發，考慮為顧客提供快遞服務能給其帶來什麼樣的效益，如時間節約、資金占用減少、核心工作能力加強、市場競爭能力增強等。快遞企業只有為顧客「創造」效益和便利，顧客才會接受快遞企業提供的服務。為了在國際航運市場的激烈競爭中取得優勢，中遠集團先後向客戶推出了「一站服務」「綠色服務」「綠色快航」等富有競爭性的全球一體化行銷方案，並透過成功地開展電子商務，極大地提高了市場行銷的科技含量。

(4) 與客戶溝通。與客戶溝通是指通過互動、溝通等方式，將聯邦快遞服務與顧客的需求整合，進而將顧客和聯邦快遞雙方的利益有機地整合在一起，為顧客提供一體化、系統化的快遞解決方案，形成相互需求、利益共享、共同發展的關係。

聯邦快遞與 DHL——中國市場的戰略布局[3]

二〇〇五年七月十三日，聯邦快遞亞太區總裁簡力行和廣東省機場管理集團公司總裁劉子靜正式簽約，聯邦快遞亞太區轉運中心將在廣州新白雲機場落戶。這標誌著聯邦快遞全面啟動中國市場，並對中國市場進行布局。面對聯邦快遞每年五～七個分公司的建設速度，DHL 不得不提高了戒心，積極進行保衛戰。當競爭對手擺脫掉政策的局限（合資限制），要把在成熟市場的經驗完全複製到中國時，DHL 百分之三十七的市場占有率還遠遠不能讓人感到安全。在中國市場上的國際快遞

3. 資料來源：摘錄自《快遞業觀察》（2009 年）。

業，聯邦快遞與DHL的競爭將隨著政策的放開而全面升級。在聯邦快遞與DHL的競爭中，我們可以從以下幾方面來看看各自的優勢與不足，進而對其競爭格局有個理性判斷。

1. 本土化優勢與全球化優勢

目前DHL、聯邦快遞間的競爭，爭奪的只是政府的「偏愛」，誰擁有了政府關係，誰將擁有更多的政策。但隨著快遞行業的逐步開放，DHL所擁有的政策優勢將不再明顯，競爭的重點將從爭奪政府的寵愛轉向顧客的青睞。在中國市場的國際物流業中，DHL公司具有本土化銷售網路和搶占先機的優勢，同時DHL擁有良好的資金實力、運作經驗和技術，而中外運則更瞭解國情，更擅長政府公關。

但隨著中國物流業的開放，DHL相對於聯邦快遞而言，在全球化業務上總體上不具備優勢，而國際物流是一個全球網路的系統競爭。作為具有全球化優勢的企業向本土化的轉變相對於具有本土化優勢向全球化的轉變而言，相對要容易些。這就是為什麼即便百分之三十七的市場占有率仍不足以支撐DHL的競爭信心的原因。

2. 中外合資企業的優勢與不足

與聯邦快遞相比，DHL在中國的最大優勢是他們遇到了一個很好的合作夥伴，最近DHL又與中外運續簽了五十年的合約，由此他們也成為合資的典範。這種合資的優勢主要是展現在中國市場還沒有完全開放情況下的政策優勢，但隨著市場的放開，這種優勢將逐步喪失，而中外合資所產生的一些矛盾甚至可以將這種優勢轉化為劣勢。

對於許多跨國公司而言，合資只是一種被迫的選擇。無論是汽車業還是金融業，他們更希望按照自己的傳統與能力獨立地在中國開展業務。當市場放開到允許他們獨立開展業務時，他們必然會獨立資本運作。因此，從長遠而言，獨立地運作比起合資而言，也許更有效率。百分之五十～百分之五十的結構先天給合資企業帶來的不穩定的後患。

3. 區域競爭優勢

聯邦快遞顯然是想在華南區域建立根據地的優勢，因為在長三角，DHL有多年積累下來的網路和市場占有率。中國經濟以長三角和珠三角為龍頭，代表兩大發達的地區，其物流的業務量也是最大的。要想在中國市場上立住腳，聯邦快遞必須在這兩個市場中至少一個建立競爭優勢。聯邦快遞亞太區轉運中心在廣州新白雲機場落戶清楚地告訴了對手，對於珠三角市場，聯邦快遞勢在必得。可以想像，華南將成為聯邦快遞與DHL的「遼沈戰役」。

4. 雙方國際快遞業務的優勢與中國國際物流的發展趨勢

物流業務量的大小與貿易量成正比。中美貿易顯然是中國最重要的國際貿易。決定在中國國際快遞市場的占有量，關鍵是看誰能在最主要的貿易國的快遞市場占有優勢。從這一點而言，聯邦快遞具有絕對的優勢。二〇〇〇年聯邦快遞公司第一個推出「北美一日達」「亞洲一日達」等業務，隨後聯邦快遞陸續增加中美之間的直航航班。隨著中美航權談判的深入，聯邦快遞越來越得到強大的美國政府所帶給它的便利。二〇〇九年六月份的中美航權談判結束以後，聯邦快遞已經申請到了每週二十三班班機，遠遠超過母公司在德國的DHL。而DHL作為全球性快遞公司，雖同樣擁有強大的機隊，卻無法在貨物量最大的航線——中美航線上發揮作用。歐亞航線固然是 DHL 的生命之本。但是越來越熱鬧的中美航線，將是雙方未來在中國市場地位的決定性因素。

透過以上的簡要分析，我們可以看到，聯邦快遞與 DHL 之間的競爭是「山雨欲來風滿樓」。儘管我們分析雙方的各種優勢與不足，但最終決定他們的市場地位的只能是他們自己。決策權是在顧客的手中，而不是政府的手中。但這場競爭的結果必然帶來快遞業務服務品質的提升。在中國貿易不斷擴大的發展過程中，雙方都可能從增長中得到好處。

聯邦快遞亞太區總裁綜論中國市場 4

一年多前，全球經濟跌入谷底。從那時起，中國和全球各國政府都積極實施大規模經濟刺激計劃。現在很多人在問：這些刺激計劃是否起作用？

據最新數據顯示，二〇〇九年中國經濟增長達到百分之八・七，而且發展勢頭一直表現不俗，這令很多國家可望而不可即。

但是，不論這些數據有多麼出色，官方的統計數據還只是管中窺豹，它們通常並沒有把中國正在發生變化的多種形式考慮在內。

我經常會被問到這樣一個問題：「在中國經營業務時，在目前階段你們發現有什麼具體變化？更廣泛一點講，在整個亞洲範圍內呢？」我在這裡要指出幾個關鍵點。

1. 中國企業正將發展目光轉向巨大的國內市場

從我們的業務角度來看，由於全球經濟衰退，聯邦快遞在國際間運輸的產品種類並未改變。但我們仍然致力於提升高價值貨物（如電腦、電信產品、半導體等）在亞洲和全球二百二十多個國家和地區之間的流通速度。

但是我們在中國運輸的貨物正在發生改變。原因之一是全球經濟衰退以來，中國企業更多地將發展重點從海外市場轉向國內市場。而且中國消費者的發展壯大也促進了國內貿易的繁榮。事實上，當很多主要經濟體還未擺脫經濟困境時，有超過十三億個理由讓我們對中國經濟持樂觀態度。

例如，手機、衣服、藥品、化妝品等商品在中國的網購生意十分火紅。這些商品只是聯邦快遞在中國遞送的部分貨物。作為網上交易現象的一部分，諸如信用卡之類的物品也可以通過快遞方式被送往中國各地。透過產品目錄、電視和網路進行購物的居家消費方式迅猛發展，極大地影響著整個經濟活動中的其他環節和像聯邦快遞這樣的公司。

2. 中國的中型企業發展最為搶眼

不論你如何看待中國未來一年的發展速度是多麼迅猛，有一點是毋庸置疑的：大量的新生力量將拉動中國經濟的增長。

中國本土企業正逐漸成長為國內乃至亞洲主要經濟體中一股更加強大的力量。其中，中型企業的發展最為搶眼。

---

4. 資料來源：國家郵政局網站，發布時間：二〇一〇年三月一日。

這些企業過去都是跨國公司的效仿者，生產與國際知名品牌相似的產品，其行為用現在的話講叫「山寨」。但如今，它們已經轉變為創新型企業，擁有頗具競爭力的自主產品。

在中國，所謂的「山寨」手機製造商的知名度日益提高，因為它們引領了「山寨」潮流。它們能與世界知名品牌相抗衡的手段是以更低廉的價格提供優質的產品，這也是促進它們發展的原因所在。而類似的成功案例不僅限於手機製造行業。

以比亞迪汽車為例，該公司過去專門模仿知名品牌的車型生產價格低廉的產品，但現在該公司正快速發展成為一家擁有電動汽車技術的全球性創新企業。其創新技術吸引了美國投資大師沃倫・巴菲特的興趣，現在，巴菲特是比亞迪公司的大力支持者。到目前為止，他已經向比亞迪投資了二・三億美元。

3. 中國的本土品牌正力爭成為更為強大的國際品牌

還有其他很多例子可以證明中國正在大力發展創新產業。正如十～二十年前的日本和韓國一樣，中國土生的貼牌製造商現在不僅致力於服務本土市場，而且也在放眼全球。

例如，我們發現的一個趨勢是中國企業迫切需要進入眾多歐洲新興市場，這些市場也許還沒有被國際知名品牌完全統治，仍然存在可以被中國新生力量迅速填補的價值缺口。

中國政府也明白必須繼續推行開放政策，從正在復甦的全球經濟中受益。除非中國企業有進入關鍵市場的能力並保持和世界的連通性，否則成長中的中國本土品牌不可能成為世界舞台上的主角。

現在客戶要求的不再只是以最經濟和最快捷的方式進入市場。例如，客戶對服務覆蓋範圍、運輸速度和通關代理等方面進行價值量化的方式也在不斷變化。聯邦快遞的經驗告訴我們，即使是最成熟的企業也在為了適應快速發展的市場而重塑其業務模式和供應鏈。

4. 中國乃至整個亞洲的製造模式被重新塑造

中國仍然是「世界工廠」。即便處於當前環境下，中國的製造行業仍舊顯現出穩步增長的態勢。除此之外，中國龐大的經濟刺激計劃更多地投向急需的基礎設施建設，這些基礎設施在創造更好的運輸網路和促進中國與世界其他地方的連通性方面，發揮著至關重要的作用。

不過我們發現，中國和亞洲其他國家地區的製造業和貿易發展模式仍然在不斷變化。例如說，製鞋業等低附加值的製造業正在向生產成本更低的新興國家（如越南）轉移。我們也發現越來越多的公司為了保住他們的「籌碼」，在中國以外的國家另設製造中心，他們會保留在中國的製造業務，但是鑒於不斷高漲的成本和其他相關因素，這些公司不會在中國孤注一擲。

亞洲其他國家地區也做好了復甦的準備。事實上，亞洲開發銀行的最新報告顯示，亞洲經濟的反彈力度較之前面對全球經濟衰退時的預期更加強勁。但是亞洲開發銀行同時也發出警告：「為了加強經濟復甦力度並且保持發展，發展中的亞洲國家必須推出相關政策來拓寬其貿易、資金流動、勞動力等方面的開放尺度和結構。」

聯邦快遞完全認同一點，即不論經濟形勢何時好轉，市場的開放性和連通性在經濟可持續發展方面都發揮著關鍵作用。

5. 企業運輸產品的方式已經完全改變

整個世界還在思索何時會重現強有力的經濟增長時，有一點是可以肯定的，即全球貿易流的發展再也不會是一成不變的。

近年來，我們已經見證了全球供應鏈的延伸和發展。隨著全球配送解決方案需求的增長，我們客戶對於庫存管理的需求也隨之改變。

企業對航空和海洋貨運代理服務的需求已是大勢所趨。那些在動盪時期進行供應鏈管理的企業關心的不僅僅是經濟的運輸方式，還有如何更好地利用公司有限的資金。

我們處在一個「移動庫存」的全新世界中，這意味著我們也要不停地移動。我們必須採用不同的方式幫助企業在動盪時期管理他們的供應鏈。這一全新的動態營運模式通常強調的不是我們能夠以多快的速度將產品遞送到目的地，而是看我們如何幫助客戶實現更高的效率。

我們發現市場的主要趨勢傾向於更長的運輸時間，傾向於包含快遞和貨運代理服務的運輸解決方案，傾向於既有經濟型也有高端型產品的運輸服務。同時，客戶期望快遞公司的服務可以覆蓋全球，幫助他們實現端到端的可視性，當然還要節約成本。

結語：下一步？

那麼，接下來我們該往哪個方向發展？

亞洲也許已經避免了經濟危機帶來的大規模財務損失，但是在其經濟增長進程中仍然存在很多不確定因素。

以往的經驗告訴我們，信心上的全球金融危機才是真正的全球化危機，它可以迅速地傳播開來，甚至像中國這樣強健的經濟體也不能倖免。

我們在實踐中發現的另一個問題是：儘管近期亞洲經濟初露曙光，但是對於我們在中國和亞洲其他國家地區的大部分客戶而言，現在經濟仍處於發展早期。也就是說，一旦中國巨龍騰飛，對國際貨運和快遞航線上的運能需求將會急劇上漲，那只是一個時間問題。

一旦那一天來臨，對運輸業、業務解決方案、客戶和市場而言都將是一個嶄新的世界。目前我們需要做的就是做好準備，等待那一天的到來。

Chapter 6

第六章

打造競爭優勢：連通性與訊息化的併力齊驅

能夠讓貨物和訊息在全世界快速、可靠地流通，一直是聯邦快遞引以為傲的。而能夠做到如此成功，本質是聯邦快遞透過打破個人、貨物和訊息之間的壁壘，為世界創造了新的機會。這就是我們所說的「連通性」的力量。研究發現，連通性可以為全球各地的個人、企業和國家帶來更大的富足和繁榮。在本章我們會介紹聯邦快遞和連通性。

在現代經濟中，如何將世界更好地連通起來？或者說如何讓世界變得更小？對於一家優秀的快遞公司而言，將一個包裹在一個正確的時間送到一個正確的地點，已經是最基本的要求。因為隨著時代的變遷，許多企業需要的不僅是這項技術，更需要解決方案，透過優秀的物流方案實現價值的增值。而這樣優秀的物流解決方案，必須要充分利用 IT 一體化戰略。訊息化的物流才能夠締造聯邦快遞及其客戶共同的競爭優勢，實現真正的「雙贏」。

本章我們首先會介紹連通性和聯邦快遞，然後解析聯邦快遞如何依靠訊息化締造自己的競爭優勢，最後介紹聯邦快遞為客戶提供的物流方案。

打破壁壘、「連通」全球

任何一個社會，只有先降低妨礙其與世界溝通的壁壘，才有能力提高人們的生活水準，本小節主要闡述了聯邦快遞如何做好分內之職，利用自身資源來幫助世界實現這一目標。

連通性的字面意思並不難理解，我們在本章開始的時候也有所介紹，其實就是透過打破個人、貨物和訊息之間的壁壘，為世界創造更多的機會。因為連通越多，意味著人與人之間、思想與思想之間的聯繫更加緊密。這樣世界才會更加持續地發展，生活品質才能得以改善。從創立之初，聯邦快遞透過提升更廣泛的連通性，致力於將更多的可能變為現實，並且提高世界各地人民的生活水準。每一天，在世界各地，我們都可以直接看到連通性是如何賦予人們力量，去改善他們的生活、他們的業務以及他們所在的社區。正因為看到了這種力量，聯邦快遞才對連通性擁有獨到的見解，並且始終貫徹在公司的發展過程中。

不斷拓展世界連通性

（一）造福世界

「不斷拓展世界連通性」為人們提供更大的可能、更多的選擇和機會來改善自己的生活。據世界銀行稱，一九八一～二〇〇五年這段時間內，世界的連通性出現了前所未有的提升，使發展中國家的貧困人口比例每兩個人中有一個人生活在貧困中下降到每四個人中有一個人生活在貧困中。當聯邦快遞致力於拓展世界的連通性時，它真正做的是幫助個人、企業和國家創造各種打開新市場的連通網路，啟動新的投資、促進更多且更緊密的聯絡、提供新的就業機會和改善全球經濟。

（二）讓事實說話

目前連通性所帶來的利益和自身機制變得過於龐大和複雜，以至於無法將其歸功於某一個創造者，其實去追溯其真正的創造者並沒有實際的意義，我們所關注的是這種理念付諸實踐後如何改善我們的生活。

聯邦快遞則成為許多里程碑和進步背後的驅動力量。從最初連接美國二十五個城市到如今的二百二十多個國家，聯邦快遞是連通性發展道路上一項歷史性突破，它打破了各地時間和距離的限制，將世界各地的人民聯繫在一起。聯邦快遞透過不斷拓展網路，如今，任何一個人在遞送包裹時，都可以享受到前所未有的迅捷速度，並能將包括送達世界範圍內的各個角落。正如圖 6-1 所示，聯邦快遞真正將世界變成了一個「地球村」。

（三）持續不斷的努力

聯邦快遞承諾「不斷拓展世界連通性」使全世界人民和企業的聯繫更加緊密。聯邦快遞是透過多種方式來建立和促進這種聯繫。聯邦快遞為各大中小型企業簡化負責的海關條例、關稅和稅項，為社區提供新路線、新服務和新連通點，並致力於打破貿易和投資壁壘。

例如，聯邦快遞位於中國廣州的新轉運中心，位於亞洲發展最快的生產和貿易中心，讓客戶能夠開發新產品，並更快速地將它們送往更多人的手中。在墨西哥，聯邦快遞新啟動的國內快遞服務正幫助該國成長為一個製造中心，而聯邦快遞設在瓜達拉哈拉（墨西哥西部城市）國際機場的倉庫，正使墨西哥各企業與世界相連變成可能。

圖 6-1　聯邦快遞的「地球村」

重新定義世界連接的方式

相信透過上面的介紹，我們對聯邦快遞如何將世界變小已經有了一個感性的認識，下面讓我們透過幾個實例來進一步理解。

隨著時代的發展，客戶需求的不斷變化，聯邦快遞遞送的也不再僅僅是包裹，它還遞送體系和解決方案。近年來，在訊息被細分之前，聯邦快遞將它以字節的形式送到離目的地盡可能接近的地方，以此提高連通性。例如：當一位客戶計劃在新德里主辦一場領導力研討會時，聯邦快遞金考就可以將數以噸記的資料以數位化的方式傳到中國，並在一天內列印好，接著再傳遞到印度。有了FedEx Office在線列印之後，任何人都可以這麼做——將資料在遠方列印並在當地遞送。這種創新方式是聯邦快遞為創造更好的連通性而作出的貢獻之一。

從上面的例子我們可以想見，其實連通性的迅速發展與訊息化是密不可分的。我們需要感謝由互聯網和聯邦快遞提供的連通性。正是這種連通性，讓一家領先的電子公司能夠將其在中國的晶片工廠與全球市場的脈搏同步進行，並將生產出來的晶片空運到上海、首爾或新加坡等需要此類產品的生產線。這些晶片大多用來製造用於個人通信的筆記型電腦和電話，同時，由於中國轉變為「世界工廠」，預計有五億人口到二〇二〇年可以擺脫貧困。聯邦快遞在廣州和杭州的全新運轉中心將提高中國國內公司的全球連通性，並為高品質的生活作出貢獻，同時幫助尚處於這個市場之外的公司進入中國市場並增長其在華業務。所以說，重新定義了世界的連接方式的說法，聯邦快遞當之無愧。

連通性和可持續性

環境可持續性和經濟可持續性之間有怎樣的聯繫？是什麼讓各國以及幫助各國加速成長的各企業實現或者失去這兩方面的共贏？

聯邦快遞協助耶魯大學環境法律與政策中心對其中一些問題進行探討，並且最終一一予以解答。研究結果於二〇一〇年下半年公布。

自二〇〇二年以來，耶魯大學環境法律與政策中心就著手研究世界各地的環境績效和各國政策。如今，在聯邦快遞的支持下，該中心將啟動一項更為深入的研究，試圖在國家環境績效和該國為增進與其他國家和經濟體的聯繫所採取的行為之間尋求共通。

對經濟和環境可持續性之間的關係越瞭解，就越能找到自由貿易倡導者與環境保護論者之間的共通之處。這種共通使聯邦快遞確信，貿易和投資並不僅僅是增長的動力，而更應能促進持續性發展和管理。國家和企業領導人都將受惠於此，因為該研究幫助他們更好地駕馭二十一世紀全球經濟的複雜性。

從根本上說，聯邦快遞與耶魯大學環境法律與政策中心合作的重要性源於下列三個理由：首先，它將為貿易和環境之間關係的探討提供必不可少的深入量化研究；其次，它將對重要的政策問題進行鑑定和分析；最後，它將為世界各地的決策者提供最新的分析角度，從而促進經濟和環境的可持續發展。

聯邦快遞支持的貿易使命

為促成連通網路，聯邦快遞提倡貿易和投資的自由，這種自由可以幫助人們獲得成功。在美國商務服務局（U.S.Commercial Service）的幫助下，聯邦快遞還開發了一項貿易使命計劃，旨在幫助有關企業與新興市場的企業領導人和政府官員進行接觸，從中獲得更多的發展機會、壯大企業勞動力。

貿易使命代表團和對方新興市場出席代表共享最佳實踐，共同開發市場准入策略，並學習如何靈活地根據各種監管和競爭環境來敲開海外的發展機會。聯邦快遞還安排代表團成員直接與買方和經銷商見面，為它們牽線搭橋，協助它們穩固新建立的貿易關係。二〇〇八～二〇〇九年間，聯邦快遞和美國商務服務局組織貿易代表團前往印度和土耳其開發市場，不久之後，聯邦快遞還率隊前往墨西哥、巴西和中國。

聯邦快遞的貿易使命計劃並不僅限於由地理位置劃分的市場，還同樣關注一些特定的產業。二〇一〇年四月，聯邦快遞和美國商務服務局將組織美國企業前往歐洲，出使「綠色產業貿易使命」，旨在幫助這些企業開發可持續性產品、服務和革新的全球市場。代表團成員將來自綠色建築產業、可再生能源公司、建築和工程服務公司以及環保和替代能源企業等。憑藉這趟歐洲之旅，它們不僅有機會更深入瞭解一些歐洲國家的綠色產業市場，而且還能對整個歐盟市場進行宏觀分析。

聯邦快遞的貿易使命計劃，以及與美國商務服務局的合作，讓聯邦快遞同客戶攜手共進，為他們保駕護航，贏得拓展海外市場的機會。

對於連通性的主要看法

透過上面的敘述，我們瞭解了聯邦快遞為世界連通性所做的努力和貢獻，現在我們來看看對於連通性的主要看法。

1. 法里德．扎卡里亞：連接危機後的世界

當我們談及連通性的時候，我們正在討論聯繫的故事：政治、環境、經濟、技術和社會關係這些在我們現在的世界持續發生的問題。在每一個連通性審查的問題上，我們透過那些專業角色和意見代表這些聯繫的有遠見者來敘述。法里德．扎卡里亞（Fareed Zakaria），《國際新聞週刊》的編輯，《後美國世界》的作者，在去年首次總統辯論前夕，在密西西比大學一個三百人的演講時，談到全球化的未來。這裡，有對該事件的一些想法。

Fareed Zakaria 在 FedEx 連通性論壇上演講（密西西比大學，2008 年 9 月 26 日）

你去的國家，在過去幾十年什麼是非常引人關注的，而其中有多少人做得很好？不僅僅是中國和印度，而且還包括哥斯大黎加、多米尼加共和國、巴西、阿根廷等。結果是，一百二十六個國家在二○○六年以每年百分之四的速度增長，九十個國家以每年百分之五的速度增長。這是一個浪潮：如果在三十年前你問有多少個國家以這個速度增長，答案可能是三十——西歐國家、日本，東亞國家。

第一次，我們擁有了一個實質上的全球性經濟，而這將

是我們一生當中的主要事件。這將徹底改變世界經濟、政治和文化。

有人說，在第一次世界大戰前夕，世界的聯繫就如今天一樣。這實際上意味著人們的交易很多。而如今我們所說的「聯繫」已經發生了質的變化。當 GE 生產噴氣式發動機時，它實際在二十六個國家生產並且在世界各地銷售。你可能有一個單獨的項目從紐約的一個團隊開始，接下來到倫敦，然後伊斯坦堡、班加羅爾、上海、洛杉磯，最後又回到紐約。

我們正處於一個前所未有的放鬆管制的、全球化的、資本主義的環境。當條件好了，這意味著信貸便宜，金錢很容易，人變得貪婪和愚蠢。這些事情，唉，我們還沒有想出一個取締的方式。所以只要你有這些事情，你將會一無所獲。還有可能會發生愚蠢的過度投資，而最終將會變為愚蠢的投機（像科技泡沫，新興市場的泡沫——或追溯到荷蘭鬱金香狂熱）。

對於我們這個時代最大的挑戰之一就是如何盡量減少這種過山車似的瘋狂波動而又同時確保其生產率。因為目前確實是全球經濟。你可以在某個國家關閉某種你不喜歡的東西，但是它會遷移到另一個國家。當你在考慮這個新世界將會是什麼樣子時，這些必須要考慮到。

2. 黃賡

黃賡是 FedEx 官網上介紹的重要領導人中，唯一一位中國人，下面是黃賡對於連通性的看法。

全球範圍內在訊息和市場方面不斷拓展的連通性促進就業的增長，為創新注入能量，並且改變全人類和國家的命運。但是生活在一個由網路無縫連接起來的世界裡，會面臨怎樣的潛在危機呢？其中一個例子就是房地產泡沫的破滅引發了人們對世界金融危機的恐慌；同樣，對能源保持高價位

聯邦快遞服務首席經濟師

的擔憂以及可持續性與發展之間貌似的不相容等同屬此類。探究這些表象上的矛盾可以幫助我們理解一個連通性以幾何級數方式增長的世界，是如何為其自身創造挑戰的，同時，連通性又是如何拿出自己的解決方案的。

連通性、風險和當今世界之間的關係

眼下，我們生活在一個可能是歷史上最為完整的全球經濟體系中。加入全球性進程中的個人和各種類型的公司達到了空前的規模。經濟利益在貨物、勞工和資本等各個管道得到整合。科技使訊息在人與人之間流動傳播。（訊息流動的）發展無論是在規模上還是速度上都是前所未有的。

在貨物管道方面，新興市場——尤其是中國——首次扮演了世界工廠的角色。正是因為這樣，貨物流已變得非常專業和獨特，抬高貿易路線兩段的砝碼；越專業的貨物流，雙方互相依賴的風險就越大。在勞動力管道方面，各國勞動就業率如中國的就業率達到了空前的水準，並保持增長態勢。當我們把目光投向資本方面，我們看到了波斯灣國家與中國一道，正在成為美國的主要債權國。從這三個方面來看，新興市場所扮演的新角色正在發揮著越來越重要的作用，因為他們在統領全球工業體系的同時還擴大國際間的貿易，積聚大量外匯儲備。

所有這些都意味著什麼呢？意味著一個實實在在的全球經濟體系已經形成。這個體系可以為人們、商業和國家提供前所未有的連通性，但是同時也帶來新的風險。如今，某一個單一經濟體系受到的衝擊會演變為對整個體系的衝擊。這種風險與史上前所未有的連通性水準有著密切聯繫。

資源稀缺引發的制約造成危機

制約引發危機。如果你擁有無限的資源，你甚至很難設想會發生危機。但是一旦我們達到某個制約點時，或者說在獲取某項特殊資源碰到困難時，整個體系就會緊縮，之後便可能輕易產生危機。例如，能源經常給系統帶來打擊。（因為）在需求高漲並且持續增長的同時，供給卻有限。投資者的過度敏感、自然災害、地緣政治事件等，實際上任何事件，包括一些很小的諸如錯誤引用或對事實的曲解等，都可能誘發系統危機。因此，降低由日益提升的連通性引發的風險，其最好方式是什麼呢？當然，完美的預見能力是一定有幫助的。但是即使新型網路可能提高溝通和融合的能力，我們仍然無法阻止危機的發生。或許，我們需要為全球金融體系安裝一些斷路開關，但關鍵是如何去做。

市場心理與有線系統的結合已經在電腦化貿易中產生了不少問題。例如，一九八七年的「黑色星期一」，電腦化的貿易程序在股市收盤之前開始毫無限制地拋售股票，引發了全世界的拋售狂潮。事後，「斷路開關」被引入，用於在股市過熱的時候自動終止交易。

一個沒有危機的世界是非常有效率的。今天這個被網路無縫連接的市場可能是我們曾經看過的最有效率的市場，因為它們消除了多餘。而一旦你進入如天氣狀況一樣的金融體系，它就像你在航空公司基地看到的那樣，成排的飛機列在跑道兩側，你就可以看到遍及全球的干擾波。所以，你如何在這無縫融合的世界裡安放一堵防火牆或一個斷路開關呢？或許，可以透過對話達到目的。然而無論如何，你無法作出規劃，因為這實在太複雜了。但是我知道全世界的重要人物一直都在關注這個問題，舉辦世界經濟論壇就是一個例子。我想對話的本身有利於降低發生災難性崩潰的風險。

連通性能夠支持穩定性和可持續性

最大的制約因素，當然也可以說至少是引發擔憂的最大來源，就是能源。能源引起的衝擊是有雙重性的：一是由成本和稀缺性引發的經濟衝擊，二是環境衝擊。這些日子裡，每個人的頭腦中都一定想著可持續性的問題。在當前技術條件和實踐經驗有限的前提下，存在著一種誤解——為了保護環境，必須降低產品輸出和連通性。但是這只是等式的一邊，只是找到潛在解決方案的途徑之一。如果我們改變我們的行為方式和技術，有研究顯示，我們可以在保持同等的產品輸出和連通性的前提下，節約三分之一～二分之一的世界能源消耗，同時還可以減少衝擊及危機爆發的風險。

即使是新興經濟體中的面臨污染的大國——中國，以及不斷增加污染的印度，都已經清楚地認識到這點。它們的忍耐已經到了極限，因為污染所帶來的危害在社會中很明顯地體現出來，這些國家的人們正遭受著污染的危害，污染的代價現在還可以具體衡量。目前中國政府已經宣布全面禁止非法使用塑膠袋，如果該項措施能夠得到貫徹執行，那麼單是這項措施在降低污染和能源使用方面就能夠發揮很大的作用。在印度，令人振奮的是一款價值二千五百美元的 **Tata** 汽車。該車已被證實可以當作印度的 **T** 型車，因為它可以為成千上萬的人們提供廣闊的令人難以執行的連通性。該車採用的技術將使其尾氣排放量相當於印度普遍使用的摩托車的三分之一。除了變得更具環保性，該車還極大增加了現有道路的通暢性並提高經濟性能。這樣的行動只是剛剛開始，我們更需要的是像 **Tata** 車這樣在等式兩端同時給予答案的積極變革。

訊息化：「虛擬」網路的「真實」傳遞

對於一家注重操作和服務的公司而言，其基本目標就是將一個包裹在一個正確的時間送到一個正確的地點——在將快遞與物流整合到一起的時候，很容易忽略一體化IT的價值。

物流公司對IT一體化的需求，跟與日俱增的全球一體化趨勢是息息相關的。對聯邦快遞而言，其賴以為生的，就是在全世界範圍內成功取件、運輸和派送包裹，隨時實現其對客戶許下的服務承諾。沒有大量的技術基礎支撐，這顯然是不可能的。

作為一家全球性的快遞公司，聯邦快遞需要一個全球性的IT部門。因為公司需要隨時為遞送員提供關於包裹的各種訊息，這些訊息必須能與所有的支援部門及後台系統相結合，進而將包裹準時送達。

確保客戶能夠在網上及時地對包裹進行查詢與追蹤，對今天的運輸公司來說是一項必須完成且至關重要的任務。它可以讓運輸公司的成本降得更低，同時為客戶提供統一的服務界面。不僅如此，IT在保證公司財務系統、人力資源以及辦公後台系統高效順暢運行方面，同樣具備重要作用。

將IT「投遞」得更準

正如本節開始所提到的，聯邦快遞公司在IT上的持續投入源於創始人史密斯一貫堅持的理念：包裹的訊息和包裹的遞送服務同樣重要。

客戶對服務的期望越來越高，但他們同時也要求投遞成本越來越低。這對聯邦快遞公司的IT系統提出了很大挑戰。在這種背景下，二〇〇三年，聯邦快遞公司首席訊息官（CIO）Rob Carter 提出了一項名為「6×6」的 IT 計劃。在保持每年投入十億美元、不增加額外 IT 預算的情況下，在6年的時間內，完成六個跨業務與 IT 的項目。二〇〇六年是6×6計劃的結束之年，在計劃實施兩年後的二〇〇五財年，聯邦快遞公司的快遞業務增長了百分之十八，達到一百九十五億美元。

就像自己的老本行一樣，聯邦快遞公司正試圖將自己龐大的 IT 預算「投遞」得更準確。

無論順境逆境——IT 投入不減

儘管經濟環境頗具挑戰性，聯邦快遞每年投資十億美元，不斷提升客戶體驗和技術，並在全球範圍內擁有七千多名 IT 員工。

聯邦快遞亞太區訊息技術副總裁蓮達．柏勤表示：「逆境之中現機遇。當競爭減少時，我們在 IT 方面的明智決策可以讓公司獲得競爭優勢。我們密切關注著客戶對我們應用程序的回饋，並在必要時作出適當改進。客戶體驗將繼續成為快遞業務中 IT 部門的關注重點。」

蓮達．柏勤認為，企業應該利用當前的經濟低迷期，因為這時候是發掘人才、加強團隊建設的絕佳時機。很多高素質的 IT 專業人才由於各種原因在此時進入人才市場。

她補充道：「尤其在經濟形勢波動時期，企業應該權衡 IT 策略，把握正確方向。它們必須具備長遠發展的心態，關注 IT 和計算機科學的發展趨勢，開發能夠提高業務操作水準的全新應用程序或系統，節約成本，進而獲取長遠利益。」

IT 為產品而生

「我們堅持從產品角度來制定 IT 策略，」蓮達．柏勤說：「我們並不是單純從 IT 角度來考慮而進行 IT 建設。」產品在聯邦快遞公司的 IT 戰略中占據最優先的地位。

將需要進行的項目列出來進行重要性排序，是聯邦快遞公司化繁為簡的方法，這對於避免 IT 力量的盲目無序投入十分有用。柏勤舉了一個例子：人力資源部可能僅僅有一個項目，它需要五種資源並花費八個月的時間完成，而另一個改善客戶服務的項目可能需要更長時間，但是它為客戶提供更多的利益。6 × 6計劃的目標之一就是使 IT 的花費能夠提高客戶滿意度。

這樣分析的前提是 IT 人員對業務要熟悉。聯邦快遞公司 CIO Rob Carter 在董事會中占據一席之地，6 × 6計劃要求 IT 人員到公司不同的崗位去工作六～十二個月，實現 IT 與業務的交叉。

從產品角度制訂 IT 策略，也使得聯邦快遞公司的 IT 投入與客戶的利益更緊密地結合起來。柏勤說：「我們從客戶那裡學到很多東西，我們可以看到哪些服務非常受歡迎，然後利用 IT 這個重要工具進行改進。」通用汽車公司（GM）副總裁兼 CIO 拉爾夫．斯金達（Ralph Szygenda）說：「我也希望聯邦快遞公司的 6 × 6計劃能夠成功，因為這對通用汽車公司有好處。」聯邦快遞公司已經成為通用汽車公司零部件供應鏈上的一個關鍵環節。「汽車工業有著世界上最精巧的供應鏈，」Szygenda 說，「我們在全世界都採用了即時生產（Just In Time，JIT）的生產方式，如果文件和零件不能及時投遞的話，會產生巨大的影響，我們花了上億美元與聯邦快遞公司合作，如果沒有一個好的 IT 保證，我們不會這麼做。」

訊息系統標準化

在中國上海，聯邦快遞公司的 IT 部門與在美國曼非斯的總部執行全球統一訊息系統標準。這些標準不僅包括了統一的系統開發流程、應用軟體標準，甚至連 PC 都是統一的。

因為核心業務的一致性，建立一個全球統一高度標準化的 IT 系統對於聯邦快遞公司來說不僅節約成本，而且效率更高。柏勤說：「同一種解決方案用在某一台電腦上很好，但是到另一台電腦、另一個操作系統上，結果可能就會不一樣。聯邦快遞公司全球標準化的部署確保了不論在哪個地區，我們在使用或是測試某種軟體時，環境是一致的，因此能得到同樣的結果。」雖然靈活的本地化採購可能價格更低，但後續維護系統的成本卻會更大。作為一個員工眾多而且業務規模相當大的區域，柏勤認為聯邦快遞公司中國區「在標準化上給予了公司很大的協助」。

標準化的另一個好處是確保客戶和內部用戶能夠擁有統一的訊息來源。比如運貨應用系統（Shipment Application）使用畢益輝系統公司（BEA）的 Web Logic Server8.1 中間件，運行在 Linux 伺服器上，把聯邦快遞公司每個業務部門的運貨系統都聯繫在一起。而二〇〇五年十月新部署的一個客戶端的應用系統，也使用了同樣的組件，使他們能夠保持一致，在財務訊息上，他們都使用統一的平台。「這使得資源的分配很明確，」J. P. 摩根大通公司前 CIO Denis O』Leary 說，「雖然不同的部門有不同的需求，但他們能使用共同的組件。」

聯邦快遞從 Internet 中獲得的利益

聯邦快遞的專用網路為該公司如今的電子商務奠定了基礎。Internet 進一步擴展了專用網路的應用，聯邦快遞透過電話和紙與客戶溝通的聯繫方式已經成為歷史，隨著越來越多的公司透過 Internet 銷售產品，聯邦快遞提供的快速運抵服務使該公司不斷從增長的網路交易機會中獲利。由於競爭的原因，聯邦快遞並未完全公開其透過訊息技術和電子網路獲得利潤的業務，該公司透過下述事例表明訊息技術在不斷降低運送成本。

減少手工業務成本。如果沒有聯邦快遞「動力船」，聯邦快遞則不得不多僱用兩萬名員工來分揀包裹、回答電話諮詢和輸入貨單。有了動力船，大量的簡單勞動就可以自動完成。管理員可以花更少的時間記錄產品訊息，電話服務代表可以花更短的時間回答客戶的問題並隨時聯機追蹤商品的運送情況，降低日常營運成本。客戶每個月使用「動力船」來追蹤一百萬個包裹的行蹤（該數字還在以每個月二位數的速度增長）。客戶當然也可以選擇與公司互動的方式（電話、傳真或其他手段），不過將近九十五萬名客戶發現通過聯邦快遞的 Web 網站聯繫更加方便和簡單。

閱讀資料

聯邦快遞是如何做IT的

作者：聯邦快遞亞太地區CIO蓮達・柏勤

聯邦快遞的業務量依賴於其在全球範圍內成功的取件、運輸、派送以及不斷兑現對顧客的服務承諾。要成功實現上述兩點，必須依靠大量的科技及各種的設施。董事會主席、總裁及CEO史密斯說過：「包裹訊息與包裹遞送同樣重要。」在聯邦快遞，公司業務與IT戰略有效結合這一方面，技術是一項具有戰略性的業務工具。

向董事會推銷IT戰略

聯邦快遞是一個徹底發掘IT潛力的公司。但問題是怎樣才能使所有的這一切都行之有效？簡而言之，我們不能單單說IT是戰略性的或是多麼重要。實際工作中，IT必須在業務運作中占有一席之地並且要被認為是業務營運中的一個平等合作的夥伴。IT不能只是公司的附屬，必須能夠引起CEO的重視並能提供價值。

每一位CIO都會抱怨「我們的意見沒被重視」，但在董事會獲得一席之地是IT負責人的職責——在聯邦快遞，更緊密地貼近業務一直以來都是在引起高層管理人員注意方面採用的主要戰略之一。作為CIO，任務就是要充分理解業務——尤其是客戶的需求——在提高服務品質或工作效率方面提出建議與解決方案。當公司的不同業務部門認識到其中的價值時，他們便會把IT當作一個合作夥伴而非業務成本。

聯邦快遞IT戰略的有力之處在於，公司所有發展、實施的IT項目均是著眼於客戶的利益。它並不是為了科技而科技，而是為了提高客戶服務水準而引進並使用科技。我們與公司不同部門合作，讓他們知道什麼是必需的，並使他們充分認識到這不是出於一時之需，而是一項長期的工作。因此，其他的業務部門同樣瞭解IT的價值。

在聯邦快遞，我們優先確保IT戰略和聯邦快遞「獨立運作、共同競爭、協同管理」的全球戰略相匹配。這個戰略的每一個部分都是相互關聯的。

訊息化的優先權與維度

取得成功的重要的因素之一是能夠釐清各項需要處理事務的先後次序，必須確保正在努力攻克的項目正是對公司業務發展最重要的一個。這要經歷一個釐清先後次序的過程，還要確保對公司業務有著透徹的瞭解以便在適當的時候說「是」，更重要的是，能在適當的時候說「不」。

按照重要程度而將所有的項目進行優先順序排列，這樣的一套程序能夠對公司的資源使用及消耗狀況有一個完全的瞭解。例如，人力資源部可能僅僅有一個項目，但是它卻可能需要五種資源並花費八個月的時間才能完成。而且這個項目並不能像另外一個需要更長時間但是卻能改善客戶服務的項目那樣提供給客戶更多的利益。有了觀察所有項目的大視野，才能避免把全部注意力放在某一個項目上——只是因為它是我們能夠看到唯一的一個。釐清優先順序同樣也是做到事半功倍的關鍵。把更多的資源放在最緊急的項目上對公司來說是最有意義的。對於那些「可有可無」的，或是可以被延期的項目，完全可以把（原本用在他們上面的）資源用於更緊急的項目上面。

IT取得成功的另一個關鍵的要素是掌握業務需求和期望。我們必須幫助其他業務部門瞭解IT部門正在計劃什麼，在可能的情況下，我們製作模型，借助這個模型和他們溝通，讓他們瞭解IT計劃取得的結果是什麼。

向其他業務部門介紹IT部門所取得的成績也同樣重要。每當取得一項容易被量化的成果時，我們就有意與其他部門對此進行討論，這樣一方面可以幫助他們理解IT團隊的能力，同時也可以更容易瞭解什麼是對業務發展最重要的。

僱用和保持一個出眾的IT團隊永遠都是一個挑戰，需要堅持不懈地投入時間和精力去應對。有時，IT管理人員太過專注於技術工作，而沒有花費足夠的時間去培訓和加強IT組織和員工的能力。和管理人員一起投入時間去發掘潛在的增長點，同時發現弱點並盡力去克服是至關重要的。

我們非常重視對員工的培訓和指導。在最初的實際應用階段，我們會首先安排技術支持人員到位，這些人員可以向其他人傳授正確的方法。我們還把供應商請到公司為所有人做演示。

聯邦快遞培養人員的另外一種方法是將一線員工派駐到其他國家一段時間，這樣，這批人或者成為從各地方到總部的「大使」，或者成為從總部到各地方的「大使」。這種方法有助於增進對不同地區文化的理解，提高解決問題的能力，也可以在彼此之間建立高度的相互信任。

在過去的幾年間，聯邦快遞充分發掘服務供應商以及合同承包商的能力，重點提高公司的可變帶寬。在相同的條件下，對業務的需求量也不是相同的。有時各種需求鋪天蓋地，大大超出能力範圍，有時則正好和所期望的相一致。因此，需要整合IT資源去應對不同等級的需求，通過承包商和外部服務供應商來做這些事情。

為一個高度一致／標準化的操作環境提供支持無疑能更加節約成本且效率更高。當達到全球標準化的程度時，就可以定義台式機或筆記本的操作標準，然後在這些機器上將程序測試一次，做到每個人的操作環境都是相同的。標準化是成功在全球範圍內經營業務的關鍵，這包括：硬體標準、應用軟體標準以及在任何地方都使用相同的工具和流程。

過去人們使用個人電腦，他們對「個人電腦」中的「個人」理解太過書面化了，他們覺得可以買任何機器用於辦公使用。然而，維護這種（由不同種類硬體所構成的）系統的支持成本是巨大的。不同的硬體和操作系統使系統很難正常工作，並且調試的程序也複雜多變，這些問題並不能為客戶或者公司帶來任何好處。

然而，現實中還存在各種各樣的障礙。許多亞洲地區的供應商都是當地的或者地區性的，而不是全球性的。所以我們發現伺服器、處理器或筆記型電腦的設備標準都是不同的。但是，我們堅持要求供應商能夠努力達到「相同」的設備和服務的標準。這不僅僅對於發展中國家而言是一個挑戰，即使對於發達國家來講，也同樣是一個很大的挑戰。

就這點而言，在亞太區部署設備的最大挑戰來自於無線技術——主要是因為在不同的（亞太）國家之間使用不同的無線通信標準。亞太區各國都有適合自己國家情況的電信職能部門和代理商，他們通常基於本國的情況有權設立相關法規，使電信業在自己的控制約束下發展。例如，日本政府有權在考慮技術發展和投資的時候，將當地居民的需求納入考慮範圍之內，馬來西亞、中國香港或澳大利亞的政府也會作出這樣的決定。

聯邦快遞所面臨的挑戰是建立覆蓋整個地區的、一流的、能適應各國不同的基礎設施的通信系統。與美國等國家相比，亞太區國家也有自己的優勢，其中一個就是，區內各國的電信基礎設施都是在過去的十～十五年間建設完成的。新技術的應用將會容易得多。這些新技術在各國的應用實現了規模效應，也為未來的現代無線通信技術升級奠定了紮實的基礎。

IT 工具為戰略而生

以下是我們通過實踐得到的一些經驗和教訓：

1. 為技術支持計劃制訂協議並做好溝通工作

需要為技術支持計劃制訂完備的協議。舉例來講，你也許認為如果將整個技術支持部門安置在一個中心位置會使工作更加方便，其實這恰恰錯了！技術支持工作也許會陷入語言的障礙困擾中，其結果就是很難去診斷並解決問題。為了將這種支持擴展並覆蓋到整個區域，就需要完備的方案，並且必須確保該方案能夠被準確傳達和充分理解。

2. 一次性制定一個統一的解決方案，不要多次重複修訂

一次性制定一個統一的解決方案，不要三次、四次或者五次地反覆修改。如果你在中國香港需要一個解決方案，那麼將來或許在聖地亞哥和新德里你也會需要同樣的解決方案。如果不著眼於制定一個全球化的解決方案，那麼將為一次又一次犯同樣的錯誤而付出代價。

3. 使用商品化硬體和一個開放源代碼

你需要使用商品化的硬體和開放源代碼來降低成本。第三世界國家的勞動力不斷壓低勞動力成本；現在，我們利用 Linux 這樣的軟體來降低系統成本。並且要尋找適用於所有國家的經濟有效的解決方案。在美國適用的解決方案不一定同樣適用於菲律賓。

4. 建設一支多元化的團隊

你需要一個具有多元化的團隊。無論在亞洲還是在曼非斯總部，聯邦快遞都僱用來自世界各地的員工，因為他們會帶來不同的想法，沒有他們，將不能發展。

展望未來，我們仍然在談論許多相同的問題，這些問題不會因為技術的改變而改變。

- 我們需要繼續追求低成本高效率。
- 我們需要提高速度，並且提高服務水準，以適應不斷提高的商業發展速度。這要透過各種各樣的創新方法來實現，而不僅是依靠努力工作。
- 我們更需要努力工作以確保在亞太地區的業務與全球的業務協調一致發展。客戶業務越來越向全球化發展，這需要我們確保能夠提供相應的支持。

【閱讀資料】

聯邦快遞訊息的特殊性

與其他領域訊息比較，聯邦快遞訊息的特殊性主要表現在以下四個方面：

訊息量大

聯邦快遞訊息隨著快遞活動以及商品交易活動的展開而大量發生。多品種少量生產和多頻率小數量配送使庫存、運輸等快遞活動的訊息大量增加。零售商廣泛應用銷售時點訊息管理系統（Ns）讀取銷售時點的商品品種、價格、數量等即時銷售訊息，並對這些銷售訊息加工整理，通過電子數據交換系統（EDI）向相關企業傳送。

同時，為了使庫存補充合理化，許多企業採用電子自動訂員系統（EOs）。隨著企業間合作傾向的增強和訊息技術的發展，聯邦快遞訊息的訊息量在今後將會越來越大。

聯邦快遞訊息動態性強、更新快

聯邦快遞訊息的價值衰減速度很快、時效性高，這就對訊息工作的即時性提出了較高要求。

聯邦快遞訊息種類多

聯邦快遞訊息不僅包括企業內部的快遞訊息（如生產訊息、庫存訊息等），而且包括企業間的快遞訊息和與快遞活動有關的基礎設施的訊息。企業競爭優勢的展現需要各供應鏈與企業之間相互協調合作，協調合作的手段之一是訊息即時交換和共享。

許多企業把快遞訊息標準化和格式化，利用各個相關企業間進行傳送，實現訊息共享。另外，快遞活動往往利用道路、港灣、機場等基礎設施，因此為了高效率地完成物流活動，必須掌握與基礎設施有關的訊息，如在國際快遞過程中必須掌握保管所需訊息、港灣作業訊息等。

聯邦快遞訊息趨於標準化

現在企業間的快遞訊息一般採用 EDI 標準，企業內部的快遞訊息也擁有各自的數據標準。隨著 XML 技術的成熟，聯邦快遞訊息系統內外部訊息標準也可以統一起來，聯邦快遞訊息系統的開發將更加簡化，功能也將更加強大。

資料來源：聯邦快遞中文官網。

第三方物流：個性化物流解決方案

工業經濟是追求效率的，而現在的知識經濟是追求創新的，隨著全球科技的不斷發展，簡單地把貨物運送從一個地方運送到另一個地方，已經遠遠不能滿足現代經濟的需求，物流產業被喻為促進經濟增長的「加速器」和「第三利潤源泉」，聯邦快遞也在實踐中慢慢轉型，現在聯邦快遞為眾多企業提供個性化物流解決方案，即現在所謂的第三方物流。

第三方物流，英文表達為Third-Party Logistics，簡稱3PL，也簡稱TPL，是相對「第一方」發貨人和「第二方」收貨人而言的。中國最早的理論研究之一是第三方物流：模式與運作。3PL既不屬於第一方，也不屬於第二方，而是透過與第一方或第二方的合作來提供其專業化的物流服務，它不擁有商品，不參與商品的買賣，而是為客戶提供以合約為約束、以結盟為基礎的、系列化、個性化、訊息化的物流代理服務。最常見的3PL服務包括設計物流系統、EDI能力、報表管理、貨物集運、選擇承運人、貨代人、海關代理、訊息管理、倉儲、諮詢、運費支付、運費談判等。由於服務業的方式一般是與企業簽訂一定期限的物流服務合約，所以有人稱第三方物流為「合約契約物流」（Contract Logistics）。

第三方物流內部的構成一般可分為兩類：資產基礎供應商和非資產基礎供應商。對於資產基礎供應商而言，它們有自己的運輸工具和倉庫，它們通常實實在在地進行物流操作。而非資產基礎供應商則是管理公司，不擁有或租賃資產，它們提供人力資源和先進的物流管理系統，專業管理顧客的物流功能。廣義的第三方物流可定義為兩者結合。

好評如潮——與客戶「雙贏」

二〇〇三年八月聯邦快遞榮獲全球知名電器生產商飛利浦電子北美公司授予的「年度最佳全球包裹承運商」和「年度最佳美國本土承運商」稱號以及全球最大連鎖零售商沃爾瑪頒發的「年度最佳承運商」大獎。

上述獎項均由兩大知名廠商各自組建專家組對承運商的整體服務水準進行全面評估後產生。飛利浦公司組織了八十多位物流專家對二〇〇二年的調查進行嚴格評估，最終評選聯邦快遞為兩個獎項的最佳得主。而沃爾瑪的評比標準也囊括了各項指標，包括物流承辦對營業額的貢獻率、簡化業務操作的程度、溝通難易、靈活程度、客戶服務品質以及跟蹤糾錯能力。

沃爾瑪公司物流副總裁 David Reiff 表示：「聯邦快遞集團下轄的聯邦快遞及聯邦快遞陸運，為沃爾瑪提供了一流的服務。我們十分認可聯邦快遞的服務品質和水準。」

聯邦快遞為各行各業生產企業提供個性化物流解決方案並深得廣泛認可。利用其強大的運送網路和卓越的供應鏈管理水準，聯邦快遞的增值服務滲透到客戶業務的諸多環節。與飛利浦的合作便是最好的例子。

飛利浦公司美洲區全球銷售總裁吉姆・哈賓森（Jim Harbinson）表示：「聯邦快遞公司為飛利浦半導體公司在整合供應鏈、壓縮生產循環時間方面所做的工作十分出色。自從四年前與聯邦快遞公司建立合作關係後，我們建立起一套直接遞送模式。該模式可以讓我們在七十二小時內為美國的任何一位顧客在亞洲進行採購。由此模式而產生的連貫性配送極大地增強了飛利浦公司的競爭力。」

聯邦快遞的解決方案已被各飛利浦生產部門廣為採納。由聯邦快遞處理的貨物類型從在飛利浦各工廠內部流動的生產零部件到送到零售商手中的成品無所不包。

二〇〇〇年三月二十七日，美國聯邦快遞在新加坡舉行的第十四屆亞洲貨運業大獎（Asian Freight Industry Awards）中，連續第五年獲選為「最佳總物流管理公司」。此外，聯邦快遞再次囊括「最佳純貨運航空公司」及「北美最佳航空貨運公司」兩項最高榮譽大獎。

二〇〇二年度第十六屆亞洲貨運業大獎揭曉，聯邦快遞榮獲大會頒發的四項大獎：「北美洲最佳航空貨運公司」「最佳全球貨運公司」「亞洲最佳公路運輸公司（貨車運輸）」，以及「最佳總物流管理公司」。

聯邦快遞亞太區總裁簡力行說：「獲選為最佳總物流管理公司，再一次證明了聯邦快遞長期以來在物流管理方面的實力和表現。隨著電子商務日益普及和業務全球化的趨勢，有效和高效率的物流管理方案將成為企業繼續取得成功的重要因素。我們相信，聯邦快遞可通過結合了運輸、科技及貨倉網路的一站式綜合方案，為客戶提供獨一無二的服務。」

聯邦快遞的電子商務物流解決方案

聯邦快遞結合空運、陸運及IT網路，提供最佳的物流及配送解決方案，幫助企業提高在全球經濟中的競爭力，如圖6-2所示。

1. 量身訂制「供應鏈管理」解決方案

「供應鏈管理」在生產企業中已成為必需的管理工具。由於越來越多的企業和公司將重心放在自己的核心業務上，因此，企業的供應鏈集成及後勤作業等供應鏈管理工作的「外包」已逐漸風行，並成為業界的最佳經營方法。不論企業和公司要將貨物托運至亞洲國家還是世界其他地方，FedEx皆可為其提供整合式供應鏈解決方案，以協助客戶高效率地達成最重要的目標——提高利潤。其特點有：

(1) 供應鏈中存貨流動的透明化。

(2) 不必維持很高的存貨。

(3) 加強客戶服務。

(4) 減少倉儲成本。

FedEx 具有經驗豐富的供應鏈專業團隊，他們知道每個行業皆有其獨特的需求。FedEx 以多年的全球供應鏈管理經驗為後盾，提供整合式及量身訂制的「供應鏈解決方案」，以滿足客戶的各項需求。

2. 創新的倉儲解決方案

FedEx 物流配送中心（Logistics Distribution Centers，LDC），以廣大的 LDC

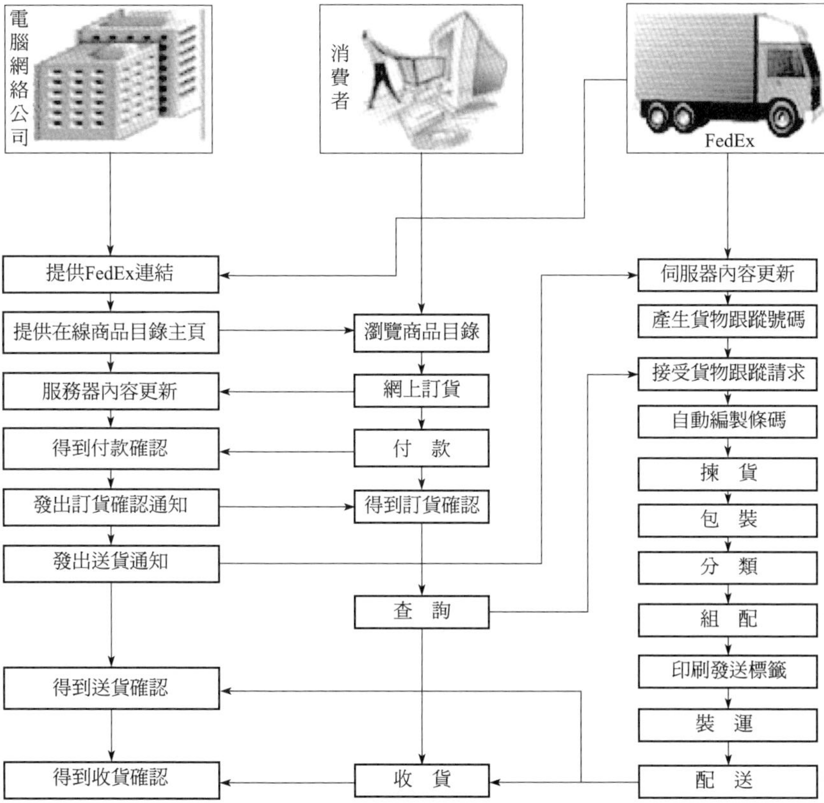

圖 6-2　FedEx 參與的電子商務業務及其物流運作

網路遍布亞洲及全球各主要城市，提供一周七天、一天二十四小時的物流解決方案，讓客戶以最具效益的成本，來管理具時效性的存貨。這個物流配送中心所提供的整合托運、倉儲及追蹤的解決方案，具有下列功能：

(1) 儲存或托運產品。
(2) 減少昂貴的存貨。
(3) 使用準確、最新的訊息及管理報告。
(4) 透過及時追蹤倉儲或運輸中的貨件，讓客戶享受供應鏈透明化帶來的好處。
(5) 在準備通關文件上，取得必要的協助。
(6) 縮短循環週期。
(7) 提高作業靈活度。

FedEx 的解決方案為客戶提供超值服務，與 FedEx 攜手合作，客戶便可將資源集中在公司的核心能力上，以增加公司的競爭優勢，包括：

(1) 增加利潤。
(2) 降低資金需求量。
(3) 提高資產運用及生產力。
(4) 擁有更適合、更具彈性的存貨。
(5)「Just-in-Time」及時生產管理流程。
(6) 快速、低成本地整合新訊息技術。

(7) 提升客戶滿意度。

聯邦快遞經典的物流解決方案[1]

（一）及時配送方案

網路的不斷普及，電子商務的迅速興起，無疑為從事快遞業的企業提供了良好的機會。在電子商務體系中，很多企業間可透過網路的連結，透過發送電子郵件或共享資源等形式傳遞必要訊息，但同時也有一些企業碰到了非常難解決的問題，那就是如何快速安全地運送實體的貨物。

以電腦產業為例，由於電腦的硬體產品具有週期短、跌價風險高的特點，如何在接到客戶的訂單後，迅速安全地取得配件、進行組裝、配送，進而減低庫存風險並掌握市場先機，這是電腦產品行業中非常重要的課題，聯邦快遞為這一問題提供了很好的解決方案。

聯邦快遞的成功傑作之一就是向美國的戴爾公司提供的「全球一體化運輸解決方案」。透過這一方案，聯邦快遞將戴爾公司在馬來西亞和美國本土總部分為兩大整機及零部件製造與供應中心，對於世界任何一地、任何單位數量的零件或整機要求，均由聯邦快遞強大的服務網路提供總體成本最低、最快捷的優化遞送方案，進而幫助戴爾公司實現了對客戶的「成功、品質和服務」的承諾。

可見，聯邦快遞的及時配送方案可以提升企業整體的營運效率，達到規避經營風險的目的。

1. 銳智．聯邦快遞非常攻略〔M〕．廣州：南方日報出版社，2005：56-62.

（二）全程物流方案

客戶總是希望得到全方位的優質物流服務。聯邦快遞抓住客戶的這一需求，提出了全程物流方案。聯邦快遞的全程物流方案是售前、售中、售後服務的結合，在這三個階段中，客戶可以感受到聯邦快遞提供的細緻、快速、全面而貼心的物流服務。

1. 售前物流服務

聯邦快遞優質的全程物流服務，從客戶開始和聯邦快遞接觸的那一刻起就很明顯地展現出來了。當聯邦快遞接到客戶打來的電話時，客戶只要報出寄件人的姓名和公司的名稱，聯邦快遞就可以透過電腦系統顯示出客戶的一些基本資料和以往的交易記錄。當客戶提出需要寄送某種類型的物品時，聯邦快遞會根據物品性質向客戶提醒寄達地海關的一些規定和要求，並提醒客戶需要提前準備好的必要文件。

2. 售中物流服務

在為客戶服務的過程中，為了減少障礙，聯邦快遞還為客戶提供了一些必要的技術上的支持。聯邦快遞的速遞員上門收貨時，會採用根據 FedEx Power Ship 自動付運系統或 FedEx Ship 軟體編製的手提追蹤器（Super Tracker），來掃瞄貨件上的條碼，這些條碼會立刻說明服務類別、送貨時間及地點。

所有包裹在物流管理的週期內，每次掃瞄後的資料將傳到曼非斯總部的中央主機系統，並且每件貨物至少在貨件分類點掃瞄六次。客戶或客戶服務人員如果想及時得到有關貨件的行蹤資料，則可利用 Power Ship 自動化系統及 FedEx Ship 軟體發出電子郵件或查看互聯網上聯邦快遞的網頁，就可以立刻得到他想知道的相關資訊。這項技術不僅方便公司的內部管理，而且更重要的是可以大大提升客戶滿意度和對聯邦快遞公司的忠誠度。

3. 售後物流服務

在按照客戶要求完成服務後，聯邦快遞還為客戶提供了優質的售後服務。聯邦快遞的售後服務主要包括兩部分：一方面解決客戶遇到的問題，在完成銷售後，如果客戶仍有問題，聯邦快遞也會及時幫助解決。另一方面是調查客戶的滿意度，尋找內部改進服務的辦法。客戶在得到滿意服務後，會再次與聯邦快遞進行新一輪的交易。

電子物流系統

電子化物流就是物流服務商務活動的電子化、網路化和自動化。它是資訊流、資金流和物流服務三者的統一，所實現的是物流組織方式、交易方式、管理方式、服務方式的電子化。從物流活動來看，物流服務過程本身就是一個商務活動，也包括商務活動的洽談、簽約、支付、履行、結算的各個過程，把這些商務過程進行電子化，就形成了電子化物流系統。

聯邦快遞就是透過電子化物流系統為客戶提供優質而且快捷的服務的。具體來說，聯邦快遞的電子化物流系統包括以下幾個方面：

（一）貨運管理系統

聯邦快遞的網站上擁有一個強大的聯邦貨運管理系統。用戶透過使用這個系統，能夠以最有效、最便利的途徑享受聯邦快遞的各種迅速周到的服務。

在客戶看來，聯邦貨運管理系統在透過網站為他們提供高效率、便捷的服務的同時，也為他們節省了大量的時間。在網上地址簿中，客戶可以免去一遍遍列印貨運訊息而浪費的時間。

符合條件的用戶還可以透過聯邦快遞網站成為聯邦貨運管理系統的註冊用戶。註冊用戶可以享受許多服務，包括：通過聯邦快遞運送包裹；很方便地輸入和列印國際、國內貨運標籤；全天候對包裹進行網上全程跟蹤；通過資費報價系統迅速查詢由美國各地發往全世界的貨物運輸費用；將一千個常用地址儲存進 FedEx 貨運公司管理系統為用戶建立的地址簿中；生成網上交易記錄；要求聯邦快遞上門收件；透過電子郵件將貨物已上路或已投遞的訊息通知相關各方。

（二）電子托運工具

為了提高效率，聯邦快遞還率先推出了迅速便捷的電子托運工具。利用聯邦快遞獨一無二的電子托運工具，客戶可以更有效率地準備托運文件，並透過電腦進行貨件追蹤從而輕鬆地完成快遞工作。不管是在家工作或在大型跨國企業服務的客戶，聯邦快遞均可以針對不同客戶的不同需求，提供最適合客戶本人特點的電子托運工具。

透過電子托運工具，客戶只要直接利用互聯網訪問聯邦快遞網站，即可一步步地完成托運工作。而且，進行在線托運及貨件追蹤時，客戶也不需安裝其他軟體，使用非常方便。此解決方案也可以藉由發電子郵件的方式，事先通知各個其他相關人士該貨件的托運資訊。當貨件抵達時，此系統還會自動發出電子郵件通知客戶及其他各位人士，以便讓他們更快地取得貨件，節省時間，提高效率。

（三）電子快遞助理

聯邦快遞的電子快遞助理（標準版）是聯邦快遞為亞太區客戶量身定做的托運應用軟體，適用於目前廣泛使用的 Windows 操作系統，可以說是電子托運工具的亞太版。這套最新的軟體能幫助客戶以簡單步驟快捷地準備托運文件。新用戶也可利用軟體內的操作示範，在十分鐘內學會使用。另外，一些先進功能，包括電子郵件通知、托運記錄、預先計劃及彈性化的報告書，可使客戶更有計劃和自動地完成快遞工作，進而大大地節省時間。

（四）全球貨運時測系統

聯邦快遞推出的全新網上全球貨運時測（GTT）系統，可以協助客戶查詢貨件的運送時間，以選擇最合適的貨運方式。客戶只需登錄聯邦快遞網站即可使用 GTT 系統，此系統能夠自動計算出貨件來往聯邦快遞網路內兩個或兩個以上地點所需的運送時間。

GTT 系統使用方便，系統會根據客戶所輸入的資料，協助客戶確定貨件的類別，並就運送時間作出估計，並考慮所有可能導致貨件延誤的因素，計算出準確的貨件運送時間。客戶如果能夠事先得知精確的貨物運送時間，就能夠選擇根據自身情況而定的運送方式，進而節約成本。

（五）中小企業電子化物流方案

針對中小企業的情況，聯邦快遞利用自身強大的網站為其提供了電子化物流解決方案。聯邦快遞針對中小企業的電子化物流解決方案包括：全球貿易管理系統、電子商務構築系統、小企業中心、我的聯邦快遞等服務。

「全球貿易管理系統」可自動免費提供國際貨運所需文件及應遵守的規章；這項服務可以為中小企業提供必要的指導，使其瞭解國際運輸中所需要的所有單據、文件，提前準備好，以免到時浪費時間，降低效率。

「電子商務構築系統」可讓客戶利用聯邦快遞的網路能力建立虛擬商務空間，為中小企業開展電子商務提供一個很好的平台。

「小企業中心」可為小企業提供多種行業訊息及處理工具，進而為中小企業互相交流提供平台和支持系統。

「我的聯邦快遞」可讓用戶制定自己的瀏覽方式和與聯邦快遞網站交流的方式，進而增進了客戶和聯邦快遞之間的溝通和聯繫，使聯邦快遞能夠更加迅速瞭解到客戶的最新需求。

【閱讀資料】

（一）聯邦快遞配送中心的分類

聯邦快遞配送中心可以按以下幾個不同的標準進行分類。

1. 按聯邦快遞配送中心承擔的職能分類

(1) 供應配送中心。專門為某個或某些用戶（例如聯營商店、聯合公司）組織供應的配送中心。例如，為大型連鎖超級市場組織供應的配送中心；代替零件加工企業送貨的零件配送中心等。

(2) 銷售配送中心。以銷售經營為目的、以配送為手段建立的聯邦快遞配送中心。銷售配送中心又根據營運主體分為三種類型：

第一種是生產企業為本身產品直接銷售給消費者的配送中心，在國外，這種類型的配送中心很多。

第二種是流通企業作為本身經營的一種方式，建立配送中心以促進銷售，如連鎖公司的配送中心。國內外的連鎖公司一般都有自己的配送中心。

第三種是第三方物流企業為向社會提供物流服務建立的配送中心。中國隨著第三方物流業的興起，這類配送中心會越來越多。

(3) 包裹快遞配送中心。包裹快遞配送中心是聯邦快遞公司用於快速包裹集散的配送中心，通常稱中轉站或中間站。由於聯邦快遞公司的特點是「快」，包裹集中以後就要盡快送達，所以包裹配送中心的功能主要是分揀、包裝、發送，包裹在配送中心停留的時間很短，主觀上不希望有存儲，所以這類配送中心的存儲功能很弱。

2. 按聯邦快遞配送區域的範圍分類

(1) 城市配送中心。以城市範圍為配送範圍的配送中心，由於城市範圍一般處於汽車運輸的經濟里程，這種配送中心可直接配送到最終用戶，且採用汽車進行配送。所以，這種配送中心往往和零售經營相結合，由於運距短，反應能力較強。因而從事多品種、少批量、多用戶的配送較有優勢。

(2)區域配送中心。以較強的輻射能力和庫存準備，向省（州）際、全國乃至國際範圍的用戶配送的配送中心。這種配送中心配送規模較大，一般而言，用戶也較大，配送批量也較大，而且，往往是配送給下一級的城市配送中心。也配送給營業所、商店、批發市場和企業用戶，雖然也從事零星的配送，但不是主體形式。這種類型的配送中心在國外十分普遍，《國外物資管理》雜誌曾介紹過的美國馬特公司的配送中心、阪神配送中心、蒙克斯帕配送中心等就屬於這種類型。

3. 按聯邦快遞配送中心內部特性分類

(1)儲存型配送中心。有很強儲存功能的配送中心，一般來講，在買方市場下，企業成品銷售需要有較大庫存支持，其配送中心可能有較強儲存功能；在賣方市場下，企業原材料、零部件供應需要有較大庫存支持，這種供應配送中心也有較強的儲存功能。大範圍配送的配送中心，需要有較大庫存，也可能是儲存型配送中心。中國目前擬建的配送中心，都採用集中庫存形式，庫存量較大，多為儲存型。瑞士 Giba-Geigy 公司的配送中心擁有世界上規模居於前列的儲存庫，可儲存四萬個托盤；美國赫馬克配送中心擁有一個有十六萬三千個貨位的儲存區，可見存儲能力之大。

(2)直通型配送中心。基本上沒有長期儲存功能，僅以暫存或隨進隨出方式進行配貨、送貨的配送中心。這種配送中心的典型方式是：大量貨物整進並按一定批量零出，採用大型分貨機，進貨時直接進入分貨機傳送帶，分送到各用戶貨位或直接分送到配送汽車上，貨物在配送中心裡僅做少許停滯。前面介紹的阪神配送中心，中心內只有暫存，大量儲存則依靠一個大型補給倉庫。

(3)加工型配送中心。這類配送中心一般是由生產企業指定，專為其組織、加工、配送原材料和零件的配送中心。英國阿波羅金屬有限公司設在德國法蘭克福的配送中心就是一個加工配送中心。阿波羅金屬有限公司是在英國最大的獨立鈦金屬分銷商，也是全球第二大鋁金屬板材分銷商。該公司被英國宇航公司、美國波音飛機製造公司，空中客車公司指定專為其加工、配送民用客機和軍用飛機所需的鋁材製品。阿波羅金屬有限公司每年要為這些製造企業採購、加工並配送到崗位上的零件就達十萬件以上。英國宇航公司原也是一個大而全的企業，擁有六家生產基地，十六個零件加工點，有三百五十家原材料供應企業為其服務，一九九八年，他們把採購、加工、配送的環節剝離出來，交給了阿波羅金屬有限公司，甚至把生產線上的七千件工具的管理也交給了該公司。阿波羅金屬有限公司為英國宇航公司供應七萬五千件零件產品。

4. 按聯邦快遞配送中心的歸屬分類

(1)自用型配送中心。是指非專物流企業為了自身物流需要創辦的配送中心，一般不對外承擔物流業務，或不以對外承攬物流業務為主。國外這類物流中心常見於商業連鎖公司或大型企業集團，如美國沃爾瑪公司的商品配送中心，是專門為該公司所屬零售店配送商品設立的。中國著名企業海爾集團創辦的海爾配送中心也屬這種類型。

(2)公用配送中心。是指由第三方物流企業投資興建，面對社會提供配送服務的配送中心。這類配送中心在經濟發達國家是一種主要形式。中國隨著物流的發展，第三方物流企業越來越多，這類物流中心也將成為中國物流業中配送的主要組織形式。

（二）聯邦快遞配送的基本功能要素

聯邦快遞配送的基本功能要素主要包括集貨、分揀、配貨、配裝、送貨等。

1. 集貨

集貨是配送的首要環節，是將分散的、需要配送的物品集中起來，以便進行分揀和配貨。為了滿足特定用戶的配送要求，有時需要把用戶從幾家甚至數十家供應商處預訂的物品集中到一處。

集貨是聯邦快遞配送的準備工作。聯邦快遞配送的優勢之一，就是通過集貨形成規模效益。深圳中海物流公司為 IBM 公司配送時，先將 IBM 公司遍布世界各地的一百六十多個供應商提供的料件集中到香港中轉站，然後通關運到深圳福田保稅區配送中心，這是一個很複雜的集貨過程。

2. 分揀

將需要聯邦快遞配送的物品從儲位上揀取出來，配備齊全，並按配裝和送貨要求進行分類，送到指定發貨地點堆放的作業。分揀是保證配送品質的一項基礎工作，它是完善送貨、支持送貨的準備性工作。成功的分揀能大大減少差錯，提高配送的服務品質。

3. 配貨

聯邦快遞配貨是將揀取分類完成的貨品經過配貨檢查再運到發貨準備區，待裝車後發送。裝入容器和做好標記，再運到發貨準備區，待裝車後發送。

4. 配裝

聯邦快遞配裝也稱配載，指充分利用運輸工具（如貨車、輪船等）的載重量和容積，採用先進的裝載方法，合理安排貨物的裝載。在配送中心的作業流程中安排配載，把多個用戶的貨物或同一用戶的多種貨物合理地裝載於同一輛車上，不但能降低送貨成本，提高聯邦快遞的經濟效益，還可以減少交通流量，改善交通擁擠狀況。

配裝是聯邦快遞配送系統中具有現代特點的功能要素的重要區別之一。

5. 送貨

送貨是將配好的貨物按照配送計劃確定的配送路線送達到用戶指定地點，並與用戶進行交接。如何確定最佳路線、如何使配裝和路線有效結合起來，是聯邦快遞配送運輸的特點，難度也較大。

（三）聯邦快遞配送中心作業流程

聯邦快遞配送中心可分為專業配送中心、柔性配送中心、銷售配送中心、城市配送中心、大區域型配送中心、儲存型配送中心、流通型配送中心、加工型配送中心。

聯邦快遞配送中心一般具有如下職能：集貨職能、儲存職能、分揀理貨職能、配貨分放職能、倒裝分裝職能、裝卸搬運職能、送貨職能、情報職能等，在配送中心的作業中要展現以上職能。

作為一個整體來看，配送中心在進行貨物配送時所展現出的工藝流程是一般作業流程。從一定意義上說，一般作業流程也就是配送中心的總體運動所顯示的工藝流程。

(1) 接受並匯整訂單。接受配送服務的各個用戶一般都要在規定的時間點以前將訂貨單通知給配送中心，後者則在規定的時間截止後將各個用戶的訂貨單進行匯整，以此來確定所要配送的貨物的種類、規格、數量和配送時間等。

(2) 進貨。配送中心的進貨流程包括訂貨、接貨、驗收、分揀、儲存。配送中心收到和匯總用戶的訂貨單以後，首先要確定配送貨物的種類和數量，然後要查詢本系統現有庫存物資中有無所需要的現貨。

(3) 理貨和配貨。為了順利、有序地出貨，以及為了便於向眾多的客戶發送商品，配送中心一般都要對組織進來的各種貨物進行整理，並依據訂單要求進行組合。從地位和作用上說，理貨和配貨仍是整個作業流程的關鍵環節。同時，它也是配送活動的實質性內容。

(4) 出貨。這是配送中心的末端作業，也是整個配送流程中的一個重要環節。它包括裝車和送貨兩項經濟活動。

(四) 聯邦快遞商品包裝的技法

1. 對內裝物的合理置放、固定採用的包裝技法

在運輸包裝體中裝進形態各異的產品，需要具備一定的技巧，只有對產品進行合理置放、固定和加固，才能達到縮小體積、節省材料、減少損失的目的。

2. 對鬆泡產品體積進行壓縮

對於一些鬆泡產品，包裝時所占用容器的容積太大，相應地也就多占用了運輸空間和儲存空間，增加了運輸儲存費用，所以對於鬆泡產品要壓縮體積。一般採用真空包裝技法。

3. 外包裝形狀尺寸的合理選擇

有的商品運輸包裝件還需要裝入集裝箱，這就存在包裝件與集裝箱之間的尺寸配合問題。如果配合得好，就能在裝箱時不出現空隙，有效地利用箱容，並有效地保護商品，包裝尺寸的合理配合主要指容器底面尺寸的配合，即應採用包裝模數系列。

4. 內包裝形狀尺寸的合理選擇

內包裝在選擇形狀尺寸時，要與外包裝形狀尺寸相配合，即內包裝的底面尺寸必須與包裝模數相協調。當然，內包裝主要是作為銷售包裝，更重要的考慮是有利於商品的銷售，有利於商品的展示、裝潢、購買和攜帶。

5. 包裝外的捆紮

外包裝捆紮對包裝具備重要作用，有時還能達到關鍵性作用。捆紮的直接目的是將單個對象或數個對像捆緊，以便於運輸、儲存和裝卸，此外，捆紮還能防止失竊而保護內裝物，能壓縮容積而減少保管費和運輸費，能加固容器，一般合理捆紮能使容器的強度增加百分之二十～百分之四十。收縮薄膜包裝技術是用收縮薄膜裹包集裝物件，然後對裹包的物件進行適當的加熱處理，使薄膜收縮而緊貼於物件上，使集裝的物件固定為一體。收縮薄膜是一種經過特殊拉伸和處理的聚乙烯薄膜，當薄膜重新受熱時，其橫向和縱向產生急劇收縮，薄膜厚度增加，收縮率可達百分之三十～百分之七十。

資料來源：聯邦快遞中文官網。

Chapter 7

第七章
人力資源管理的人才客戶化

聯邦快遞的飛機是紫色的，員工的服裝亦是紫色的，所以聯邦快遞將自己使命必達的保證形象地稱為「紫色的承諾」，當然，實現這樣的承諾背後一定要有強大的支撐體系做保證。前面的章節我們已經瞭解了聯邦快遞的技術等「硬體」保證，而能夠使企業有效運轉下去，光靠「硬體」是不夠的，所以在本章我們主要介紹「紫色承諾」的「軟體保證」，即聯邦快遞獨特的「把人才當客戶」的人力資源管理哲學與企業文化，最後我們具體介紹員工的待遇與相關制度。

「把人才當客戶」的經營哲學

本節我們主要介紹聯邦快遞「把人才當客戶」的經營哲學，不過在正式開始之前，我們必須明確聯邦快遞的願景與使命，進而更好地理解其經營哲學的意義所在。

聯邦快遞的願景

下面是聯邦快遞對於自身願景的具體表述：

- 為股東創造卓越的財務回報。
- 為客戶提供最優質的服務。
- 與員工、合作夥伴及供應商建立互惠、互利、互信關係，共同分享成果。
- 安全是所有業務的首要條件。
- 所有活動必須遵循最高的道德和職業標準。

聯邦快遞的使命

聯邦快遞一貫堅持「**P-S-P**」的經營哲學。透過對那些需要快遞、及時遞送的重要貨物和文件提供非常可靠的、具有超強競爭力的優質全球陸—空運輸服務，創造出顯著的財務利潤。同樣重要的是，透過及時的電子跟蹤和跟蹤系統來保證對每個包裹的主動控制。每一次客戶付款時都會提供完整的出貨和遞送記錄；公司將會對其他人和大眾有所幫助，謙恭禮貌並且專業；公司將會在每次交易的結束爭取到完全滿意的客戶。

從上面願景與使命的敘述我們可以看出，聯邦快遞在財務、技術、服務及客戶滿意各個方面都力求卓越，關於公司財務的內容我們會在下一章具體敘述，技術方面我們已經有了詳細的瞭解，而真正優質的服務和客戶滿意是必須由員工創造的。「人」的重要性不言而喻。

聯邦快遞的紫色承諾

（一）紫色承諾標識及解讀（見圖 7-1）

圖 7-1 為紫色承諾（Purple Promise）的標識，紫色承諾的標識圍繞著一個對客戶的承諾——內部客戶和外部客戶，將各個 FedEx 公司團結在一起。強調了紫色承諾的個性，有「P」且象形於「I」的字母以及字母上的圓點組成了一個人的形狀。這個圖像象徵著每個人對於紫色承諾的責任。

圖 7-1　聯邦快遞標識

（二）紫色承諾釋義

- 「我」是紫色承諾。
- 「我」承諾讓客戶每一次都享受到 FedEx 無與倫比的服務。
- 「我」負責。

（三）紫色承諾——企業文化的精髓

聯邦快遞的紫色承諾是聯邦快遞致力於締造卓越的客戶服務理念，以符合或超越客戶期望的口號。「讓客戶每一次都享受到 FedEx 無與倫比的服務」，即紫色承諾。這是聯邦快遞的工作方向，是其企業文化的組成部分，也是公司文化的精髓。

隨著客戶服務需求的日益變化，公司也必須同步跟進，必須在滿足客戶需求方面做到最好，並找到更好的新方法來滿足這些需求。用最高水準的禮貌、職業風範和尊重的態度來對待客戶。

流淌著「紫色血液」的聯邦員工，因紫色承諾而團結在一起，超越了職責、部門、公司和區域，不論是對外部客戶還是內部客戶，都誠懇地、熱情地、勤奮地予以回應。雖然有時遵守這項承諾需要付出超常的努力，但更多的時候，需要的是每一個人每一天做好本職工作。當客戶看到公司一直在努力地幫助他們，就會對公司產生信任和忠誠。個人以及所有團隊成員的集體表現，都會帶來公司競爭對手無法企及的客戶體驗。

「把人才當客戶」的經營哲學

為了給客戶持續提供高水準的服務，並保持空中速遞業的領導地位，聯邦快遞基於「把人才當客戶」的企業理念，開發了與其員工之間獨特的關係體系。

聯邦快遞的創始人史密斯認為員工是決策制定體系中不可或缺的一部分，這個想法歸於他的信念：「將人置於第一位，他們便會提供高水準的服務，利潤便會隨之而來。」而這個信念便是聯邦快遞公司的經營哲學：員工—服務—利潤（People-Service-Profit，P-S-P），這三者既是企業的目標，又是聯邦快遞所有業務決策的依據。下面對三者加以具體解釋。

（一）「P-S-P」——一切把人才當客戶

員工—服務—利潤是 FedEx 長期以來的企業宗旨。這句話簡潔地描述了主導 FedEx 每項活動的原則。FedEx 堅信，透過關愛員工，員工也會為客戶帶來所需要的卓越服務。因而，FedEx 的員工也會為 FedEx 帶來必要的贏利能力，確保 FedEx 的未來。

P-S-P 宗旨就像不可打破的圓環（見圖 7-2）。不存在可以明確定義的進入點或退出點。環環相扣，相互支持。「員工」這一環由「利潤」加以支持，「利潤」由「服務」支持，而「服務」又得到員工的支持。

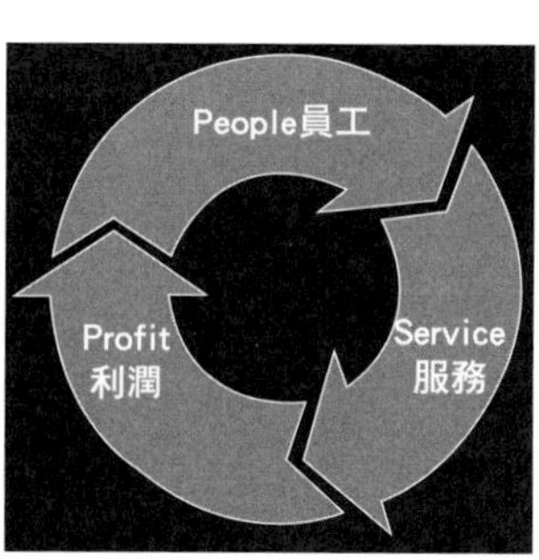

圖 7-2　聯邦快遞的 P-S-P 宗旨

1. 員工

「把人才當客戶」的理念承認了員工滿意與員工授權的重要性，這樣便得以創造一種讓員工在承擔風險時感到足夠安全的環境，並使員工努力追求卓越品質、優質服務及客戶滿意。

員工是 FedEx 最重要的資產。FedEx 的目標是關注員工的需求，使他們提供出色的客戶服務，進而實現客戶的期望。FedEx 提供培訓，在機構內的各個層次之間保持開誠布公的溝通，以尊重對待每一位員工。FedEx 鼓勵員工在彼此和客戶之間建立起終生聯繫。

聯邦快遞深信，他的員工是快遞業內最優秀的專業人員的一分子。「員工—服務—利潤」哲學是基於這樣一個信念，即積極主動和認真負責的員工，能夠向顧客提供專業的服務，確保公司贏利和業務的持續發展。

基於這個「把人才當客戶」的哲學，公司向員工提供更好的工資和福利計劃、公開的勞資溝通管道以及積極的員工關係政策。聯邦快遞的內部提升政策使公司更加確信現有員工是填補未來職位空缺的最佳來源。

2. 服務

聯邦快遞稱，服務是其存在的唯一理由。聯邦快遞以最大的個人熱情、敬業精神和尊重來對待客戶。儘管聯邦快遞的承諾不會超過力所能及的範圍，但聯邦快遞一直在努力做得更好。

公司最主要的目標之一，就是為顧客提供完全可靠的服務。顧客對服務的滿意是公司成功的關鍵。而要使顧客滿意，就必須實現一切服務承諾，並最大限度地以誠懇尊重的態度和專業的工作精神對待顧客。

員工必須認識到，顧客托付給公司的每件包裹和文件，對他們來說都是至關重要的。公司的生機取決於員工的服務品質。為了提供專業的服務，並達到精益求精的標準，員工必須牢記：不要作出公司能力以外的承諾，但必須努力超越公司的承諾。

3. 利潤

為確保公司業務和員工未來的持續發展而維持賺取利潤的持續能力，任何時候都是公司首要的任務之一。

而公司的贏利有賴於全體員工全心全意地工作，以及提供高品質的專業服務。任何公司都必須確保股東的投資得到足夠的回報，才能夠繼續生存。這是放諸四海而皆准的經濟定律，聯邦快遞當然也不例外。任何事情都是金錢和時間的結合體，因此公司承諾，員工為公司所付出的時間和努力，都會得到適當的回報。

（二）「最佳僱主」——當之無愧

聯邦快遞以承諾準時送達著稱，我們可以想見這樣嚴格的時間要求對員工工作時的壓力，可是每一個在聯邦快遞工作的員工都十分地快樂，永遠充滿著激情，這也不得不歸功於聯邦經營哲學的力量。

聯邦快遞多次當選美國「最佳僱主」，二〇〇五年還獲得「中國最佳僱主」的稱號，前面的文中我們也有所提及，有很多人移居曼非斯，都是為了能夠在聯邦快遞找到一份工作。這樣的魅力不得不讓人稱奇。不過通過其經營哲學的介紹，我們也應該能夠理解，這樣的稱號實屬意料之中。在聯邦快遞看來，只有真正地尊重員工，讓員工樂意去真正瞭解他們的僱主服務，才能成為一個名副其實的最佳僱主。

聯邦快遞的核心價值觀

為了實現 P-S-P，聯邦快遞的員工必須遵守公司的核心價值觀。其中包括：

- 尊重——以尊重對待每個人。
- 信譽——值得信賴。
- 服務——服務他人。
- 卓越——永無止境地努力超越期望。
- 溝通——理解他人，讓他人理解自己。

透過每天遵守這些價值觀而創造出的積極環境將鼓勵員工投入努力，為客戶帶來出色服務。

企業界有句俗語，叫「小企業做事、大企業做人」；管理學上也有這樣的說法：管理一個小企業靠權威，管理一個中型企業靠制度，管理一個大企業必須靠文化。無疑，聯邦快遞「把人才當客戶」的經營哲學無疑是成功的典範，通過這樣的努力，使其「紫色承諾」更加完美。

實理念、強落地的「員工協助方案」

二〇〇六年，聯邦快遞的「員工協助方案」（Employee Assistance Program），為員工提供專業保密的個人諮詢服務，幫助員工解決工作和生活中遇到的個人問題；另外，企業還向員工及其直系親屬提供一項福利，幫助員工健康地工作和生活，提高員工在團隊中的工作績效。

為了確保 **P-S-P** 成為所有員工的生活方式，聯邦快遞採取了多項措施，下述的項目突出表明了聯邦快遞始終致力於「把人才當客戶」哲學。

- 一年一度的員工滿意度調查，是管理者績效的重要組成部分，並形成改善的基礎（Survey-Feedback-Action，SFA）。
- 內部晉陞政策。
- 聯邦快遞小時工的在線工作任命系統（職位變更申請跟蹤系統）。
- 員工認同和獎勵計劃。
- 為保證管理水準的提升，必須完成的領導者評價程序，即領導者評價和認知程序（Leadership

Evaluation and Awareness Process）。

- 透過出版物和廣播定期與員工溝通。
- 基於目標管理和項目目標的目標設定程序的績效薪酬。
- 處理員工關於公司政策的問題和投訴程序（門戶開放政策）。
- 員工問題和投訴的上訴程序（Guaranteed Fair Treatment Procedure，GFTP）。

下面我們將針對上述內容逐一具體介紹。

SFA——聯邦快遞管理的潤滑油

SFA：「S」—Survey，意即調查；「F」—Feedback，意即回饋；「A」—Action，意即行動。

1.「S」—調查

一年一度的員工調查，主要針對員工滿意度及對管理者領導的意見。每年四月，每位員工都要參與調查。共有三十四道與公司和直線領導相關的題目。下面是 SFA 調查的主要內容。

(1) 我感覺能將我的想法自由地告知我的經理。
(2) 我的經理讓我明確他對我的期望。
(3) 我的經理能夠公平地對待我。
(4) 我的經理幫助我們找到更好地完成工作的方法。

(5) 我的經理願意傾聽我關注的問題。
(6) 我的經理言行一致。
(7) 當我出色完成任務時，我的經理會及時讓我知道。
(8) 我的經理很尊重我。
(9) 我的經理讓我明確我需要知道的事情。
(10) 當我們需要時，我經理的上司能夠給予我們支持。
(11) 我認為聯邦快遞為客戶提供了優質的服務。
(12) 我工作組中的大部分人都能夠共同完成工作。
(13) 我的工作組與聯邦快遞的其他工作組之間存在合作。
(14) 上級領導（APAC 的官員和管理者）讓我們知道公司正在努力完成的目標。
(15) 我對上級領導（APAC 的官員和管理者）。
(16) 我對自己在聯邦快遞的工作有安全感。
(17) 能在聯邦快遞工作我感到自豪。
(18) 針對我的工作，我認為我的工資是公平的。
(19) 我們的福利計劃能夠滿足我大部分的需要。
(20) 聯邦快遞提供了一個安全的工作環境。
(21) 聯邦快遞的規則和程序是合理的。
(22) 我能夠得到足夠的支持和設備來完成我的工作。

(23) 我有充分的自由來很好地完成工作。
(24) 上一年 SFA 所關切的問題得到了有效地解決。
(25) 我認為在聯邦快遞有進一步發展的機會。
(26) 我有機會發揮自己的技術和能力。
(27) 聯邦快遞是一個很好的工作場所。
(28) 如果另一家公司提供同樣的工作和工資，我更願意留在聯邦快遞。
(29) 品質是我工作的重要組成部分。
(30) 聯邦快遞一直努力為客戶提供最佳的產品和服務。
(31) 對於影響我工作的事情，我的經理會徵求我的意見。
(32) 我的經理針對我的績效給予有效及時的反饋。
(33) 我得到了正確的培訓以更好地完成我的工作。
(34) 我知道如何在我所從事的工作中傳遞「紫色承諾」（Purple Promise）。

上面的三十四個題目是 SFA 調查的內容，每個題目都有五個選項，分別為：「非常贊同」「贊同」「無所謂」「不贊同」「非常不贊同」。

「問卷試圖從公司每位員工那裡瞭解到公司管理好的方面和需要改進的方面。它一則可以讓公司各級管理人員瞭解到自己下屬員工所瞭解到的問題；二則也是監督管理人員工作能力的一個好工具。」FedEx 中國區總裁陳嘉良說。

2.「F」—回饋

接下來就是回饋了，結果匯整後，經理與員工共同舉行會議，討論調查的結果並確認部門內外的問題所在。

3.「A」—行動

回饋後，他們以團隊的形式制定一份正式的、書面的行動計劃以解決這些問題。團隊會在全年的工作中審查該計劃，以確認問題是否得到有效解決。

從上述完整的流程可以看出，SFA 將公司管理和人力資源管理中幾個至關重要環節聯繫起來。首先，它將一家公司業務的三個組成部分，即員工、服務、利潤妥善地結合起來，並使它們之間保持相對平衡；其次，它妥善地檢驗公司的工作氛圍（包括福利、管理，以及其他人力資源問題）是不是員工喜歡和需要的；最後，就是透過發現問題、分析問題、解決問題的「三部曲」，來發揮它的作用。

SFA 已經成為在整個組織橫向和縱向運行的有效的管理工具。前十個調查項目主要是調查員工對於「人」的管理問題。這十項的得分是每年衡量「P-S-P」中，第一個「P」，即「人」的目標是否達成的量化標準。

實際上，許多公司都在做這樣的員工調查。但區別在於，FedEx 更注重怎樣使用它來使自己的管理人員成為出色的管理者。FedEx 有「總裁特別獎」，就是在 SFA 調查結果的基礎上，評選出最優秀的管理者，該比例約占公司所有管理者的百分之二。該獎項表明了公司對優秀管理人員能力和成績的肯定，同時也給予他們更好的繼續工作的信念。FedEx 的崗位輪換也是基於 SFA 的結果。將在一個崗位上得到 SFA 高分的管理者換到另一個工作地點或者另一個崗位，以此來考驗和鍛鍊管理人員。

SFA 每年舉行一次，它就像一劑「潤滑油」，在機器運轉不暢、零件磨合出現問題的地方對症下藥，進而讓機器運轉恢復正常。

職位變更申請跟蹤系統（JCATS）

該系統是一個讓小時工申請任何可選職位的電子職位任命系統。新的職位會在每週五公布。想要自己工作或工作場所的員工可以在系統中輸入自己的姓名，該系統會從人事記錄和訊息系統（PRISM）中檢索候選人的訊息。

每位申請職位的員工都會有一個數值評分，該分數基於工作績效及工作的時間，系統會根據分數排名。任何申請者都可以在任命的一周內登錄 JCATS，查看他們在候選人名單中的位置。在週末，得分最高的員工會得到這份工作。

認同和獎勵計劃

計劃是用來獎勵那些努力改善服務及提高客戶滿意的員工。

- Bravo Zulu 獎：Bravo Zulu 獎的名字來自於美國海軍中「幹得好」的行話。經理獎勵出色、努力及成績卓越的員工。獎勵包括獎金、劇院門票、晚餐禮券以及其他同等價值的禮物。

- 金鷹獎：來源於客戶的表揚，讚揚員工超出職責要求完成任務。該獎項包括十股聯邦快遞的股票以及高級行政人員的祝賀訪問或電話。

門戶開放政策

通過該程序，員工可以提問或對公司的政策事宜進行投訴，例如福利、僱用、年資、休假等。員工以開放的形式提交投訴或問題，由員工關係部門追尋至能夠最佳回應問題的部門。接到門戶開放政策調查的人員必須在十四天內給予回應。

確保公平待遇程序（GFTP）

聯邦快遞的信條是：員工是公司最重要的資源。此程序的設立目的在於為員工提供向管理層反映意見的機會，並得到公平的評價而無須擔心遭受報復。

與門戶開放政策涉及的一般政策問題相對，該程序一般涉及關係員工個人的問題。問題可以包括有爭議績效評估、紀律處分、終止、員工認為他們應該被認真考慮但實際並沒有的工作任命等。

培訓提升：留住員工

對聯邦快遞來說，有沒有物流背景，並不是聯邦快遞選人的首要條件，最重要的是，需要對行業有敏銳的觸覺、長遠的視覺，並有「以客為先」的良好服務意識。

聯邦快遞始終相信，要留住人才，就要讓他看到自己擁有一個廣闊的發展空間。這不僅僅是高工資、好福利就能等同的，給予員工在工作上、學習上都有更多的機會進步，讓他們適應整個行業的快速變化才是關鍵。

為此，聯邦快遞向它的全體員工設計了一系列培訓計劃，讓每個員工都有一個「終身學習的環境」。在聯邦快遞，每一個員工每年都可以獲得二千五百美元的獎學金。員工可充分運用這筆獎學金來挑選相關培訓。

所有的遞送員和客戶服務代理人員要接受一年一次的「在線式」測試以更新知識並適應變化的腳步。所有客戶聯絡員工在他們接到第一個客戶電話之前都要接受六個星期的強化訓練。

而對於經理和高層，聯邦快遞會推選有培養前途的經理在數個月內到公司不同的部門實習，以便更全面地瞭解公司的業務，為今後在公司擔任更重要的角色作準備。每一位經理人員在加入聯邦快遞的三個月內，必須參加公司內部的為期五天的「MAPS」培訓，以幫助經理人員理解和認同公司的內部管理體制。在加入聯邦快遞的六個月內，必須參加公司內部的針對不同階層管理人員制定的為期五天的管理培訓課程。此外，公司也會經常組織一些其他管理培訓或和公司戰略發展有關部門的「WORKSHOP」，讓公司的管理層及時更新管理理念和瞭解公司的發展動態。

而當有新的崗位空缺時，公司也總是優先考慮內部員工。聯邦快遞會定期拿出一定數量的主管職位在公司內部公開招聘，凡具有競爭實力的員工均可透過公開招聘，而升遷。

全方位、多角度的「員工全面薪酬」

前面兩節，我們介紹的聯邦快遞的經營哲學及其實施的一些政策程序，本節我們將介紹聯邦快遞員工更加具體的待遇和相關制度。

員工薪酬與福利

FedEx 的員工宗旨展現在其整體薪酬和福利計劃中。FedEx 提供完整的薪資計劃，包括現金和非現金部分。現金部分包括月薪、獎金、津貼和獎勵。非現金部分包括休假、折扣旅行、折扣托運和培訓課程。

為了吸引、保留和激勵所有的合格員工，也為了實現 FedEx 的員工—服務—利潤宗旨，FedEx 定期審核公司的整體薪酬計劃，以確保其在開展運作的本地市場中具有競爭力。

（一）薪酬

對於一線操作人員、客戶服務、文職行政人員，其獎金通過績效工資計劃（PPP）進行計算。對於管理人員和專業人員，其績效獎金被稱為「做到最佳」激勵計劃。

表 7-1 是聯邦快遞所提供的薪酬計劃。

（二）福利

表 7-2 是關於聯邦快遞福利計劃的說明。

員工績效管理

FedEx 設定明確的績效標準，所有員工都將在公司工作績效評價期內，完成其年度工作績效評價。關於所有新進的外部員工，經理必須在該員工任職的使用期結束前對其進行正式的績效評估。此後的工作績效評價，將在公司績效評價期內完成。

新進員工的最低綜合評價應該達到「不低於相同工作崗位上大多數員工的工作表現水準」，才算通過其首次工作評審績效評價，可以被確認接受為公司員工。如果達不到最低要求，經理可以在試用期內解雇新員工。

在進行工作績效評價時，直屬經理會與員工詳細討論其工作表現，並作出必要的協助以達到員工的工作表現目標。直屬經理將會為員工提供一份需要員工與經理共同簽字的書面鑒定，其中詳細記錄了關於員工工作表現的討論內容。

工作績效評價除了可以幫助員工確定現在的工作表現外，還會影響員工所獲得的總薪酬（如工資漲幅）和晉陞機會。為了有效地管理員工的績效，必須採用連續不斷的程序，涉及設定明確的任務和目標、績效的觀察和記錄、提供回饋與輔導、績效衡量／評估與績效的獎勵等。

表 7-3 是關於績效管理的具體說明。

員工發展機會

在 FedEx，每位員工都有機會在機構內獲得發展。公司為員工的進修和專業認證提供開發計劃和經費，鼓勵員工不斷學習。FedEx 鼓勵員工主動從事自身發展。表 7-4 公司提供的部分計劃

表 7-1　聯邦快遞薪酬計劃

薪酬	說明
加薪（SI）制度	● 加薪制度讓管理者有機會獎勵表現出色的員工。 ● 在計劃加薪金額時，管理人員考慮下列問題： ◇ 員工的總體績效等級 ◇ 薪資範圍中所處的地位，即將員工的工資水準與工作級別的薪資範圍進行比較 ◇ 市場指數，即員工在市場中的競爭能力 ◇ 加薪和工作歷史記錄
績效工資計劃（PPP）	● 針對一線操作員工、客戶服務和文職行政人員的激勵計劃，根據對於設定的具體市場目標達成與否，提供以獎勵為基礎的薪酬
「做到最佳」激勵計劃	● 針對管理層和專業人員提供的激勵計劃，根據對於設定的具體市場目標達成與否，提供以獎勵為基礎的薪酬

表 7-2　聯邦快遞福利計劃

福利	說明
社會保險	● 養老金 ● 醫療保險 ● 失業保險 ● 公積金
補充商業保險	● 人身意外險 ● 商業醫療保險
出差事故險	包括因公出差的事故
全球旅行	FedEx 與本地和國際客運航空公司簽訂協議，允許員工以折扣價格乘坐飛機。優惠機票是聯邦快遞最具有吸引力的福利之一。只要是公司的長期員工，員工及其家屬都可以享受優惠機票去旅遊或執行公務
FedEx 個人包裹優惠托運	FedEx 允許員工以折扣價格裝運包裹
學費資助（TA）	透過在每年的最高限額內（2,500 美元），報銷符合資格的教育費用，進而鼓勵員工進修
聯邦金考（FedEx Kinko's 的折扣）	聯邦快遞的員工在使用聯邦金考（FedEx Kinko's）的服務與產品時，均可以享受折扣

（APAC 區為例）。

工作培訓和必修訓練

員工在聯邦快遞開始第一份工作時，就要接受培訓和再教育。在許多職位的第一年，員工可能要接受數星期的課堂培訓和在職培訓。

聯邦快遞十分重視透過正式和非正式的工作培訓，促進員工的個人發展和成長。如果員工對工作範圍內的培訓計劃，或其他聯邦快遞所提

表 7-3　關於績效管理的具體說明

績效回饋系統	說明
績效評估（PA）	● 這個結構化的程序是為了辨別、衡量和開發機構內的人員表現 ● 其過程同樣涉及對於員工為機構所完成的工作提供反饋 ● 新員工應該在完成其三個月的工作前，進行首次績效審核

表 7-4　聯邦快遞員工學習鼓勵計劃

員工開發計劃	說明
APAC 電子學習	這個網上平台為 FedEx 員工提供學習課程，協助他們開發軟性與 IT 技能，包括採用各種亞洲語言的課程。這個計劃為員工免費提供。這些課程可以透過互聯網獲取，因此隨時隨地都能學習
品質大學（QU）	這個基於 web 的培訓系統為員工提供以技能為基礎的管理課程、網上資源材料與新聞組論壇。QU 透過 FedEx 內部網向所有員工提供課程。目前僅提供英語課程
FedEx 管理課程 -GOLD（Grouth Opportunitiy Leadership Development）（成長、機會、領導能力與開發）計劃	通過關注領導能力／管理概念和技能的結構化過程，為員工提供發展和成長為管理職位的機會
學費資助	通過在每年的最高限額內（2,500 美元），報銷符合資格的教育費用，鼓勵合格員工獲得額外的高等教育以及職業認證，進而實現在聯邦快遞的職業發展

供的教育計劃有興趣，應讓他們的經理知道。

員工獎勵與認可

員工—服務—利潤宗旨不可分割的一部分就是 FedEx 感謝員工提供卓越服務，促進公司的利潤。以下是聯邦快遞為員工設立的一些獎勵。

- 五星獎。五星獎是 FedEx 最著名的獎項，授予出色表現、領導能力、遠見和創造力。五星獎每年授予三百位左右的員工，他們透過加強服務、贏利能力和團隊精神，為 FedEx 作出重大貢獻。
- 人道主義獎。根據 FedEx 在員工和服務上設定的價值和重要性，FedEx 獎勵員工的人道主義考慮與服務。人道主義獎表彰超越工作或社區標準、推廣人類福利的員工，尤其是在生命受到威脅的情況下。員工可以自由提名他們認為應該獲得人道主義獎的另一位員工。
- 長期服務獎。服務獎授予員工，表揚在 FedEx 連續工作五年以及之後每次工作滿五年的員工。在五（或十、十五）週年前的三個月，禮物清單將寄給這些員工，以便他們選擇服務獎的禮物。
- BZ 獎（Bravo Zulu）。Bravo Zulu 獎的名字來自於美國海軍中「幹得好」的行話。設立 Bravo Zulu 獎的目的在於提醒員工，團隊的分工和團結一致對業務至關重要。如果員工在完成本職工作外還有出色的表現，公司就會給予特殊獎勵。管理人員為表揚員工的出色表現，會以現金或表揚信（不附帶獎金）等方式作為獎勵。

- 紫色承諾獎（Purple Promise）。紫色承諾共設置三個獎項，專門為表現卓越的客戶服務而設立，享有極高的聲譽。紫色承諾獎適用於所有聯邦快遞正式員工。在直接接觸客戶的領域，客戶定義為 FedEx 產品或服務的使用者；在支持部門的領域，客戶定義為受到被提名人員服務的人員。

在整個集團範圍內，紫色承諾根據不同的成就分為三個等級：

「紫色承諾」榮譽獎。該獎項獎勵那些雖然沒有獲得獎項評審委員會的最後選定，但是仍然有必要對其出色的工作表現進行獎勵的員工。獎品包括：感謝信和公司決定的紫色承諾獎獎金。

「紫色承諾」獎。獎品包括：一個紀念品、一個紫色承諾胸針、七百五十美元的獎金（非美國地區的員工可獲得同值獎金）和一封來自「紫色承諾獎」評選委員會的祝賀信。信件副本將同時寄送給獲獎者的所屬經理，禮品將直接寄給獲獎者的經理予以頒發。每個經營單位將會在會議或慶典時表彰獲獎人員，同時，將在公司會議、內部刊物和錄像節目中公開表彰獲獎者。

「紫色承諾」模範獎。該獎項用於獎勵年度紫色承諾獲得者中的最佳表現者。

政策與程序

FedEx 堅守原則，相信員工是其最重要的資產。FedEx 確保公司政策與程序能夠反映這一原則。FedEx 始終向員工傳達這樣一種訊息：作為 FedEx 的員工，你正在為最佳僱主服務，它擁有行業中最出色的員工團隊。

FedEx 希望所有員工都能表現出高度的個人誠實。FedEx 鼓勵員工在任何時刻都遵守最高的職業操守規範。表 7-5 為公司的部分政策。

EarthSmart @ Work

聯邦快遞知道，要以一種負責和智慧的方式來連通世界，如果沒有其團隊成員的激情和創造力，是無法實現的。聯邦快遞意識到，如果要想創造和制定企業上下執行的計劃，如 EarthSmart 計劃，只能從其員工開始。

目前，聯邦快遞正處於 EarthSmart @ Work 的初級階

表 7-5　聯邦快遞部分政策

政策與程序	說明
個人形象與公司制服	FedEx 的員工應該以最大的個人熱情、敬業精神和尊重來對待客戶。因此，員工應該保持清潔專業的形象，穿著整齊潔淨的制服（如果使用）。無論何時，只要在 FedEx 物業內部，都應該明顯佩戴員工胸牌。如果胸牌遺失，請立刻通知 HR 代表
可以接受的行為	品質由客戶定義。FedEx 的客戶期望每件包裹都能得到 100% 的客戶服務表現。為了提供 100% 的客戶服務表現，FedEx 的員工必須在工作和個人生活中作出可以接受的行為。員工應該避免可能會對自身、對其他 FedEx 員工造成傷害的行動，或是可能引起當前或潛在客戶不快反應的行為
無煙酒的工作場所	在 FedEx 的所有建築物、設施、車輛和飛機中，嚴禁吸煙、喝酒。為了提供最高品質的服務，在工作前八小時、工作中與待命時期不得飲用酒精飲料
性騷擾	FedEx 譴責任何性騷擾行為，包括不受歡迎的主動性暗示、性要求以及任何其他具有性意味的語言或身體行為
保證公平待遇程序	透過這項正式程序，員工有權就符合資格的問題提出申訴。之所以建立這個程序，是為處理員工投訴提供公平的過程
開門政策	這項政策確保員工和管理人員之間實現開誠布公的雙向溝通。FedEx 的管理人員隨時可以向員工提供及時直接的回饋和協助。這促進了開發溝通的文化，讓員工可以隨時向他們提供改進建議或員工關注

段（此階段為 EarthSmart 的三個領域之一）。EarthSmart @ Work 計劃將繼續吸收其團隊成員的創新精神，並將這種精神賦予新的活力。

EarthSmart @ Work 計劃的目的是為聯邦快遞團隊成員提供與企業可持續發展相關活動方面的培訓，並讓他們積極參與到這些活動中來。通過一系列已有的政策和流程，以及激勵和資訊共享方案，其團隊成員可以更好地為創建一個更具可持續性、更經濟和更環保的工作場所而努力。

聯邦快遞的 EarthSmart @ Work 系統分成三個部分：分享、參與和創新。

1. 分享

為團隊成員提供有關訊息是 EarthSmart @ Work 的一個核心部分。始終注重公司內部資訊和最佳實踐的共享將讓公司的團隊成員迸發出新的想法，提出更好的辦法來促進公司戰略目標的實現，並讓我們的工作場所更具可持續性。聯邦快遞借助社交媒體這一工具來分享訊息。將學習每一家營運子公司和營業區域所獨有的技能和見識，並付諸實踐。每一位團隊成員都可以接觸到公司的培訓計劃和 EarthSmart 項目數據庫。

2. 參與

聯邦快遞的團隊成員可以借助論壇、討論組和正式回饋的形式，來交流各自的想法，分享故事和相互學習，進而更好地參與到可持續發展的活動中。聯邦快遞還為小區中的團隊成員創造意義重大的志願者工作機會，讓他們將自己的專長和才智運用到需要的組織中去。

3. 創新

聯邦快遞還計劃借助一個基於具體參數而建立的遞交流程，來聽取團隊成員對 EarthSmart 項目的想法和建議。對他們的想法和建議，將結合公司戰略目標予以考慮。如果採納，將在適合的業務單元或營運子公司進行推廣。聯邦快遞希望透過團隊成員的積極參與和公司上下各種訊息的共享，來形成一條不斷創造出最新、可持續性解決方案的體系，推動公司和行業發展。

員工參與和回饋程序

重視團隊成員的參與和意見回饋一直是聯邦快遞企業文化的重要部分。它不是起源於 EarthSmart @ Work。實際上，縱觀聯邦快遞發展史，我們就會發現，聯邦快遞一直強調對團隊成員的奉獻、見解、成就和精神的尊重。圖 7-3 反映了聯邦快遞最重要和最有效的以團隊成員為核心的項目。

聯邦快遞團隊

聯邦快遞的團隊成員在經濟困難時期展現出來的堅定精神，是聯邦快遞恢復活力的最好例證。儘管聯邦快遞不得不為此作出犧牲，但其團隊成員卻始終對客戶負責，信守「紫色承諾」——使客戶每一次都享受到聯邦快遞無與倫比的服務。二〇〇九年，聯邦快遞的員工僱用率異乎尋常地高，基本和往年相同（見圖 7-4）。

另外，聯邦快遞努力維持其員工的多元化，女性員工、美國少數族裔員工在聯邦快遞均占據較大的比例（見圖 7-5）。

圖 7-3　聯邦快遞以團隊為核心的項目

「1＋1＞2」的高績效團隊運作管理[1]

如今，團隊成為了創造組織績效、提升組織核心競爭力的重要組織形式與實現手段。早在一九九二年，《財富》一千大的公司中就運用著不同類型的團隊，比率從百分之四十七～百分之一百不等。許多優秀的企業善於打造高績效的團隊，並成功運用團隊去實現組織目標，而聯邦快遞高績效團隊的成功經驗更加值得我們學習與借鑒。

航空快遞業務的最大特點在於業務流程環環相扣，區域跨度大，時間連續且緊迫，用 FedEx 員工的話說就是：與時間賽跑，而且要求準確無誤。在 FedEx 遍布全球的物流網路上，存在著成千上萬個團隊，如負責銷售的 Sales 團隊、負責收派件的 Courier 團隊、負責分揀的 Service agent 團隊、負責客戶服務的八百團隊、負責調度的 Dispatch 團隊，以及負責技術的團隊和負責航空運輸的團隊等，客戶的包裹就像接力棒一樣在這些團隊的手裡快速傳遞著，某個環節出現失誤，都將給後續工序造成連鎖並且是成倍增加的壓力，甚至可能給客戶造成無法挽回的損失。因此，FedEx 的業務絕不是某個員工單打獨鬥能夠完成

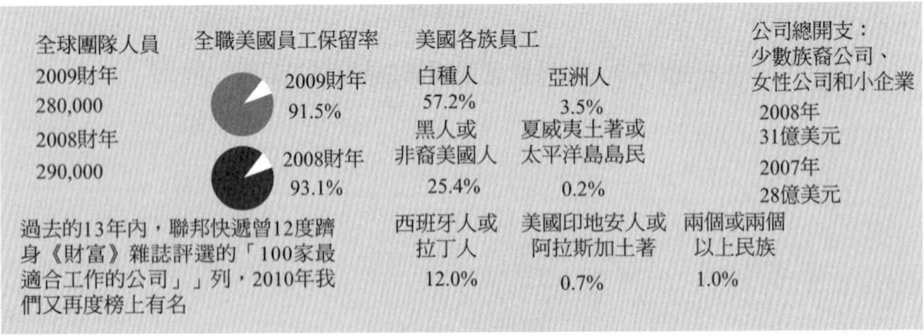

圖 7-4　聯邦快遞 2009 年僱用率

的，需要若干成員組成的團隊以及由若干個小團隊組成的更大的團隊共同完成，這就需要精誠合作的團隊精神，並努力追求更高績效的團隊合作效果。在就團隊基本概念理解一致的基礎上，我們接下來來探究聯邦快遞高績效團隊究竟展現在哪些方面，聯邦快遞是如何圍繞這些方面打造出高績效團隊的。

有效的團隊溝通是建立高效團隊的必備環節

有效的團隊溝通可以保障資訊的充分交流共享，可以保障不同意見的真實表達，還可以促進團隊成員之間的感情交流與思想碰撞，這些都最終促進團隊績效的產生。FedEx 有三大保障溝通的制度：自由交流政策（Policy of Communication with Freedom）、保證公平待遇程序（Guaranteed Fair Treatment Procedure）、調查—回饋—行動計劃（Survey-Feedback-Action Plan）。

自由交流政策是指管理層隨時歡迎並樂意考慮員工所提供的有關改善制度的意見；保證公平待遇程序是為了讓團隊成員有

1. 周密，袁霓．聯邦快遞：打造高績效團隊的訣竅〔J〕．中國勞動，2005（6）．

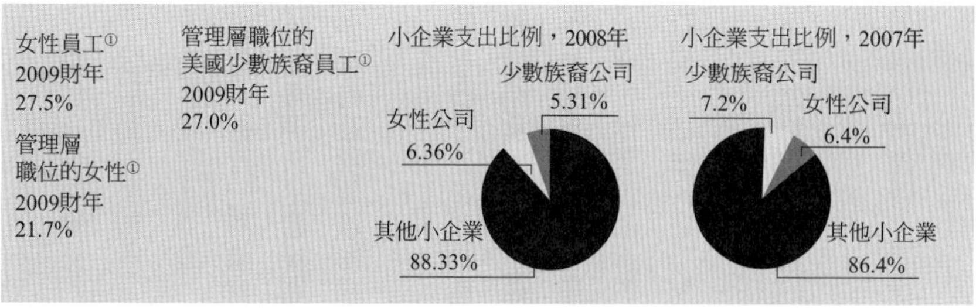

圖 7-5　聯邦快遞員工的多元化

①我們計劃繼續增加普通職位和管理層中的女性和少數族裔員工人數。

機會向管理層反映他們所關注的問題，以處理和直屬長官所不能解決的爭執，也就是說，當下級成員不能接受直屬長官的意見、決定等，可以跨級向上反映，爭取滿意的答覆和公平的解決，這也是一種處理衝突的解決辦法。FedEx 的管理者經常花大量精力與員工溝通，除了面對面的溝通，還透過電視電話會議等方式進行，為了確保員工與公司的由下往上的溝通，FedEx 推出了調查—反饋—行動計劃，這項計劃在 FedEx 已經推行了二十五年。其主要做法就是公司每年進行一次讓員工對公司、對經理進行評價的調查，員工可以藉由問卷評估他的經理，透過評估分數再決定讓經理與員工坐下來懇談，直到找到問題的癥結和解決措施，當然，讓團隊成員一致不滿的經理調職的狀況也不少，例子不再贅述。

哈佛商學院的艾米 C. 愛德蒙森（Amy C.Edmondson）研究認為，在跨技能、跨學科的團隊中，那些能夠直言不諱（Speak Up）地道出自己的觀察、關注的事和疑惑的團隊成員，比起那些勉強道出自己想法的團隊成員能有效率學到新的解決問題的辦法。當團隊面對新技術或發生其他顯著變化的轉換期，直言不諱、暢所欲言有助於成員建立信心與承諾，並激發出創意、建議和革新的理念，進而改善團隊的績效。可以說，直言不諱、暢所欲言是團隊溝通的精髓所在，FedEx 在這點上恰恰抓住了要害並作出表率。

保證公平待遇程序具體說來就是，如果你跟主管意見相左，而事實證明你的意見是對的，對企業發展是有利的，主管之所以反對你，不過是想壓制你，不讓你超越他，你會怎麼辦？不同個性的人，會作出截然不同的選擇。實際上，一個管理得好的企業，應當還有一種化解管道，那就是保證公平待遇程序。美國聯邦快遞的員工如果跟自己的經理有爭執，可以求助於公司的保證公平待遇程序，使問題得到公正、公平的裁定。聯邦快遞正是借助這一程序，調動了廣大員工參與企業管理的積極性。

企業要發展，人才是關鍵。但是擁有人才，並不等於企業就擁有優勢。以前，中國的國有企業也彙集大量優秀人才，但人才優勢並沒有顯現出來，根本原因是沒有用好人才，在用人問題上缺乏應有的靈活性。筆者曾經採訪過一家外資企業，這家公司的一流人才幾乎來自國有企業，他們從五湖四海聚到這家企業，不只是因為收入高，還因為這家企業沒有裙帶關係，沒有拉幫結派、論資排輩。所以，要想使人盡其才，除了提高各種看得見、摸得著的待遇外，還必須提供一種看得見、摸不著的待遇——公平。

有了保證公平待遇程序，才能做到以成果論英雄，而不是以學歷、資歷和社會關係排高低。一個企業要想在國際競爭中取勝，必須瞄準世界一流技術，加快技術創新步伐，推進新產品的研發，進而以一流的產品和服務贏得市場占有率和利潤。對技術人才來說，要不論學歷，不重過程，只看成果，根據最終取得的成果和對企業產生的實際貢獻大小論高低。只有這樣，才能調動一切積極因素，推動企業進步，促進企業發展。

有了保證公平待遇程序，才能確保競爭過程的公開透明。有些單位也搞公開競聘，但是選來選去有些優秀者還是沒能脫穎而出，不是公開競選方式不好，而是在操作過程中缺乏公平待遇程序。在美國通用公司每個人都要接受所謂的清白測試，目的就是希望每一位晉陞員工都能夠做到不搞旁門左道，清清白白地獲勝。即使在與外界競爭時，也要用品質、價格和技術優勢打敗對手，而不是靠賄賂等不法手段取勝。

能否建立起保證公平待遇程序，不單單取決於單位負責人的開明程度，還要看這個單位有沒有好的機制。同樣是選拔人才，相馬機制就不如賽馬機制。因為相馬者終歸有個人偏好，難免會有看走眼的時候，而賽馬機制，才能確保任何時候都能讓有才者脫穎而出。除此之外，還必須建立相應的溝通管道，藉由與員工談心和雙向溝通，及時化解各種可能形成的不公平現象和由此帶來的矛盾。

聯邦快遞 FedEx 的企業文化內涵之一就是鼓勵開放和雙向交流。剛才談到，聯邦快遞在招聘員工時就希望候選人真誠正直而且開放包容。也就是說，作為管理者，只有他是真心從公司利益和關懷員工，發展員工的角度出發，他才能堅持公平、公正和平等地對待員工，積極與員工溝通。最重要的是，員工認為雙向交流和輔導能幫助他們改進工作。因此，聯邦快遞 FedEx 的管理者需要真心地、認真地傾聽員工，對他們作出及時反應，並將最終的決定藉由交流的方式傳達給他們。

在一段專訪聯邦快遞 FedEx 中國區人力資源部董事總經理 Corinne Schuchard（夏康琳）女士的對話中，她是這樣為我們詮釋的：我們堅信雙向交流體系對保持健康、有效溝通和員工關係而言是非常重要的，而我們也以建立雙向交流體系來確保我們的信念得以實施。通過程序和體系，能保證管理者總能聽到員工的聲音，也能保證公司的企業文化得以真正地在員工內部分享。

此外，聯邦快遞 FedEx 還備有一系列方法，促進管理層與員工之間的雙向交流：

調查—回饋—行動（Survey-Feedback-Action）：我們給予員工很多機會與管理層交流有關公司各個方面的話題，這樣的規則在這個行業中是獨一無二的。

公平對待程序（Guaranteed Fair Treatment）：這是一套完善的投訴機制。比如員工有不滿意，他可以先向他的上級投訴，而上級必須在十日之內給予他書面形式的回答。如果這位員工還是不滿意，他還可越級投訴，而每一位接到投訴的管理者都必須在規定的時間內作出書面答覆。此外，對員工感到不滿意的事情，管理者也可開研討會來討論。

另外我們還透過開門政策、一對一的不考慮層級的例會、企業內部網和工作團隊會議等措施來鼓勵和促進管理層與普通員工之間的交流與溝通。

總之，聯邦快遞 FedEx 努力為大家創造一個寬鬆、民主、和諧的溝通與交流氛圍。使每一個員工能開開心心工作，保持愉快的心情，更好地服務於顧客。「把人才當客戶」在聯邦快遞 FedEx 不是空洞的口號，而是真正落到實處、貫穿於工作中的每一個環節的。

一個更合適的團隊目標是團隊的靈魂所在

在團隊建設中，有人做過一個調查，問團隊成員最需要團隊領導做什麼，百分之七十以上的人回答——希望團隊領導指明目標或方向；而問團隊領導最需要團隊成員做什麼，幾乎百分之八十的人回答——希望團隊成員朝著目標前進。從這裡可以看出，目標在團隊建設中的重要性，它是團隊所有人都非常關心的事情，有人說：「沒有行動的遠見只能是一種夢想，沒有遠見的行動只能是一種苦役，遠見和行動才是世界的希望。」

「團隊目標是一個有意識地選擇並能表達出來的方向，它運用團隊成員的才能和能力，促進組織的發展，使團隊成員有一種成就感。」因此，團隊目標表明了團隊存在的理由，能夠為團隊運行過程中的決策提供參照物，同時能成為判斷團隊進步的可行標準，而且為團隊成員提供一個合作和共擔責任的焦點。

FedEx 的團隊目標主要展現在兩個方面：一是企業的業績目標以及分解到團隊的業績目標，二是 FedEx 更注重的展現在團隊成員行為標準上的目標。作為世界五百大企業，FedEx 每年都關注財務業績指標的實現，但是財務指標遠遠不能滿足企業發展的要求，企業早已追求給員工提供良好的工作環境、企業對社會應負的責任等非財務目標。二〇〇四年，在美國《華爾街日報》刊登的年度哈里斯企業聲譽調查中，FedEx 被評為「企業聲譽最佳」的運輸公司，並在「感染力」「社會責任」和「工作環境」三項指標中，取得前五名的優異成績。聯邦快遞激勵員工去樹立公司形象，努力塑造一種既為客戶也為員工著想的企業形象，公司精心建立起來的形象有益於保持並擴大其市場占有率。這些成績的取得，需要團隊成員長期不懈努力，更需要系統地反映在行為標準上的團隊目標作為指引。例如，速遞員在收派件時，不僅要按照操作規範完成各項操作程序，還要按照禮儀規範建立和維護與客戶的零距離關係；當速遞員返回公司後，分揀員便會按照程序標準與速遞員進行交接；當貨物和報關單按照標準處理完畢，又會將貨物運抵機場與機場的分揀員按照規範標準交接，如此一環接一環，直到貨物準時順利地送交到收件人手中。如果以對貨物進行電子掃瞄記錄為標準環節，從中國收取的貨物運到美國客戶手裡，正常情況下要經過十四~十八次的掃瞄環節，可見在如此複雜的運送過程中，如果沒有一套標準的操作行為規範作為團隊行動目標，是難以完成客戶交予的使命的，換句話說，只要所有團隊和團隊成員都按照標準行為規範操作，就能將貨物安全、準時地運抵可能遠在地球另一邊的收件人。

虛擬團隊的建立是團隊成功協作的捷徑

虛擬團隊由一些跨地區、跨組織的、透過通信和資訊技術的聯結、試圖完成組織共同任務的成員組成，可視為以下幾方面的結合體：現代通信技術；有效的信任和協同教育；僱用最合適的人選進行合作的需要，而人員是最為重要的因素。也有人提出：超越五十英尺之外進行運作、透過電子溝通進行協作達到他們共同目標的團隊，都可稱之為虛擬團隊。

FedEx的團隊隨著業務的擴展分布在全球二百二十個國家和地區，每筆貨物要求在二十四～四十八小時內從地球一端的寄件人手裡送到地球另一端的收件人手裡，時間是如此之短，區域跨越又是如此之大，而且當貨物出境後，運送環節上的團隊成員就會變成另外一個國度的人。當每天幾百萬個包裹透過幾百架飛機在全球五萬個投遞點間流轉的時候，無論你是哪個國家的員工，無論你身處何地，只要是FedEx的員工，那就同屬一個團隊，共擔一份使命！舉一個簡單的例子，中國的FedEx職員在午夜時分突然接到西半球某個國家的FedEx職員打來的長途，對方用道地的英語或含糊的英語（母語非英語的國家）急迫地詢問某個包裹是否運抵中國，而這個包裹現在需要緊急轉運至第三國，這時，中國的FedEx職員必須首先在努力聽清對方的意思後迅速查核貨物的準確位置，因為可能因某種失誤導致電腦記錄失真，查核的難度就會加大；查核之後與對方甚至是第三方進行確認，再進行相應操作。這樣的工作在FedEx內網COSMOS系統上更是司空見慣，而當問題發生時，不借助虛擬團隊就根本沒辦法解決。FedEx的團隊為了「使命必達（Mission Guarantee）」這一共同目標，成功地運用現代通信技術手段，互動地解決了跨越時間、空間和組織邊界的各種問題，不僅保護了客戶利益，確保了組織目標的實現，更增進了團隊與團隊之間的信任、理解與支持，從而強化了團隊精神與團隊協同戰鬥力。

培訓體系：建立符合聯邦特色的特有整套方案

在「把人才當客戶」的團隊文化影響下，FedEx 非常重視員工的個人發展，為此，公司建立了一整套「培訓—選拔—角色轉換」機制。可以這麼說，參加培訓是員工在 FedEx 能夠獲得發展的重要條件，特別是培訓課程級別的升高，意味著公司對你的信任與期望在提高，加上培訓課程確實能讓員工學到真正的技能與知識，因此，培訓在 FedEx 備受員工歡迎。培訓課程設計很細緻全面，每個崗位都有一個培訓計劃，比如分揀員（Service agent）上任前要經過最基礎的速遞課程培訓、FedEx 內網 COSMOS 系統培訓、通關代理課程培訓以及必要的實習，每項培訓都要經過考核並記錄在案，如果不合格且差距太遠有可能面臨不能就職的局面，無論你在面試時表現多麼出色。比如 COSMOS 系統是一套全英文、全球聯網的內部網路，是員工開展工作的基礎工具，加上系統龐大且裡面有許多 FedEx 個性化的語言，如果不能適應和運用自如，無論你對物流業、對快遞業多麼熟悉，都很難勝任 FedEx 的最基本的工作崗位，更不用說管理崗位，因此，培訓還達到了篩選的作用。另外，為了增加團隊成員學習與發展的機會，FedEx 非常重視內部的公開選拔，這為員工提供了一個角色轉換的良好機會。人力資源部每週都在內部網站上更新最新的職位空缺，其中包括一些管理性的領導職位，只要你有實力、有信心，就可以前去競爭，甚至可能與你的頂頭上司同場競技，員工在內部的職務變換與在部門間的成功流動是比較正常的事情，這可視為你又掌握了一門新的技能，又能勝任新的職務而被廣泛認可。

團隊文化：只有「把人才當客戶」才能滿足員工的需要

團隊是一種特殊的組織形態，也具有相應的文化。恰當的團隊文化，對於團隊績效的創造具有積極作用，最直接的作用就是對團隊成員的吸引、鼓舞、昭示和激勵作用。聯邦快遞在打造團隊文化時，首先是培育企業的核心價值觀 P-S-P，即「員工—服務—利潤」，聯邦快遞關心員工，進而令他們為客戶提供專業的服務，藉此確保公司可獲得利潤及業務得以持續發展，公司內所有活動都以此經營哲學為基礎。其次，聯邦快遞努力營造一種「平等—民主—把人才當客戶」的文化氛圍，促使價值觀深入人心。聯邦快遞在組織裡、在團隊中塑造一種平等的理念，一般企業總是老總「出風頭」，而 FedEx 在美國上市時出席的不僅有總裁還有速遞員；聯邦快遞中國區總裁陳嘉良說：「公司是很公平的，不會有什麼歧視，只要你有能力，就可以做到很高的位置。」作為六項《財富》雜誌排行榜得主，FedEx 獲得了《財富》雜誌授予的「藍帶公司」（Blue Ribbon Company）榮譽，這六項排行榜中有一項就是最照顧少數族裔公司。最後，在 P-S-P 價值觀與「把人才當客戶」的文化氛圍基礎上，FedEx 著力打造一股「團結、合作、創新、誠信」的團隊精神。這種精神的打造透過注重員工的發展，與員工的溝通從制度保障到心靈互動等方式來實現，主要體現在培訓體系、激勵機制、溝通機制等方面。值得一提的是，FedEx 旗下的六百多架飛機全部都是以公司員工的子女名字命名的，可以想像，當念到天上飛的「愛麗絲」號或者「菲利普」號並聯想到員工的下一代時，FedEx 員工心中將會湧上對公司何等的忠誠、自豪與熱愛。

激勵！激勵！還是激勵！

俗話說得好：「遣將不如激將。」命令他人去做某事不如激勵他人去做某事，在完成團隊目標、提升團隊績效的過程中，有效的激勵無疑是一種重要的手段。通常所說的激勵，有研究者將其分為精神激勵、情感激勵、物質激勵及民主激勵。在聯邦快遞，接近百分之五十的支出用於員工的薪酬及福利上。員工報酬的確定在於認同個人的努力、刺激新的構想、鼓勵出色的表現及推廣團隊的合作。所有這些因素都在員工的整體報酬中反映出來。FedEx的團隊激勵機制包括三大方面：整體報酬、名譽獎勵、發展計劃，整體報酬可以看作保健因素，名譽獎勵和發展計劃可以看作激勵因素。整體報酬綜合了薪金計劃、福利計劃及優質工作／生活計劃，具體包括：加薪、獎勵性酬金、進修資助、有薪休假及假期、醫療保險、生命及意外身亡保險、優惠價托運、機票折扣優惠、後備機票等。

多種實惠與名譽並重的獎項

FedEx經常讓員工與客戶對工作進行評價，並重視精神激勵的作用，通過設獎來表彰成績卓越的團隊成員，主要獎項包括：

Bravo Zulu（祖魯獎或勇士獎）：獎勵超出標準的卓越表現。

Finders Keepers（開拓獎）：給每日與客戶接觸、給公司帶來新客戶的員工以額外獎金。

Best Practice Pays（最佳業績獎）：對員工的貢獻超出公司目標的團隊以一筆現金。

Golden Falcon Awards（金鷹獎）：獎給客戶和公司管理層提名表彰的員工。

The Star/Superstar awards（明星／超級明星獎）：這是公司的最佳工作表現獎，獎勵相當於受獎人薪水百分之二～百分之三的支票。

作為一家跨國公司，FedEx 尊重多元化的文化並鼓勵員工與公司共同成長，相應地提供給員工一系列的發展計劃，如：員工內部晉陞政策，是指公司內的空缺以內部員工為優先考慮人選；黃金計劃，這是一項內部的管理發展計劃，包括成長／機會／領導及發展計劃。

Chapter 8

第八章

以併購為主的財務運作管理

現代企業的主要收入大概可以分為兩個部分，一部分是透過自身的產品和服務獲得的利益，另一部分則是透過資本運作而來。當企業做大做強後，都離不開資本運作，在本章我們首先會介紹FedEx的主要併購，然後會就FedEx和聯邦快遞的財務狀況進行分析。

延伸速度的觸角——物流巨人的併購之路

在聯邦快遞的整個發展歷程中，並沒有太多的併購，其收購的公司絕大多數均與物流相關，體現出了其在擴張中的專一性，現在讓我們著重介紹幾次有代表性的收購。

收購 Gelco 快遞公司

一九八四年，聯邦快遞收購在歐亞兩地均有辦事處的 Gelco 快遞公司，將業務第一次延伸至美國以外的地區，並開始了其在亞太地區的業務。

收購 Gelco 快遞公司就可以看出，聯邦快遞早已有發展國際網路的構思，並且很早就看好亞太區的市場。一九八七年，聯邦快遞在夏威夷設立首個亞太區區域辦事處，將美國和亞洲客戶，以及前 Gelco 的營運設施聯繫起來。一九八八年，聯邦快遞開辦直航至日本的定期貨運服務。

二十世紀八〇年代末，製造業的基地從發達國家逐漸轉移到了發展中國家，而聯邦快遞作為最早認識到這一趨勢的公司，開始著手進行大規模的全球擴張，以應對日益激烈的國際競爭及挑戰，亞太區分公司也就此應運而生。

隨著亞洲的經濟發展日益蓬勃，聯邦快遞在區內的業務發展規模和貨運量也不斷增長。聯邦快遞深明亞洲的贏利潛力日漸龐大，加上行政人員需要與亞洲客戶建立更緊密的聯繫，因此於一九九二年將太平洋總部從夏威夷遷至中國香港。

收購飛虎航空公司

（一）收購意義

一九八九年，聯邦快遞收購著名的飛虎航空公司（Flying Tigers），該公司致力提供全貨運服務，擁有二十一個國家的航權。此外，聯邦快遞首次獲政府批准為中國香港、日本、韓國、馬來西亞、新加坡、台灣和泰國等國家和地區提供文件、包裹和貨件運送服務。

此次收購，使聯邦快遞一躍成為美國航空業界的最大企業，並且開了物流企業收購的先河。聯邦快遞獲得了飛虎航空公司在亞洲二十一個國家及地區的航線權，進而在全球經濟增長最迅速的區域取得了立足點。這為聯邦快遞實現目標具有深遠的意義。

在收購飛虎航空公司之前，聯邦快遞公司只有五個在外國機場的著陸權，分別是：蒙特利爾、多倫多、布魯塞爾、倫敦和東京。在收購飛虎航空公司以後，聯邦快遞公司又可以在飛虎公司擁有的在巴黎、法蘭克福、三個日本機場和東亞、南美的許多城市擁有飛行權和著陸權。收購飛虎航空公司之後，聯邦快遞公司再也不用像以前那樣，因為沒有著陸權而把許多國家的業務轉交給其他航空公司，而是可以直接在這些航空線上使用自己的飛機運輸貨物，進而為大大改善聯邦快遞公司海外營業狀況提供了重要條件。

（二）收購後的人力資源問題

聯邦快遞在人力資源管理方面非常突出，良好的服務理念和顧客至上的觀念是其引以為傲的資本，而飛虎航空公司有著非常優秀的企業文化，相對歷史悠久，員工的歸屬感和團結性非常突出。而兩個公司的合併顯然能夠將雙方的互補優勢發揮出來，勢在必行，也符合企業的意願。問題主要出在員工安排和精神層面。

聯邦快遞已經在自己的角度做了很多挽留飛虎航空公司員工的工作，邀請參觀，分發宣傳資料，演講等，以提高聯邦快遞在飛虎航空公司員工心目中的好感，但飛虎航空公司員工中有一部分不接受聯邦快遞的重新聘用，一方面是企業文化的差異導致歸屬感的丟失，另一方面公司合併導致的飛虎航空公司重組使得很大一部分職務需要調整，無法繼續做以前的工作。

（三）飛虎航空公司最優先解決的問題

聯邦快遞和飛虎航空公司兩個公司都面臨著很多不利的局面：聯邦快遞由於競爭激烈在拓展國際市場中受挫，飛虎航空公司在日益激烈的競爭中逐漸處於劣勢，背負大量債務，甚至需要大規模削減員工工資度日。同時兩個公司又有著自己的特點和優勢，二者在公司管理方面能夠優勢互補（具體見第三部分），但在企業文化方面存在衝突。

鑒於以上條件，Tigerflaws Committee 最優先的問題是處理員工安置問題，主要是處理員工歸屬感丟失的問題，適當保留飛虎航空公司現有狀態，宣布為過渡狀態，暫時以完成服務為出發點使得併購後的公司運轉起來，再逐步解決融合問題。良好的歸屬感是飛虎航空公司的優勢，在被併購中應考慮到保留適當的員工歸屬感有助於使得併購效果更好，一旦歸屬感完全喪失，飛虎航空公司的企業文化將面臨危機，聯邦快遞很難在短時間內完全恢復飛虎航空公司的應有職能，可能只得到了飛虎航空公司的硬體優勢而相應的服務無法跟上導致併購效果很差，甚至由於債務原因而失敗。與此同時要逐漸滲透聯邦快遞的企業文化，逐漸統一兩個公司的思想和編制。

（四）收購後的問題解決和機遇把握

1. 債務

收購飛虎航空公司，使聯邦快遞公司增加了一・四億美元的債務，並且聯邦快遞公司的國外業務在收購飛虎航空公司後沒有明顯好轉，持續的虧損和收購飛虎航空公司增加的債務使公司的利潤下降。聯邦快遞公司的營業收入從一九八九年的五十二億美元升至一九九一年的七十六・九億美元，但利潤卻從一九八九年的四・二億美元降至一九九一年的二・七九億美元。

但我們看到隨著聯邦快遞公司海外業務量的不斷上升，國外業務最終還是能夠贏利的。飛虎航空公司下屬的重型貨物空運公司「飛虎貨運」也使聯邦快速公司在重型貨運業有了立足之地，正如一位分析家所說的：「聯邦快遞公司用大飛機把小包裹送往國外這種方法等於自殺。現在聯邦快遞公司可以把小包裹放在飛虎航空公司的大貨櫃四周，把用於海外運輸的 DC-10 型大型飛機抽調回來，用於運量很大的國內航線。」

2. 員工合併以及企業文化融合

飛虎航空公司管理中的各種問題日益嚴重，如財務開支大手大腳毫無節制，機械設備卻日趨陳舊老化，員工們形成了養尊處優的不良習慣等，當然同時該公司也有著它歷史悠久的優秀企業文化的一面，與年輕的聯邦快遞公司有很多格格不入的地方。如何安排原飛虎航空公司職員的工作以及融合企業文化也是很大的問題。

對於企業文化方面有以下解決方法：

(1) 建立交流平台，使原飛虎航空公司的員工能夠盡快地瞭解聯邦快遞的企業文化，瞭解聯邦快遞公司的願景。

(2) 良好的培訓和職業生涯設計，提供不同職位的體驗，合理安置原有員工。

(3) 融合多元文化，在有大文化的同時，允許有區域文化。

(4) 把人才當客戶，加強團隊合作。

對於公司管理方面基本可以借鑒兩個公司各自的管理優勢和經驗，解決飛虎航空公司的管理和財務問題，形成良好的績效評價體系。其他方面的問題在此不再贅述，因為本篇案例沒有涉及。

透過合併飛虎航空公司，聯邦快遞獲得了飛虎航空公司全球的飛行航權，因為這些航權，現有的六百四十三架飛機能飛到全球三百六十六個機場，服務的地方能夠覆蓋全球的 GDP 的百分之九十一。隨著亞洲的經濟發展日益蓬勃，聯邦快遞在區內的業務發展規模和貨運量也不斷增長，為後來與 UPS 的競爭奠定了一定的優勢。

收購常青國際航空公司——正式進軍中國市場

其實聯邦快遞早在一九八四年就進入中國市場，聯邦快遞當時通過代理商，利用商務航班在中國市場提供服務。但其正式進入中國是在一九九五年，聯邦快遞以六千七百五十萬美元收購當時唯一可以直飛中美的常青國際航空公司。在完成此次收購後，聯邦快遞成第一家提供由美國直飛至中國的國際快遞物流公司。此次收購可謂具有劃時代的意義，也再一次讓我們看出聯邦快遞對於中國這片市場的看好。

大通的傷心故事——昭顯逐鹿中原野心

一九九五年年初，大通國際運輸有限公司（簡稱大通）已在全國擁有三十多家分公司，輻射幾百個城市，成為當時中國貨代行業中的佼佼者。這時，中國市場上出現了對快遞的大量需求，中國快遞業興起一股與外資合作的風潮，外資巨頭開始搶灘中國。但礙於政策限制，聯邦快遞還不能在中國內地擁有自己的配送設施和運輸網路，所以包括聯邦快遞在內的 DHL、UPS、OCS、TNT 等外資企業只能透過與中外運建立合資企業來迂迴進入中國市場。

但聯邦快遞很快發現了已基本形成全國網路的大通，隨即與中外運解除到期的合約。一直期望尋求更大發展的大通，也正有合作意向。雙方一拍即合，在一九九五年年底訂下三年合作協議。

雙方的合作模式與其他快遞巨頭和中國企業合作的方式如出一轍，即聯邦快遞提供品牌，大通利用其在國內的網路和車輛，共同完成快遞業務，國外業務則交由聯邦快遞完成。雙方在國內的業務利潤按一定比例分成。據稱，當年業務十分火紅，營業額幾乎與中外運的快遞業務追平。

但好景不長。「大通所有的客戶都要進入聯邦快遞的系統。因為這些客戶是長期採用信用卡結算，大通一直用這個系統做業務，不斷地做，客戶便不斷地進入聯邦快遞的系統。」大通一位高層人士表示。他認為這種做法實質上是在掠奪自己的客戶，非常不平等。事實上，聯邦快遞在中國還成立了一個銷售部用於維護自己的客戶，但大通和這個系統沒有關係。大通高層們為此擔憂：「這樣下去，在快遞行業就只知道聯邦快遞，不知道大通了。」由於業務發展迅猛，大通網路的擴張難以跟上聯邦快遞的野心。於是聯邦快遞提出，在國內劃分代理範圍，長江以北讓大通作為唯一代理，而在其他地區則尋找另外的代理，但大通則堅持要做唯一代理。當大通在一九九七年年底研發出一個據稱比聯邦快遞更先進的分揀系統時，沒有給對方使用。雙方矛盾進一步加深。

當時大通認為，大通並不局限於快遞，而是一家集普貨、海運、倉儲等業務於一身的多功能公司。而現實情況是，隨著中國入世時間表的推進，市場對外資巨頭遲早要開放，尤其是貨代公司如果沒有客戶就很容易被擊垮。在此背景下，合作滿三年後雙方沒有續約，一九九八年年底各自分飛。

業內認為，雙方合作告吹的結果是「雙輸」。據稱，合約解除的那段真空期間，聯邦快遞每天要積壓近三十萬件快件。而缺乏一個強勢品牌的大通，其快遞業務開始走下坡路。大通原先置辦用於快遞車輛的財務成本也逐漸加大。

不久，他們各自尋找新夥伴。聯邦快遞找到民營企業大田集團，大通與美國第四大快遞企業安邦快遞合作。但兩個結果卻差異巨大，後來居上的大田集團聲名鵲起，而大通業務繼續下滑。

宅急送的總裁陳平也曾說，要想成為聯邦快遞這位不愛「從一而終」的巨頭的合作夥伴，必須付出的代價就是滿足聯邦快遞對合資企業的絕對控制慾望。

收購大田

中國按照加入 WTO 的承諾，於二〇〇五年十二月十一日起，中國物流業完全對外開放，外資可在華設立獨資分公司。僅僅在中國宣布一個多月後，即二〇〇六年一月二十四日，聯邦快遞宣布，已和大田集團有限公司簽署協議，以四億美元現金收購大田集團與聯邦快遞的合資公司——大田－聯邦快遞有限公司中百分之五十的股權、大田集團遍布五百多個城市的國內快遞網路、用於開展國際快遞業務的資產、大田集團在國內八十九個地區的經營快遞業務的資產，進而結束了與大田集團的合資。

此次收購於二〇〇六年十一月底正式獲得商務部的批准，這意味著聯邦快遞正式在中國變身為獨資企業。

這樣的收購行為其實在中國宣布允許外資快遞業在華獨資開始，就已經有了先例。在此之前，四大外資快遞中的 TNT、UPS 先後與其在中國的合作夥伴——中外運分手，紛紛走上了獨資化之路。

（一）獨資謀略早見端倪

結束與大通的合作後，一九九九年，FedEx 與天津大田集團在北京成立合資企業大田－聯邦快遞有限公司（雙方各占百分之五十股份），加緊了其在華前進的腳步。

FedEx 自從進入中國市場後，合作夥伴由中外運轉為大通，後又選擇大田。有專家稱，這三個合作夥伴的趨勢是越來越「小」，也讓業界認定其獨資的野心。

FedEx 與大田合作時，當時的大田集團可謂「默默無聞」，而據說，當時聯邦快遞的一個重要考慮就是，選擇實力相對弱小的公司，可以在合作中擁有絕對話語權。

大田董事長王樹生曾表示，作為與聯邦快遞的合資公司，大田－聯邦快遞將接受聯邦快遞中國業務分區總部的領導。然而事實上，在大田—聯邦快遞中，大田和聯邦快遞各占百分之五十股份，雙方不應是誰領導誰的問題，更何況大田—聯邦快遞的董事長是王樹生，陳嘉良是副董事長。

宅急送原總裁陳平曾分析稱，不能夠控制自己的合作夥伴的事實，是聯邦快遞所不能接受的。陳平認為，這與聯邦快遞自身的企業文化有關：「DHL、UPS 和 TNT 都是職業經理人文化很濃厚的企業，UPS 更是百年老店。這些企業的創始人早已不在。儘管聯邦快遞不是一個典型的家族企業，但是它的管理風格和企業文化卻帶有很濃烈的家族化味道。」陳平還認為，海軍陸戰隊出身的聯邦快遞創始人、現任 CEO 弗雷德，有著天然的控制、占有和超越的慾望。

（二）一筆「雙贏」的生意

當然，大田允許聯邦快遞掌握的根本原因恐怕還在於利益。對大田來說，這種模式下的合作，最大目的莫過於利益分成。據瞭解，王樹生大概每年都能拿到近一億分紅，收益頗豐。在雙方合作的近六年裡，大田利用這筆資金不斷拓展國內網路，不僅建立一百一十八家分支機構，服務於國內五百四十一個城市，而且大田總資產也由一九九二年成立之初的六萬壯大到現在的九億，增長上萬倍。

然而，就是這樣一個「看上去很美」的合作，繁榮的表面背後也存在著泡沫。模式並不能掩蓋雙方的實力差距。正如王樹生所言，由於大田—聯邦快遞完全由聯邦快遞方面「領導」營運，辦公地點、人員招募、業務開展、財務結算等各方面都是由其獨立操作。據瞭解，在之後的合作中，大田聯邦快遞在業務上幾乎全部由外方掌控，大田只能分紅。一旦聯邦快遞捨其而去，大田的快遞業務無疑將因此斷臂。

王樹生不可能沒有意識到這一點。二〇〇三年，大田開始大力擴張自己的網路，冠名「大田快遞」。同年十二月，大田與歐洲最大的汽車物流服務商——法國捷富凱合資組建了汽車物流企業。此舉標誌著大田全面進軍物流市場，開始轉型為物流企業。

事實上，聯邦快遞曾接觸山東海豐國際航運集團，有意收購海豐下屬的快遞業務。而大田也在二〇〇二年五月與揚子江航空快運有限公司談判，打算利用它的地面網路來換購揚子江的股份，藉此進入航空領域。雖然都沒有進一步進展，但雙方似乎都試圖證明：對方並不是唯一的選擇。

專家表示：「有了大通的前車之鑒，王樹生聰明了很多。」因為接受聯邦快遞絕對控制的要求，大通才能拿到不菲的分紅。王樹生更高明之處在於，按照聯邦快遞的標準，用所分的紅利去發展大田自己的快遞網路，開展快遞業務。

業內人士告訴記者，儘管王樹生每年都要虧損六千萬人民幣來擴展大田快遞的網路，但是，「王樹生很明白，不按照聯邦快遞的標準所布局的網路，聯邦快遞根本看不上，也就賣不到好價錢」。在這六年的時間裡，王樹生一方面積極配合大田—聯邦快遞的擴張步伐；另一方面不惜血本地精心培養網路，在合資公司不能夠達到的地方先行布點。以江西市場為例，大田快遞的網路已經延伸到了萍鄉和新余這類的三級城市。聯邦快遞獨資之前，萍鄉的國際快遞都是先透過大田快遞運到南昌的聯邦快遞操作站。同樣，從國外發往萍鄉的貨件也是透過大田快遞的網路送到合資公司不能夠到達的地區。

聯邦快遞也對此感到滿意。「幾年來，我們跟大田合作的非常愉快。」陳嘉良對《商務週刊》

說，「這次收購將使我們更加順利地進入中國二、三級城市，並擴大在這些城市的影響力。」中國國際貨運代理協會副會長李力謀用「超值」來形容王樹生的收穫：「與聯邦快遞合作的六年中，大田每年都能獲得近一億元人民幣的分紅。如果按照合同合作到二〇〇九年，大田能夠拿到總共十億元人民幣的分紅，與現在的三十二億元人民幣相比，王樹生一點都不虧。」

而 FedEx 也從此在中國更加站穩腳跟，獨資後的聯邦快遞希望能夠充分利用好大田快遞在這些二、三級城市的網路，更完善的為自己中小企業計劃服務。

而聯邦快遞瞄準國內中小企業的勢頭也日漸明顯，「若能更妥善利用區內消費需求及區內各國間的自由貿易協議，中小型企業將從中受益。」聯邦快遞二〇一〇年發布《關於亞洲中小企業報告》時，聯邦快遞亞太區總裁簡力行透露，有鑒於此，該公司正在針對中國中小企業開拓市場新領域。簡力行說，聯邦快遞現在開始針對中小企業推出國際經濟快遞服務，這一服務的遞送時間比一般國際優先服務慢一天，但價格卻低廉很多。此外，聯邦快遞還宣布進入國內快遞市場部，擴展貨運代理網路。

這樣獨資的野心，這樣另類的擴張術，讓我們不得不對聯邦快遞稱奇。

併購金考

二〇〇四年四月二十六日，史密斯花費二十四億美元購買金考印刷廠供應鏈。在金考總部所在地達拉斯的一家維斯汀酒店會堂裡，他從容不迫地在講台上踱著步，面對著台下約五百名誠惶誠恐的原金考公司員工，露出了由衷的微笑。

聯邦快遞收購金考公司的主要目的在於輔助和促進其零售業務及運輸服務的進一步發展。用史密斯的話來說，兩公司強強聯手後，將「充分發掘並利用雙方企業的內在優勢，奠定未來商業服務市場的新格局」。作為複印行業的中流砥柱，金考公司能為聯邦快遞提供充足的客戶資源、訊息資源，使雙方能在資源共享的基礎上實現流程整合，有效降低營運成本，提升競爭優勢。

收購金考公司後，聯邦快遞將把快印業務作為整合業務的上游，將聯邦快遞擅長的運輸業務作為起主要支援作用的下游，以達到覆蓋全球大大小小企業、個人客戶的最終目的。

（一）金考前身

在聯邦快遞二〇〇三年十二月宣布收購之前，金考公司已經營運了很多年。從一九七〇年哥倫比亞大學旁僅有一台複印機的小店起步，直到被聯邦快遞併購，金考已經成長為在全世界擁有一千二百家分店的龐大規模。當時的首席執行官鼓勵分店嘗試不同的價格和服務，滿足它們的顧客。這種方式被應用了將近二十年，將金考打造成印刷複印零售行業最大的「玩家」。

一九九六年，私人資本營運集團（Clayton，Dubilier & Rice CD&D）對金考公司投資並最終控制其百分之七十五的股份，然後CD&D公司把一百二十五個獨立的公司融進金考一家單獨機構，與此同時，快速地把金考公司的顧客群推廣到除了學術群之外的商業客戶及手機用戶。顧客需求也從影印課堂筆記到更複雜的行銷或其他功能的企業印刷業務。

「他們想要讓營運變得更為統一。」聯邦快遞金考的現任戰略和營運執行總監安利可．拉米雷斯（Enrique Ramirez）說道。他在CD&D時期的金考公司擔任相同職務。為了達到這個新的目標，金考公司應用了中央預算、財政計劃、採購、房地產和訊息技術等措施，並開始建立自己的電子網路來連結所有分店。

接下來的轉變發生在二〇〇一年。當時新上任的首席執行官加里·古森把金考公司總部搬到達拉斯。古森上任之前，金考公司的利潤額一直沒有達到預期。接下來的三年，古森和他的團隊一方面努力控制成本，另一方面繼續服務於不斷增長的商業客戶需求。

二〇〇二年，金考公司以二十億美元的銷售額，實現了微薄的利潤。營業額增長終於走上正軌，從二〇〇一年的百分之三增長為二〇〇三年年底的百分之八。古森的政策終於在二〇〇三年年末引來了聯邦快遞對金考公司的關注，並以二十四億美元被收購。

（二）商業天堂的完美匹配

聯邦快遞收購金考公司的主要目的是加速其零售經銷店的擴張，拉動運輸服務的增長。兩個公司的結合能夠「發揮雙方的傳統優勢並重新定位未來的商業市場」——史密斯這樣對整個集團解釋併購的意義。金考公司將為聯邦快遞提供通路，接收被忽視的私人客戶和商業客戶。聯邦快遞還可以得到夢寐以求的中小型企業客戶，它們的回報率更高。有了金考公司這一「前端」，史密斯可以連接聯邦快遞的大後端，「跟進」每個商業客戶，不論大小。

從長遠來看，聯邦快遞想要從金考公司獲取的還遠不止這些。很明顯，聯邦快遞金考並不只是提供複印和傳遞的服務。由於超高速電子網路的快速發展，聯邦快遞金考完全有能力利用其3D印刷科技來生產各種小型產品，它可以成為任何東西的接收運輸點，從按需印刷的書籍到自動化引擎和電子產品的零件——對於一個把運輸作為主要業務的公司來說，這是很合邏輯的一步。

史密斯私下透露，對金考公司的收購是為了應對UPS的挑戰。兩年前，UPS這個聯邦快遞最大的競爭者，以一．八億美元收購郵箱公司（Mail Boxes Etc）——一個擁有四千三百家直銷店的公司。「我們瞭解過郵箱公司。」布萊恩．菲利普斯（Brian Philips），聯邦快遞金考的首席營運官說道：「我們不想進入直銷店行業，所以當時放棄了。」而對於金考公司，聯邦快遞想要它的全部：印刷業務、房地產和兩萬名員工。這就是史密斯所說的「在商業天堂的完美匹配」。

（三）戰略管理委員會——決不打沒準備之戰

在大多數併購案例中，收購企業往往缺乏雷厲風行的決策魄力，不能迅速而正確地作出決定。產品線、人員安排、成本計算、邊際利潤……，各式各樣的難題讓領導者焦頭爛額，結果往往是錯失良好的發展機會，企業競爭力不斷下降。

聯邦快遞在避免或解決這方面問題上堪稱模範。公司的管理層級十分明確，最高階主管理層是由總裁史密斯、各下屬公司CEO及集團總部高級領導所組成的戰略管理委員會。每週五，委員會成員會聚集在公司總部，對集團戰略問題進行探討。下屬公司一旦出現棘手問題，就可以立即向戰略委員會報告。不出一周時間，下屬公司就能得到關於問題解決的具體批示。

史密斯常說，企業要想在變化莫測的市場上立於不敗之地，就必須不斷地調整、變化，使自己適應市場。變革帶來的不確定性也是每個領導者不得不考慮的限制性要素之一。史密斯指出，要想最大限度地消除不確定性，引導員工正確看待變革，清晰、持久的交流與溝通是唯一有效的方法。

（四）軟硬兼備——沒人能做得更好

1. 有條不紊的收購之路

聯邦快遞收購整合之路的第一步是清除收購障礙。儘管金考公司的資產量在聯邦快遞二百九十億美元的巨額總資產中所占比例並不大，聯邦快遞還是將金考公司的收購項目列為企業當期的第一重點項目。史密斯帶領整個戰略管理委員會親自發布了這一決定，以便為具體收購的展開徹底掃除行政障礙。此外，戰略管理委員會還任命三位新的戰略委員，他們是市場研發及企業交流部高級副總裁加利．庫西，聯邦快遞服務公司 CEO 邁克爾．格裡恩，以及聯邦快遞副總裁兼首席訊息官羅伯特 B．卡特。三人組成了「收購鐵三角」，對收購項目所有事宜負全責，並定期參與每週的戰略管理會議，就收購情況向史密斯匯報。

第二步就是將合併業務分解為具體的工作流程。具體包括：金考品牌重建、市場研究、人員招聘及培訓、產品銷售、技術改造以及店面建設等。每一工作流程都由一名聯邦快遞員工和一名原金考管理人員共同負責。在每次行動之前，工作組都會花費大量的時間來確定目標、計劃，並保證組內每一員工都對其有詳細的掌握和瞭解。聯邦快遞軍事化的管理模式和嚴謹的工作作風由此可見一斑。

2. 將「把人才當客戶」貫徹到底

從上面的敘述我們明白整個收購過程的流程化之嚴謹，但是光有這些「硬體」是遠遠不夠的，而史密斯也從來沒有忽略「人」的重要作用。

儘管大部分金考公司的高層管理者在併購結束後不久要相繼離開，但是，大部分的金考公司一般管理者在併購後的機構中，會謀得一個相對穩定的職位。這是很必要的，因為聯邦快遞要在金考公司這個中小型企業的基礎上成長，就必須保持金考公司這個友好的知名品牌和團隊。史密斯和他的團隊在這方面也付出努力。

在百分之八十公司併購都失敗的背景下，聯邦快遞使此次併購能夠盡可能快速、成功甚至是開心地達成。史密斯和他的團隊讓新公司有相對順利的過程和前景去成長。這次併購不僅在實施中特別謹慎，而且注重贏得新公司成員的內心和好感。

更令人欣慰的是，金考公司被聯邦快遞而非同行競爭者吞併，不會導致員工被解雇、場地被廢棄。實際上，每個員工可以繼續他們的工作。而且，聯邦快遞是一個因其客戶服務、先進的技術和優秀的管理而被尊敬的公司，一直被認為是最佳僱主。誰不想加入聯邦快遞呢？

正是由於史密斯永遠堅持其「P-S-P」的經營哲學，始終貫徹「把人才當客戶」的理念，才使得這次收購如此順利，也變得更有「人情味」。

（五）遭人質疑——成績需要耐心

除了金考公司，聯邦快遞其他的併購都是在完善運輸業務。因為行業內部的相似度，把這些公司融入到聯邦快遞體系並分享物流、人力資源和銷售專家等資源是相對容易的。金考公司卻不屬於運輸行業，其所在的印刷影印業是不同的行業。如果說在此之前併購的公司都是相同拼圖的某一部分，那麼金考公司就是完全不同的拼圖，它對於平穩成長的聯邦快遞而言是一個大挑戰。

聯邦快遞對金考公司的併購引來質疑，穆迪評級機構把聯邦快遞的信用等級調低，因為整個公司是全現金交易。並且，外界最大的質疑是：一個運輸公司為什麼要進入零售印刷業？聯邦快遞宣布收購的第二天，公司在華爾街的股價每股下跌了一．五美元。

「聯邦快遞對等待其投資收到回報很有耐心。」確實，弗雷德．史密斯的耐心多年來讓很多人感到疑惑。當他在一九八九年以八．八億美元的價格收購飛虎航空公司時，反對者，尤其是華爾街的反對者說，他的錢將會白費。但這一投資最終卻獲得了令人難以置信的成功。

目前聯邦快遞金考（FedEx Kinko's）已經正式更名為 FedEx office，雖然只是名字的簡單變化，可是我們不難從中看出聯邦快遞的用心，FedEx office 已經逐漸融入 FedEx 的血液中，並且會不斷通過自身以前的網路，延伸 FedEx 速度的觸角。

「沒人能做得更好。」摩根奇根的分析師阿特．哈特菲爾德（Art Hatfield）說，「聯邦快遞併購的時候，他們總是能很好地分辨出什麼使那些公司成功，然後保留成功的那一部分。」聯邦快遞的整合並沒有像其他大公司那樣，進行太大的改動。史密斯和他的團隊盡可能地在轉變和保留中尋求平衡。他們既把併購對像轉變為聯邦快遞式的，又保留了他們看重的其原有的高效率和高品質。「他們還會找出阻止那些公司前進的原因，然後解決這些問題。」

（六）唯一不變的是「變革」

史密斯經常說，只有不斷適應新的市場環境，才能讓企業成功。「要不斷地變革。」他於二〇〇二年接受《財富》雜誌訪問時說，「在幾乎所有的生意都出於同質化、商品化的過程中，必須問你自己，需要做點什麼來避免自己被商品化？」這意味著變革。然而變革會使員工們變得不知所措，史密斯也認識到這個問題。他曾說過，清晰而持續的溝通是讓員工視變革為機遇的唯一途徑。「如果你的企業文化將變革視為必然趨勢和絕好機遇而非威脅，你應該有能力將企業經營到很大規模。」併購金考公司後不久，史密斯這樣說。

聯邦快遞必然繼續擴張，而且根據弗雷德．史密斯的信條，也必然要改變。聯邦快遞正在試驗採用另外的店面規模和產品供應，以滿足更近郊區的客戶需求。它在接近居民區的沿公路商業區設立了許多小型店面。

顯而易見，聯邦快遞金考是史密斯對未來所下的又一個賭注。他已經做好了準備，通過加速公司在美國之外的發展來滿足其客戶不斷增長的全球性需求。

閱讀資料

（一）FedEx 的併購歷史

年份	併購	概述
1984	Gelco Express International	FedEx 透過收購 Gelco Express International，極大地擴展了其美國以外的業務，因為吉爾科快遞公司為全球八十四個國家提供快遞服務
1989	Tiger International Inc.	隨著與飛虎航線的整合，FedEx 成為了擁有世界上最大的全方位服務和全貨運航線的公司。此次併購包括二十一個國家的航線權，包括波音 747 在內的貨運機群、世界各地的設施以及飛虎航空公司在航空貨運方面的專業技能
1998	CaliberSystem Inc.	FedEx 創立了 FDX 公司（後更名為 FedEx Corporation）
2000	Tower Group International Inc. WorldTariff Ltd.	FedEx 創建了聯邦快遞貿易網路公司（FedEx Trade Networks）。如今，聯邦快遞貿易網路公司是北美最大的海關入境管理公司，並且為全球 FedEx 的客戶提供端到端的運輸和通關解決方案
2001	American Freightways Corp.	FedEx 獲得併購這個美國中部和東部的散貨運輸服務的提供者，是為了輔助 Viking Freight。在二〇〇二年公司更名為 Fedex Freight，這些公司的結合使得 FedEx Freight 成為區域散貨運輸的佼佼者
2004	Kinko’s Inc.	FedEx 透過一千二百家金考公司的店面擴大了其零售的網路。透過《財富》一百強公司的支持，金考公司獲得了擴張所需的資源以及繼續擴張其公司文件外包業務及國際業務的技能
2004	Parcel Direct	透過併購 Parcel Direct，FedEx 拓展了其住宅文件速遞業務，Parcel Direct 是領先的包裹包裝速遞公司。Parcel Direct 成為 FedEx Ground 的子公司，並更名為 FedEx SmartPost。在快速增長的電子商務和目錄公司中的住宅客戶，其尋找低成本的途徑來運輸較輕而且時間要求相對不是非常嚴格的物流解決方案，該公司正是針對這類住宅客戶，為其提供經過實踐檢驗的、性價比較高的物流解決方案

年份	併購	概述
2006	ANC Holdings Limited	FedEx 用一・二億英鎊併購了英國的國內快遞運輸公司，ANC Holdings Limited。這次併購之後，聯邦快遞可以直接服務於整個英國國內市場
2006	Watkins Motor Lines	FedEx 併購了領先的長途零散貨運服務提供商，Watkins Motor Lines。Watkins 後來更名為 FedEx National LTL，並且作為 FedEx Freight 業務部門一個獨立的網路運作
2007	Tianjin Datian W. Group Co., Ltd.	FedEx 以四億美元現金收購大田集團與聯邦快遞的合資公司——大田－聯邦快遞有限公司中百分之五十的股權、大田集團遍布五百多個城市的國內快遞網路、用於開展國際快遞業務的資產、大田集團在國內八十九個地區的經營快遞業務的資產，進而結束了與大田集團的合資
2007	Prakash Air Freight Pvt Ltd.	FedEx 收購了其印度的服務提供商，Prakash Air Freight Pvt.Ltd.（PAFEX）
2012	TATEX	FedEx 收購了法國的專業商對商運輸快遞公司 TATEX
2012	Rapidão Cometa	FedEx 收購了巴西最大的運輸公司 Rapidao Cometa，強化了其在巴西的快遞網路

（二）陳嘉良：物流業併購要考慮四大因素

隨著四大快遞中的聯邦快遞完成收購大田快遞、TNT 完成收購華宇物流，國內物流業正掀起一輪整合併購的風潮。在近日《上海證券報》舉辦的「二〇〇六影響中國上市公司評選頒獎暨二〇〇七全球化與上市公司發展高峰論壇」上，聯邦快遞中國區總裁陳嘉良接受《上海證券報》專訪時表示，物流企業併購時要考慮四項因素：互補性、文化一致性、談判細節和合併執行力度。

記　者：有人說未來三～五年是中國物流業整合的時期，對此您怎麼看？

陳嘉良：我認為過去的五～十年可謂國內物流行業的「戰國時期」。中國經濟的迅速發展為中國物流業帶來很多市場機會。同時，由於當時中國的相關政策對於外資物流企業的經營還是存在一些限制，這也給中國本土物流企業以成長的空間。不過，隨著近幾年相關政策逐漸開放，以及行業規模不斷擴大，中國的物流行業難以避免地將會出現收購和結盟。我的建議是本土物流企業不要單打獨鬥，應該透過併購和結盟來做大做強，這樣對於整個物流行業也有好處。目前國內物流市場上存在著太多經營不夠規範的小公司，導致市場比較混亂。如果藉由併購，形成的大公司會更加重視品牌，進而促進市場的健康發展。

記　者：除了外資收購，實際上本土的物流企業之間也在整合，對於併購，您認為應該注意哪些方面才能對公司有利？

陳嘉良：我建議本土物流企業在併購時要考慮四個因素。一是業務的互補性。例如一家在華東地區網路很強的公司，可以考慮收購一家在華南地區具有優勢的企業，進而實現互補。二是併購的兩家企業文化要一致。聯邦快遞在收購大田時，也是充分考慮到兩家公司在文化上的一致。因為我們跟大田在國內成立合資公司已經多年，大家有著共同的文化，都是以長遠的發展為目標，並希望做好服務。三是在併購的談判過程中要注意細節，盡量談得仔細一些，尤其是盡職調查要做好，為以後的合併打好基礎。最後一點是在宣布收購合併後，要加強執行力量。我理解兩家不同的公司合併初期，肯定會有很多困難。這個時候，企業的領導者要扮演傳教者、心理學家和鼓勵者的角色。一方面向員工傳播合併後公司的理念，另一方面要傾聽員工的心聲，對那些心理不平衡的員工作出解釋，同時還要鼓勵員工堅持把合併做完。

記　者：您認為中國本土的物流企業如果想成為第二個聯邦快遞，最需要在哪些方面加強？

陳嘉良：我堅持認為，中國本土物流企業要做大做強，最重要的是專注於做好自己的業務，不要為了眼前的利益而放棄長遠的目標。聯邦快遞從成立到今天有三十五年的歷史，我們過去所有的收購全部是圍繞自己的主業——運輸——而做的。二十世紀八九十年代，香港的地產業非常興盛，聯邦快遞當時在香港有不少操作站，它們的土地一直在升值，但是聯邦快遞堅持沒有出售，因為地產不是我們的主業，我們建立操作站不是為了投資地產而是為了運輸業務。同時，在擴張上也要看自己的能力而定。雖然大家都希望以最短的時間享受到全球化的好處，但是本土物流企業應該首先立足於做好本土市場。

資料來源：索佩敏，上海證券報，2007-08-14。

FedEx 的基本財務分析

一九八七年四月，聯邦快遞公司在紐約證券交易所正式掛牌，代號為 FDX，公開出售第一批股票，首期發行了一百零七．五萬股，每股三美元。下面我們對 FedEx 的財務狀況做一下分析。

償債能力分析

1. 流動比率＝流動資產／流動負債（見圖 8-1）

在此，我們用衡量短期債務清償能力最常用的比率——流動比率，來衡量 FedEx 的短期風險。流動比率越高，說明資產的流動性越大，短期償債能力越強。不過，由於各行業的經營性質不同，對資產的流動性的要求也不同。例如，商業零售企業所需的流動資產往往要高於製造企業，因為前者需要在存貨方面投入較大的資金。另外，企業的經營和理財方式也影響流動比率。一般認為流動比率不宜過高也不宜過低，應維持在二：一左右，因而也稱為2與1比率。

不過有研究表明，物流業流動比率和資產負債率一般低於上市公司平均值，其一方面表現出物流業的流動性風險較大，另一方面表現出物流業相對較低的負債融資能力，物流業可能更多依靠的權益融資。這一融資能力也可能與其資產狀況相關。可能因為行業性質所限，FedEx 的流動比率並非很高。但從圖 8-1

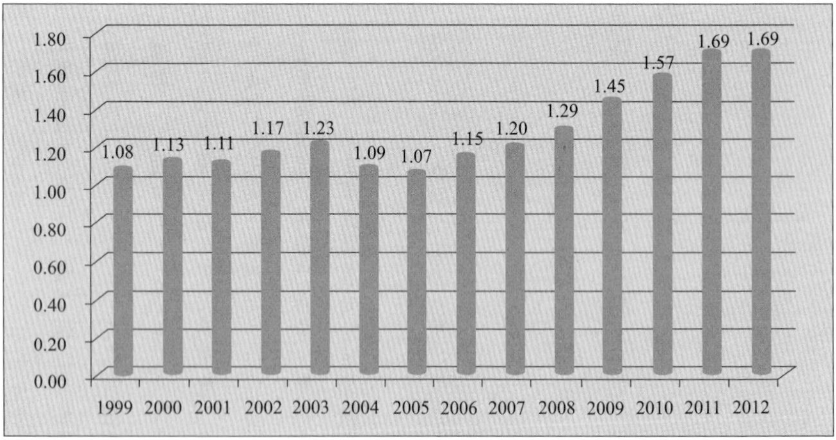

圖 8-1　流動比率

中我們可以看出，近六年來，FedEx 的流動比率呈現穩步上升趨勢。

2. 現金流動負債比＝年經營活動現金淨流量／流動負債（見圖 8-2）

現金流動負債比率越大，表明企業經營活動產生的現金淨流量越多，越能保障企業按期償還到期債務。但是，該指標也不是越大越好，指標過大表明企業流動資金利用不充分，獲利能力不強。

該指標從現金流入和流出的動態角度對企業的實際償債能力進行考察，反映本期經營活動所產生的現金淨流量足以抵付流動負債的倍數。

一般該指標大於一，表示企業流動負債的償還有可靠保證。該指標越大，表明企業經營活動產生的現金淨流量越多，越能保障企業按期償還到期債務，但也並不是越大越好，該指標過大則表明企業流動資金利用不充分，贏利能力不強。

FedEx 近六年來的現金流動負債比率穩步升高，

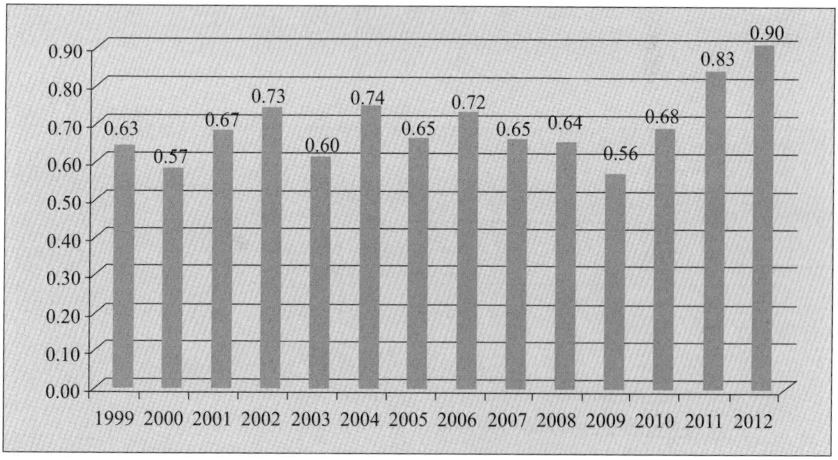

圖 8-2 現金流動負債比

雖然不是非常高，但是這也與上述流動比率的分析相似，有著物流業固有的特色。

資本結構分析

資產負債比率＝負債總額／資產總額（見圖 8-3）

透過資產負債比率可以測知公司擴展經營能力的大小，並揭示股東權益運用的程度。其比率越高，公司擴展經營的能力越大，股東權益越能得到充分利用，越有機會獲得更大的利潤，為股東帶來更多的收益，但資產負債要承擔較大的風險。反之如果經營不佳，則借貸的利息由股東權益來彌補，如果過多負債到無法支付利息或償還本金時，則有可能被債權人強迫清償或改組。

要判斷資產負債率是否合理，首先要看你站在誰的立場。資產負債率這個指標反映債權人所提供的資本占全部資本的比例，也被稱為舉債經營比率。

1. 從債權人的立場看，他們最關心的是貸給企業款項的安全程度，也就是能否按期收回本金和利息。如果股東

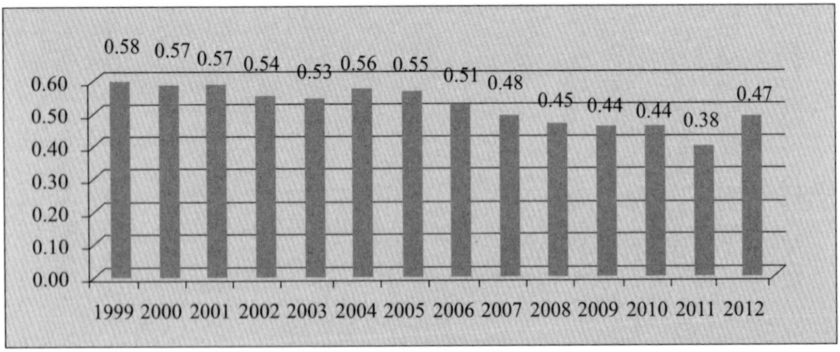

圖 8-3　資產負債比率

提供的資本與企業資本總額相比，只占較小的比例，則企業的風險將主要由債權人負擔，這對債權人來講是不利的。因此，他們希望債務比例越低越好，企業償債有保證，則貸款給企業不會有太大的風險。

2. 從股東的角度看，由於企業透過舉債籌措的資金與股東提供的資金在經營中發揮同樣的作用，所以，股東所關心的是全部資本利潤率是否超過借入款項的利率，即借入資本的代價。在企業所得的全部資本利潤率超過因借款而支付的利息率時，股東所得到的利潤就會加大。如果相反，運用全部資本所得的利潤率低於借款利息率，則對股東不利，因為借入資本的多餘的利息要用股東所得的利潤來彌補。因此，從股東的立場看，在全部資本利潤率高於借款利息率時，負債比例越大越好，否則反之。

企業股東常常採用舉債經營的方式，以有限的資本、付出有限的代價而去得到企業的控制權，並且可以得到舉債經營的槓桿利益，這在財務分析中也因此被人們稱為財務槓桿。

3. 從經營者的立場看，如果舉債很大，超出債權人心理承受程度，企業就借不到錢。如果企業不舉債，或負債比例很小，說明企業畏縮不前，對前途信心不足，利用債權人資本進行經營活動的能力很差。從財務管理的角度來看，企業應當審時度勢，全面考慮，在利用資產負債率制定借入資本決策時，必須充分估計預期的利潤和增加的風險，在二者之間權衡利害得失，作出正確決策。

綜合三方的利益，我們可以看到 FedEx 的資產負債比率一直穩定在一個合理的水準。

經營效率分析

資產周轉率＝收入／資產總額（見圖8-4）

資產周轉率是衡量企業資產管理效率的重要財務比率，在財務分析指標體系中具有重要地位。該指標不存在通用標準，因此，只有將這一指標與企業歷史水準或與同行業平均水準相比才有意義。如果資產周轉率過低，即相對於資產而言銷售不足，說明銷售收入還有潛力可挖；如果周轉率過高，則表明資本不足，業務規模太大，超過了正常能力，有可能處在資金周轉不靈特別是債務危機之中。

從圖8-4中可以看出，FedEx的資產周轉率在二〇〇四年為一．二九，相比歷史水平較低，可能與同年巨額收購金考公司有關，近五年來一直比較穩定，反映該企業的經營效率較為穩定。

贏利能力分析

1. 銷售淨利率＝淨利潤／收入（見圖8-5）

銷售淨利率，是指企業實現淨利潤與銷售收入的對比關係，用

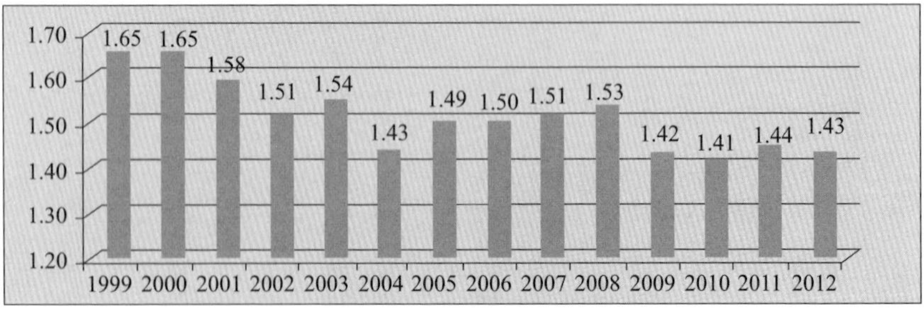

圖8-4　資產周轉率

以衡量企業在一定時期的銷售收入獲取的能力，即該指標費用能夠取得多少營業利潤。

銷售淨利率，又稱銷售淨利潤率，是淨利潤占銷售收入的百分比。

該指標反映每一元銷售收入帶來的淨利潤的多少，表示銷售收入的收益水準。

銷售淨利率與淨利潤成正比關係，與銷售收入成反比關係，企業在增加銷售收入額的同時，必須相應地獲得更多的淨利潤，才能使銷售淨利率保持不變或有所提高。透過分析銷售淨利率的升降變動，可以促使企業在擴大銷售的同時，注意改進經營管理，提高贏利水準。

由圖 8-5 我們可以看出，FedEx 的銷售淨利率波動較大，二○○四年收購金考公司後，在二○○五～二○○七年呈穩步上升態勢發展，但是在二○○八年和二○○九年急劇下降。FedEx 官方也稱，這與不良的經濟形式密切相關，但圖 8-5 中數據表明，二○一○年開始，此種現象已出現逐漸回升的趨勢。

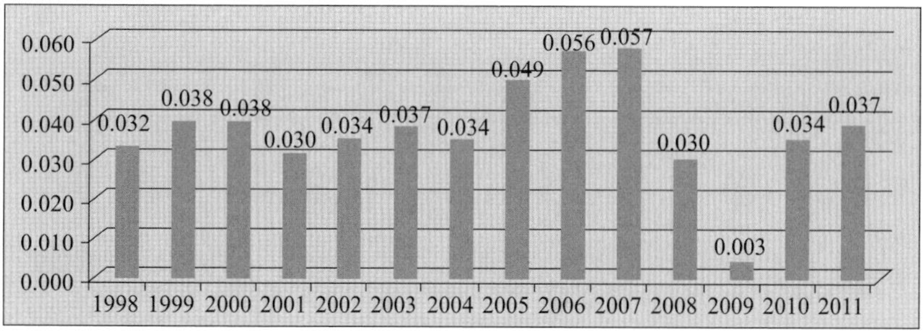

圖 8-5　銷售淨利率

2. 資產淨利率＝淨利潤／資產總額

資產淨利率指標反映的是公司運用全部資產所獲得利潤的水準，即公司每占用一元的資產平均能獲得多少元的利潤。該指標越高，表明公司投入產出水平越高，資產營運越有效，成本費用的控制水平越高，如圖 8-6 所示。

該指標的變化趨勢與銷售淨利率如出一轍，我們從中看出，FedEx 的贏利確實受金融危機的影響頗深，但是該局面在二〇一〇年開始已經有明顯的好轉。

FedEx 的財務目標

FedEx 為其家庭中的各個公司提供戰略領導以及綜合的財務報告，FedEx 大家庭中的各個子公司提供文件速遞、電子商務以及各種商業服務。FedEx 已經明確闡述了其未來的目標和戰略。

（一）FedEx 的長期目標

- 每年收入增加百分之十
- 實現營業利潤增加百分之十
- 實現每股贏利每年增加百分之九～百分之十五

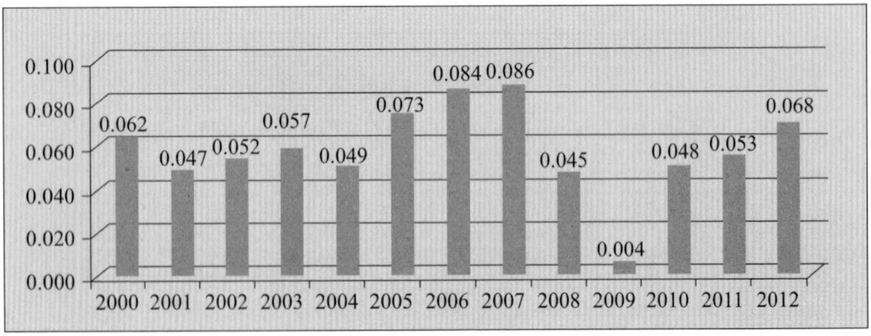

圖 8-6　資產淨利率

- 增加現金流
- 增加利潤

（二）FedEx 在總體經濟發展趨勢中的利益

- 高科技和高附加值業務的增長
- 全球化
- 供應鏈的加速
- 互聯網及電子商務的增長

（三）成長戰略

FedEx 將致力於將以下五方面作為業務增長戰略：

- 拓展核心包裹業務
- 國際化
- 拓展其供應鏈能力
- 通過電子商務與技術成長
- 通過新的業務與聯盟成長

聯邦快遞的基本財務分析

銷售收入

1. FedEx 的「主力軍」（見圖 8-7）

圖 8-7 是一九九八～二〇一二年 FedEx 各個業務部門的收入情況，從圖 8-7 中我們不難看出，無論是開始只有兩個業務部門，還是後來的三個業務部門，聯邦快遞的收入都是占據了 FedEx 收入的絕大部分，可以說，聯邦快遞是 FedEx 的「主力軍」。

2. 公司收入穩步提升（見圖 8-8）

由圖 8-8 可以看出，聯邦快遞的收入在近十二年來穩步提升，其中在二〇〇二年稍有下降，主要是二〇〇二年第二季度的業務受到「九一一恐怖襲擊事件」的影響。二〇〇一年九月十一日和九月十二日聯邦快遞所有美國的飛機都強制停飛，直到二〇〇一年九月十三日晚上才恢復。停飛期間，美國國內和國際業務均受到嚴重

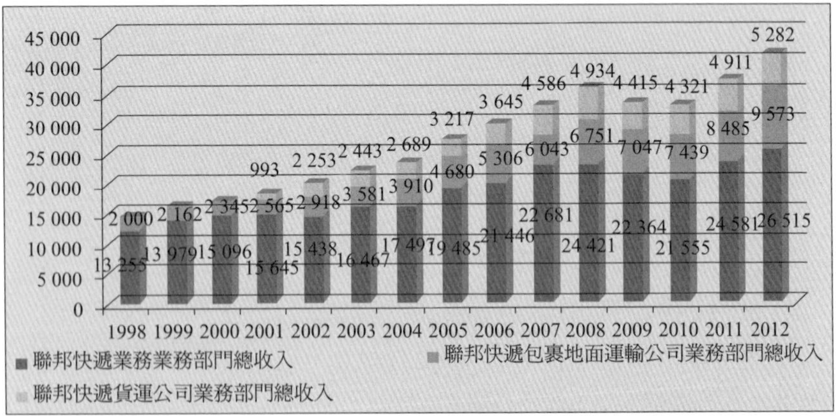

圖 8-7　聯邦快遞集團各業務部門銷售收入（單位：100 萬美元）

影響，美國國內的日平均貨量與二〇〇一年同期相比下降百分之五十。

眾所周知，近年來不良的經濟形勢讓很多企業損失慘重，聯邦快遞雖然業績依然不錯，但是也難逃受金融危機影響的噩運，導致二〇〇九和二〇一〇財年度的總收入有一定的下降，二〇一一年起又開始回升。

聯邦快遞各個業務模塊收入（見圖 8-9）

聯邦快遞的收入主要由三部分構成，分別是包裹總收入、總貨運收入以及其他收入。由圖 8-9 我們可以看出，一九九八～二〇一二年，包裹收入一直是聯邦快遞收入的主要來源，而且包裹收入的變化趨勢與聯邦快遞的總收入的變化趨勢相同，分別在二〇〇二年和二〇〇九年有所下滑，原因在此不再贅述。

此外，在二〇〇二年，在「九一一恐怖襲擊事件」的影響下，總貨運收入不降反升，原因並不難想到，因為「九一一恐怖襲擊事件」的影響，聯邦快遞的飛機停飛，很多業務不得轉至地面貨運業，使得總貨運收入不降反升。

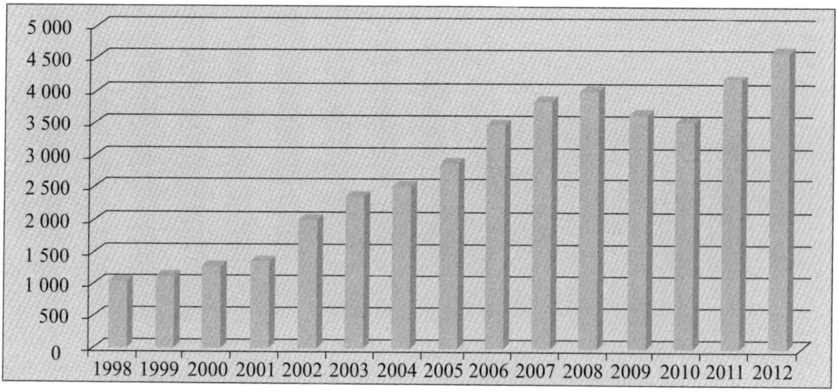

圖 8-8　聯邦快遞總貨運收入（單位：100 萬美元）

包裹總收入分析（見圖 8-10）

由圖 8-10 可以看出，美國本土的包裹收入一直是包裹總收入的主要組成部分，但是近幾年來 IP 業務收入所占比重也逐漸增多，這兩項業務在二〇〇二年和二〇〇九年的業績下滑在此不再贅述，二〇一一年開始回升。

另外圖 8-10 中所謂的國際國內業務（International Domestic），是聯邦快遞於二〇〇七新推出的，其是指貨物的起點和目的地均非美國，包括英國、加拿大、中國、印度和墨西哥。

貨運總收入分析（見圖 8-11）

由圖 8-11 我們可以看出，美國本土的貨運收入一直是貨運收入的主要組成部分，但是和包裹收入有相似之處，近年來 IP 業務所占比重也是逐漸增多。

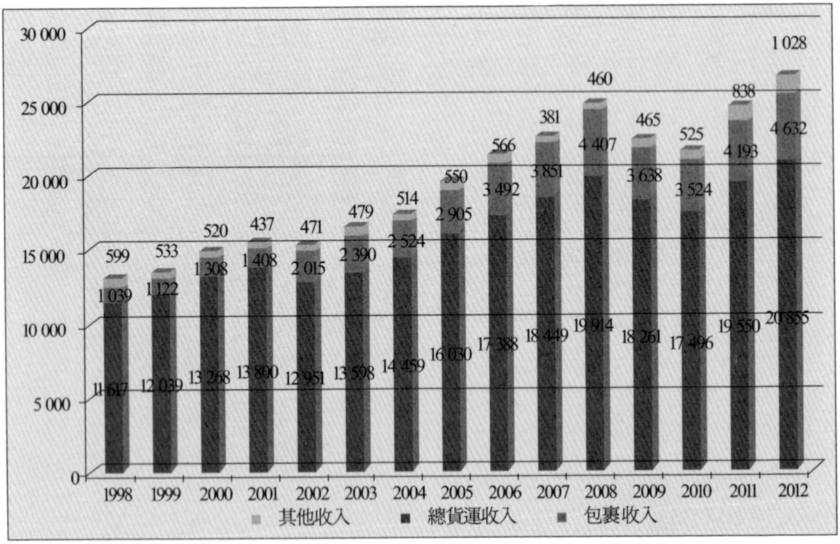

圖 8-9　聯邦快遞各個業務模塊收入（單位：100 萬美元）

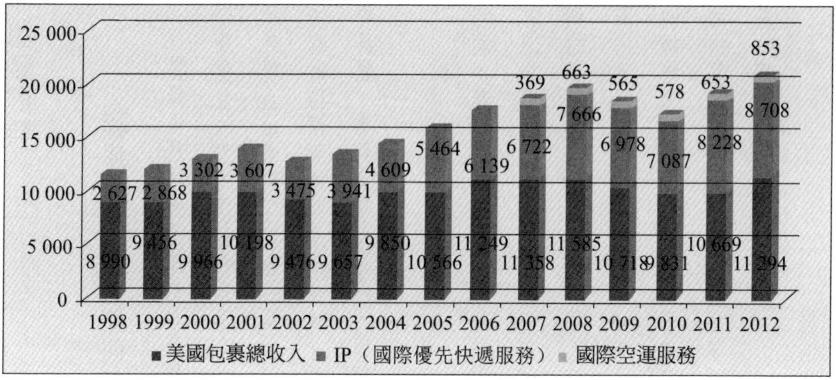

圖 8-10　聯邦快遞包裹總收入（單位：100 萬美元）

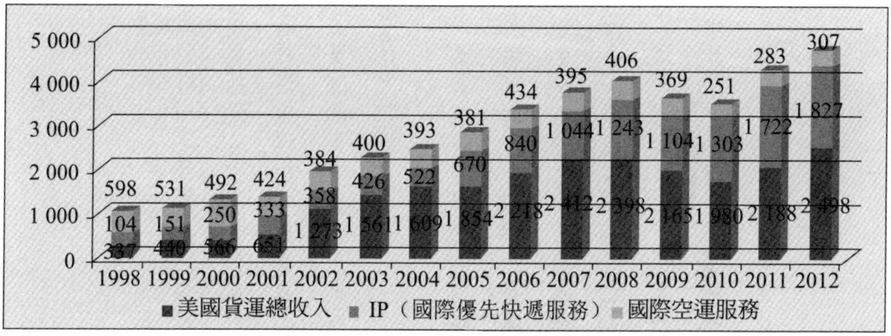

圖 8-11　聯邦快遞貨運總收入（單位：100 萬美元）

聯邦快遞財務如何預算

聯邦快遞財務預算是一系列專門反映聯邦快遞公司一定預算期內預計快遞財務狀況和經營成果以及現金收支等價值指標的各種預算的總稱。具體包括現金預算、預計利潤表、預計資產負債表和預計現金流量表等內容。編製快遞財務預算是快遞財務管理的一項重要工作。快遞財務預算需要以快遞財務預測的結果為依據，受快遞財務預測的品質制約，在對未來的規劃方面它比快遞財務預測更具體，更具有實際意義。聯邦快遞財務預算編製方法包括：

(1) 固定預算和彈性預算。固定預算是指在某一預算期內編製快遞財務預算所依據的成本費用和利潤，都只是在一個預定的快遞業務量水準基礎上確定的，是依賴一種業務量編製的預算。這種預算適合對快遞業務量比較穩定的企業。彈性預算是在成本習性分析的基礎上，分別按一系列可能達到的預計業務量水準編製的，能適應多種情況的預算。彈性預算的特點，是按預算期內某一相關範圍內可預見的多種快遞業務量水準確定不同的預算額，進而擴大了預算的適用範圍，便於預算指標的調整，並按成本的不同形態分類列示，便於在預算期終了時，將實際指標與實際快遞業務量相應的預算額進行對比，使預算執行情況的評價與考核建立在更加客觀和可比的基礎上，更好地發揮預算的控制作用。

(2) 增量預算和零基預算。增量預算是以基期成本費用水平為出發點，結合預算期快遞業務量水平及有關降低成本的措施，調整有關費用項目而編製的預算。零基預算是指在編製預算時，對所有的預算支出均以零為基底，從實際需要與可能出發，逐項審議各種費用開支的必要性、合理性以及開支數額的大小，從而確定預算成本的一種方法。

(3) 定期預算和滾動預算。定期預算是指聯邦快遞財務預算的編制時間是定期的。滾動預算是指預算的編制時間是連續不斷的，始終保持一定的期限。滾動預算與定期預算相比，其優點是：可以保持預算的連續性與完整性，使有關人員能從動態的預算中把握快遞企業的未來，瞭解快遞企業的總體規劃和近期目標；可以根據前期預算的執行結果，結合各種新的變化訊息，不斷調整或修訂預算，進而使預算與實際情況更接近，有利於充分發揮預算的指導和控制作用。